Chung Ku
Publishing

부록 동영상 CD

Cliper Cut Creative 남성커트

C.C.C. Men's Cut

국제헤어디자인연구회

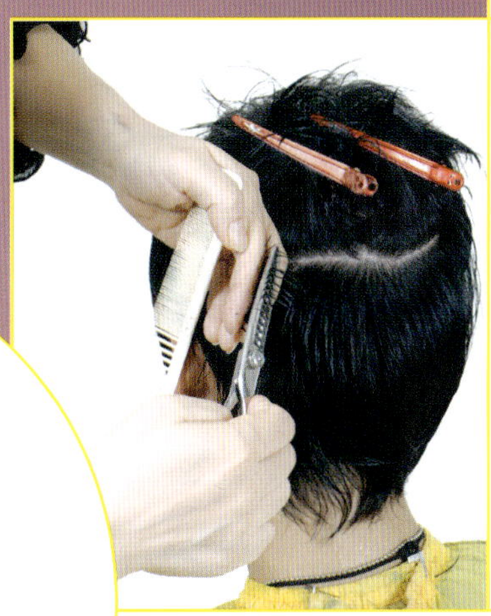

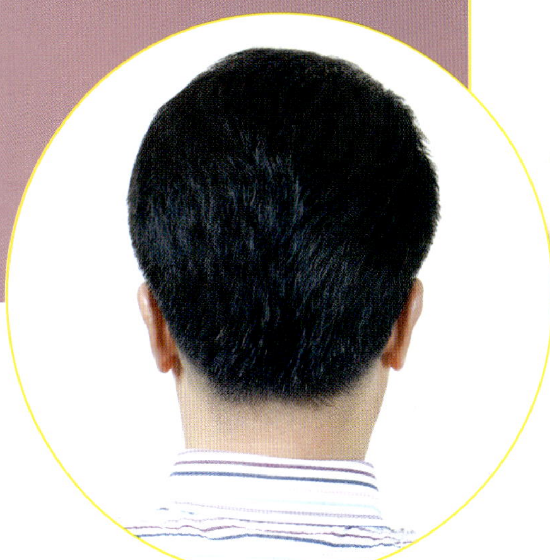

청구문화사

집필진(가나다순)

김영미(전남과학대학교)	강미영(대구산업정보대학교)	곽형심(동원대학교)	곽형진(대동대학교)	권대순(세경대학교)
권태신(전주기전대학교)	김계순(대동대학교)	김미강(안동과학대학교)	김서희(광주여자대학교)	김세욱(안산대학교)
김일순(동강대학교)	김정희(원광대학교)	김찬수(여주대학교)	배선향(진주보건대학교)	손지연(공주영상대학교)
송희라(대원대학교)	심선녀(동우대학교)	오정선(송원대학교)	오현주(호남대학교)	유유정(성결대학교)
유은성(우송대학교)	유의경(동주대학교)	유현주(원광보건대학교)	윤수용(마산대학교)	이대천(부산정보대학교)
이수희(청암대학교)	이영미(서경대학교)	이재숙(광주여자대학교)	이정례(남부대학교)	이혜정(명지전문대학교)
이효숙(전주비전대학교)	장경옥(김천대학교)	장미라(목포과학대학교)	전선정(강릉영동대학교)	정 연(경북도립대학교)
정경숙(삼육보건대학교)	정년구(선린대학교)	정민자(경남도립거창대학교)	정숙희(경남정보대학교)	정용성(서울호서전문학교)
정원지(광주여자대학교)	정지영(우송정보대학교)	조성태(광주보건대학교)	조지훈(광주여자대학교)	지정훈(광주대학교)
진용미(서경대학교)	진태연(오산대학교)	최연희(오산대학교)	허병회(예일미용직업전문학교)	

CHUNG-KU

C.C.C. 남성커트(동영상 CD 포함)

2008년 2월 20일 초판발행
2012년 3월 10일 초판2쇄발행

지은이 : 국제헤어디자인연구회
펴낸이 : 이상태
디자인 : 이헌숙
펴낸곳 : 청구문화사

주 소 : 서울특별시 서대문구 연희 1동 436-1번지
전 화 : 02-332-0541(代) FAX : 02-337-9577
등 록 : 1990년 11월 2일 제9-247호

가격 40,000원

ISBN 978-89-5616-476-2 93590

머리말

이 책이 나오기까지 「씨쓰리 커트」를 시작으로, 「씨쓰리 퍼머넌트웨이브」, 「씨쓰리 업스타일」, 「씨쓰리 응용커트 & 남성커트」, 「씨쓰리 헤어드라이」, 「씨쓰리 기초커트」, 「씨쓰리 헤어컬러디자인」이 출간되었으며 이어 드디어 남성커트의 이론과 실기를 집대성한 「씨쓰리 남성커트」를 CD 동영상을 첨부하여 출간하게 되었다.

씨쓰리 남성커트는 헤어디자이너를 꿈꾸는 미용학과 학생들과 이제 막 미용을 접한 초보미용인, 현장에서 근무하는 헤어디자이너들을 위해 집필한 남성커트 교본이다. 커트의 기본자세부터 응용까지 짧은 시간내에 습득할 수 있도록 하였으며 이 한권만으로도 고객의 다양한 헤어스타일의 시술이 가능하도록 하였다. 특히 실기를 동영상으로 시연한 CD가 첨부되어 실제기능을 익히는데 도움을 주고자 하였다.

남성커트가 두상의 조건과 [illegible]의 시술각에 따라 헤어스타일이 다르게 표현된다는 점을 감안하여 헤어스타일을 표현해 주는 두상의 조건과 모발의 성질, 빗의 각도를 이론으로 설명하고 사진으로 부족한 부분은 동영상으로 이해를 도왔다.

제1장에서는 남성미용의 역사, 2장 두상과 모발의 성질, 3장 도구의 사용방법, 4장 스타일 구성방법, 5장 남성 헤어스타일의 유형, 6장 마네킹 시술(베이직), 7장 모델에게 직접시술(응용스타일)로 구성하였으며, 지루하지 않으면서 현장감있는 교육효과를 위해 기본이 되는 도구사용방법과 스포츠, 상고, 유니폼레이어 변형(모던 스타일) 테크닉을 동영상으로 시연하였다.

그간 여러분들께서 베풀어 주신 분에 넘치는 각별한 사랑과 성원에 감사드리며 앞으로도 최선의 노력을 기울여 관련 분야의 교재를 시리즈로 엮어 나갈 예정이다. 부디 이 한권의 책이 기술 경쟁력을 갖춘 미용인이 되는데 조금이나마 도움이 되었으면 하는 기대를 가져보며 끊임없는 노력과 항상 최선을 다하는 미용인이 될 것을 약속드린다.

본 교재의 완성을 위해 여러번의 원고수정을 통하여 현장감 있는 내용과 최고의 테크닉을 구사하기 위해 노력을 하였으나 정리를 끝내고 나니 아직도 미흡한 부분이 많음을 절감한다. 이런 미흡한 부분에 대해서는 앞으로도 계속 다듬고 수정하여 지속적으로 보완할 것을 약속드리면서 여러분의 따뜻한 애정과 관심을 부탁드린다.

끝으로 이 책의 완성을 위해 수고하신 모든 분들과 어려운 여건 속에서도 물심양면으로 지원을 아끼지 않으신 청구문화사 이상태 사장님과 임직원 여러분께 진심으로 깊은 감사를 드린다.

저자일동

목 차

제 1 장 … 남성미용의 역사

인류역사가 시작된 이래 모발을 가다듬는 것은 신체보호의 기능 이외에 주술적이며 심미적인 기능을 지닌 종합적인 표현수단의 역할을 하고 있다. 우리 조상들은 머리를 소중히 다루는 것이 부모에게 효를 다하는 것이라고 여겼으며 모발을 가꾼 모양만 보아도 그 사람의 지위, 계급, 신분, 혼인의 유무 등을 알 수 있으므로 헤어스타일은 사회적인 현상을 나타내는 한 부분을 차지하고 있다해도 과언이 아닐 것이다. 이러한 헤어스타일이 인간에게 어떠한 영향을 미쳤으며 어떤 형태로 변했는지 고대부터 현대에 이르기까지 변천과정을 알아보기로 한다.

1. 서양 미용의 역사

1) 고대 이집트인

고대 이집트인들은 청결관념이 강하고 또 강한 열기를 견뎌야만 했으므로 머리카락을 바짝 자르거나 밀어버리고 가발을 쓰는 것이 관습이 되었다. 이렇게 함으로써 실내에서는 청결하고 시원함을 느꼈으며, 옥외에서는 가발을 씀으로써 위엄을 주었고 햇빛을 차단하게 되었다. 남자의 가발은 보통 작았고, 머리의 윤곽과 비슷한 크기였다. 약간 풍성한 가발은 직모로 만들어졌으며 고분에서 발견된 가발은 반드시 사람의 머리카락 식물 추출물과 양모나 말에서 나온 털 등을 사용했다. B.C. 1069년과 1552년 사이에 지배했던 신생왕국에서는 가발를 겹쳐 착용한 이중 가발스타일도 엿볼 수 있다.

턱수염은 남자다운 의미를 나타내는 훌륭한 것으로 생각되었다. 그러나 턱수염은 덥고 깨끗하지 않았기 때문에 일상생활에서 이집트인들은 깨끗이 면도를 하였다. 왕은 인조 턱수염을 착용할 권리를 가졌는데, 공식적인 행사에서 착용하였다. 턱수염에는 세 가지 종류가 있었다. 짧고 억센 수염은 왕족남자가 착용할 수 있었다. 왕의 수염은 아주 길지만 곧고 굵다. 신의 수염은 왕의 것과 닮았지만 구별되었는데, 더 가느다란 형태와 끝 부분에서 갈고리처럼 위쪽으로 굽었다. 왕이 신의 외관으

아부심벨신전

로 나타날 때는 굽은 수염을 달았다. 이 시대에서 면도칼은 매우 중요한 의미를 부여하며 금, 은, 구리 등으로 만들어졌으며, 모발을 자르거나 술을 치는데 사용된 것으로 추측된다.

고대왕국 때 왕의 자손은 보통 청년의 머리에 의해 구별되었다. 귀 위로 돌출한 거대한 변발을 하고 있는 것으로 표현되며, 신분의 표시는 제국시대 동안 계속되었지만 장식적인 패널이 변발을 대신하였다. 다른 젊은이들은 한쪽으로 늘어뜨린 머리를 한 소수 외에는 대부분 머리를 깎고 다녔다.

2) 그리스

그리스 문명의 형성기는 B.C. 1100년 경부터 B.C. 700년 까지의 약 400년간이며 그리스에서는 이집트와 달리 남녀 모두 머리를 길렀다. 그리스인의 일반적인 특징 중의 하나는 「아름다운 컬」을 지닌 모발이다.

그리스에서 이발사와 미용사들의 업무는 확실하게 알려지지 않았다. 미용사를 포함한 다수의 이발사들은 그들의 고객을 의자에 앉혀놓고 커트를 하기 위해 고객의 목둘레를 천으로 덮고 두 손가락으로 큰 가위를 쥐고 머리카락에 층이 나도록 잘랐다. 또 이발사들은 헤어스타일을 시술할 뿐만 아니라 부역으로서 곡물을 나르기도 했다.

그들이 사용하는 핀셋이나 거울, 연고, 천, 집게 등을 그들 스스로 제작하였으며, 그리스의 작업장에서 최초로 고안된 것으로 알려진 거울은 2C부터 조상 대대로 전해 내려오고 있다.

남성흉상

트로이

3) 로마시대

로마 남자의 머리 모양은 로마 역사를 통해서 거의 비슷하거나 왕정시대에는 머리가 더 길었다. 그러나 현존하는 상이나 부조를 보면 머리가 짧았다. 람세이는 로마 유물에 대한 그의 책자에서 일찍이 B.C. 300년에 시칠리아로부터 이발사가 왔고 젊은 스키피오 장군(약 B.C. 200년)이 매일 면도한 첫 번째 사람이었다고 말하였다.

제국시대 동안 하드리아누스는 턱수염을 기르는 관습을 다시 유행시켰다. 이발소가 인기 있는 장소였으며, 그곳에서 갖추고 있는 것들은 지금의 것과 거의 같았다. 손톱과 턱수염을 깎기 위해서 칼과 면도칼이 있었고 가위, 빗, 족집게, 지짐 인두, 거울, 타월, 가운도 있었다. 게다가 이러한 면도 풍습은 2세기 동안 일정하게 유지되었는데 특히 고위층 남성들의 수염은 정성들여 손질했으며 수염은 남성이라는 하나의 상징으로 인식되기도 하였다.

로마시대의 이발사는 B.C. 30년 로마시대부터 이발사의 흔적을 찾아 볼 수 있는데 이발소는 최신의 정보나 친구를 만나고 사무를 처리하는 장소로 이용되어지기도 했다. 이발사들은 최신의 정보를 단골고객들에게 제공함으로써 고객들의 흥미거리나 가십거리를 제공해 주기도 했다. 이발소에서의 시설물은 고객이 앉을 수 있는 의자와 어깨망토, 벽에 매달린 커다란 거울 등이 비품의 전부였으며 그 외에 회전기구와 빗, 수건, 연고, 가위를 가는 숫돌을 갖추고 있었다. 훈련받은 견습생들은 경험을 쌓은 후 부유층의 전용 이발사로 보내졌다.

벤 허

글래디에이터

4) 중세시대

8세기부터 12세기까지 중세 전기 남자의 헤어스타일은 고위층 기독교인, 주교, 수도원장 등은 일반적으로 법률에 의해 주로 짧은 머리 스타일을 하였고, 교회의 통치에 복종하는 의미로서 삭발이 시행되었다. 예배를 드리기 위해 머리와 턱수염을 자르는 일은 아침에 일어나자마자 시작되는 절차로 반복되었다. 가느다란 머리카락과 대머리는 중세에서는 대단한 불행으로 간주되었다. 그리하여 머리카락을 자라나게 하거나 좋아지게 되는 비상한 방법들이 많이 연구되어졌으며 야채 추출물인 쐐기풀이나 우엉이 많이 사용되었고 동물 추출물로서는 거머리를 구워서 가루로 만들어 물에 개어 1/3정도 줄어들 때까지 끓여 농축시킨 액으로 머리카락이 자라나길 원하는 부분에 발랐으며 두더지, 벌, 산토끼의 머리를 기름이나 식초를 섞어 발효시켜 사용하기도 했다.

이에 반해 머리숱이 너무 많은 것에 대한 처방도 있었다고 한다. 머릿속의 이를 없애기 위해서 한 묶을 한 빗은 화장대의 여러 도구 중 매우 중요했으며 헤어브러시 또한 이때 만들어졌으며 재질로서는 주로 멧돼지 털이나 고슴도치 털로 만들어 졌다. 브러시는 중년후반의 여성들에게 처음으로 사용되어 졌다. 13~14세기 후기까지 약 200년간에 걸친 십자군원정과 흑사병의 재난 등 일대전환기를 맞이하였다. 13세기 남자는 짧은 단발머리형의 주류를 이루었으며 거울이 일반인까지 널리 사용되었다. 14세기 초반엔 긴 머리와 턱수염을 기른 사람도 있었으나 곧 대다수의 유행이 깨끗하게 면도하고 이상적인 청년의 헤어스타일은 턱까지 내려오는 웨이브 진 머리나 둥글게 끝을 말아 올린 형이 나타났으며 이 시기부터 아이롱이 이용되었다.

중세시대의 외과의사(이 시대엔 이발사가 수술도 가능)와 이발사는 두 개의 길드 조합에 속해 있었고 요금 이외에도 계속적인 경쟁에 의해 서로의 영업영역을 침범하곤 했다. 시간의 흐름에 따라 외과의사와 이발사는 불성실한 직업을 가진 교수형 집행자나 배우, 세금징수원 등과 같

브레이브하트

잔다르크

이 간주되었다. 아마도 외과 의사들이 사형집행 전 사형수의 경부 부분인 목에 면도해 주었다는 사실 등으로서 신체를 다루는 직업으로 간주되어 멸시 당한 결과를 낳았는지도 모른다.

중세와 근세의 과도기적인 15세기에는 머리를 짧게 자르기 시작했는데 중세의 수사들로부터 영향을 받는 것으로 이마에서 머리 뒷부분까지 귀 위로 똑바르게 잘라 빗질하기 쉬운 스타일인 일명 바가지 커트(basin cut)와 함께 앞머리를 이마에 내리던 옛 스타일이 시작되었다. 또한 남성의 헤어스타일이 점점 여성화되어 가기 시작했으며 금발과 검정색의 유행으로 남자들도 머리를 염색하거나 표백하였다.

5) 근 세

16세기 남자들의 헤어스타일은 단발이었으나 후기에는 머리를 길게 기르거나 앞에서 뒤로 빗어 넘긴 현대와 비슷한 짧은 머리형이었다. 1637년 12월 이발사와 가발 제조자의 길드(협동조합)가 파리에서 결성되었으며 가발의 수요가 지속적으로 증가(짐승 가죽에 인모인 머리카락을 사용하여 바느질했으나 그 후엔 부드러운 아마포를 사용)했다. 루이 13세가 가발을 사용한 뒤부터는 가발 자체가 장식품이 아닌 왕조의 권위를 갖춘 hair style 자체로서 일반인과 차별화 시킬 수 있는 고귀한 사치품이 되었다.

18세기 초에는 가발의 형태에 따라 다양한 이름이 붙여졌으며 이름을 다 열거하기 힘들 정도로 많은 스타일이 있었고 흰색이나 회색가루를 뿌렸으며 가발의 재료는 사람의 머리털이나 말, 소, 염소 털, 송아지 꼬리, 여우 꼬리와 모헤어 털실, 철사 등이 이용되었다. 세기말인 프랑스 혁명 후에는 남자들의 가발이 없어지고 짧은 머리형으로 변하였다.

파리 최초의 헤어 드레서인 상파뉴는 파리 궁전에서 이름을 떨쳤다. 1804년 장 바버가 외과와 이용원을 완전 분리시킴으로서 현재도 이용원은 그의 이름을 붙여 바버숍으로 사용되고 있다.

이 시기의 여러 그림에서 남자의 머리형은 로마인과 같이 보이려는 스타일이 유행하여 부루터스 커트라고 하는 짧은 머리형이었다. 앞머리를 짧게 자른 bang 스타일은 나폴레옹의 스타일에서 볼 수 있다. 턱수염은 할스의 기사 그림에서처럼 숱이 적은 것부터 다른 초상화의 숱이 많은 경우까지 다양하지만, 그것은 항상 콧수염과 조화되어 있다. 반다이크 그림속의 인물들에게서 자주 이러한 유행을 볼 수 있기 때문에, 지금도 뾰족하게 기른 턱수염을 반다이크 수염이라고 부른다. 1870년~1890년 경 남자들의 머리카락의 길이는 더욱 짧아지고 콧수염과 턱수염을 기르는 것이 일반적인 경향이었다. 카이젤이라는 이름이 붙은 양 끝에 위로 말아 올라간 콧수염을 염색하거나 왁스를 바르는 등 손질을 하였으며 1871년 가구 제작소인 바리캉마르 회사가 바리캉을 발명해 hair cut을 위한 수동식 도구로서 사용되었으며 발전을 거듭하여 현재는 전자식 바리캉인 클리퍼가 개발되어 사용되고 있다.

마리앙투아네뜨

나폴레옹

루이 14세

청·홍·백색의 샤인 보드는 이 당시 병원을 표시하였던 상징적 간판으로서 정맥과 동맥 그리고 흰 붕대의 의미로서 이용문화는 점차 발달되어 전 세계에 보급되었다. 아시아에서는 1872년 일본의 귀족 목촌중랑이 서구문명을 받아 들여, 이용기술을 연구, 일본 정부의 삭발령 선포를 계기로 우리나라의 상투머리와 비슷한 "쫑마게"를 자른 short hair style을 만들었다.

1872년 독일의 Todtnau에서 태어난 Karl Ludwig Nessler에 의해 최초의 전기 히터파마를 창안시켰다. Nessler는 처음에는 그의 지방 마을에서 한 이발사의 도제로 있었다. 그러다가 스위스로 옮겨온 후에 이발업을 시작했고, 그의 이름을 영국식 이름인 Charles Nestle로 바꾼 후, Permanent Wave를 만들기 위한 방법을 연구하였으며 다양한 기구를 가지고 모발에 대한 시험을 시작했다. 1901년 Nestle는 런던 레스터 광장의 beauty salon에서 일했지만 고객에게 Marcel wave 대신 perm으로서 영구한 wave를 시도하려했던 것이 발각되어 해고를 당한 후 이러한 좌절에도 불구하고 1902년 Nestle는 Great Castle가에다 자신의 런던 미용실을 개업하고 거대한 전기히터 기계를 이용한 perm을 시도했다.

6) 현 대

1910년대 남자들의 헤어스타일은 머리카락을 앞에서 뒤로 빗어 넘긴 형이 1920년대엔 앞가르마나 옆 가르마를 타고 윤이 나는 머리 기름을 발라 올백 형으로 머리카락을 달라붙게 빗어 에나멜 가죽처럼 보이는 patent leather look형도 있었다.

Han Kel은 1937년에 견습생들에게 Marcel wave의 기술로서 2가지의 원인을 제공했다. marcel wave의 테크닉은 미용사만이 할 수 있는 특별한 기능이 되었으며, 아름다운 wave를 형성시키기 위해서는 head에 대한 구조를 익혀야 할 뿐만 아니라 hair를 어떻게 조절할 것 인가를 학습해야 했다. 즉, head면에 대한 굴곡인 두상의 형태를 이용 머리카락의 길이로서 volume up or down을 시킴으로써 head line을 보완시키는 고도의 테크닉인 미학적 관념으로서의 작업인 Marcel wave를 만들기 위해 꾸준하고 끈기 있는 연습결과에 의해 표현되는 미 자체가 예술인 것을 처음으로 표출시켰다.

시술 시에 따르는 많은 주의(hair 분배와 wave의 균형 등)와 정확성의 결과를 요구하는, 즉 hair style을 만들기 위한 미적(美的)인 시각을 위한 beauty hair dresser(미용사)와 barber hair dresser(이발사)를 구별하기 위한 기술 중의 하나로서 분류시키기 시작하였다.

1950년대에는 엘비스 프레슬리의 뒤로 빗는 duck tail 헤어스타일과 이유 없는 반항에서 제임스 딘의 수정된 상고머리는 젊은이들 사이에 열광적으로 유행했다.

1960년대 말 아프리카계 미국인들 사이에서 이른바 아프로 스타일(단발머리)가 다시 나타났으며 1970년대엔 히피스타일이 유행하였다. 1980년대에는 남자들이 자신의 새로운 헤어스타일을

바람과 함께 사라지다

제임스딘

펑 크

위해 이발소가 아니라 여자들이 이용하는 미용실을 찾기 시작하였고 그로 인해 1980년대 남자들 사이에서는 여자들처럼 볼륨감 있는 과장된 헤어스타일이 유행하였다. 1990년대의 헤어 스타일리스트는 지난 1백년간의 모든 시대로부터 영감을 받았다. 스윙, 댄스, 복고 운동과 더불어 긴 앞머리와 바짝 깎아 올린 뒷머리는 1930년대와 1940년대 스타일의 재창조였으며 랩 가수들은 1920년대의 수염들을 새롭고 독특하게 해석하여 연출하였다.

2000년대에는 뉴 밀레니엄이 시작되면서 새로운 시대가 시작되었다. 미래에는 더욱 활동적이고 스포티해진 이미지와 전위적인 헤어 스타일이 보다 다양하게 선보여질 것이다. 지금껏 남자들의 헤어스타일은 전통적으로 귀와 목선의 헤어라인이 드러나는 짧은 길이의 short cut 스타일이었다. 이러한 short cut 스타일 형태가 가장 중요한 포인트가 되어 커팅 비율과 질감, 표면의 형태들이 헤어스타일을 최종적으로 결정한다. 이것은 곧 앞으로 전개될 2000년대에 더 섬세해지고 테크니컬해질 헤어스타일의 등장을 예시해주고 있다.

2. 한국 이용의 발달

옛날 우리나라 남자들은 총각시절에는 머리를 땋아 내렸고 결혼한 사람은 상투를 틀어 올렸다. 그러나 일본과 서양문물이 밀어 들어와서 개화의 물결이 거세지자 드디어 서기 1895년 11월 17일 전 국민에게 삭발하라는 준엄한 단발령이 공포되었다. 김홍집 내각은 을미사변 이후 내정개혁에 주력하였는데 조선개국 504년 11월 17일을 건양원년 1월 1일자로 음력을 양력으로 개정하는 동시에 전국에 단발령을 내렸다.

고종은 단발령에 솔선수범하여 가위를 든 안종호에게 세자와 함께 머리를 깎았으며 내부대신 유길준은 고시를 내려 관리들이 우선적으로 머리를 깎게 하였다. 우리나라에는 옛적부터 머리를 소중히 여기는 전통이 있었는데 이것은 신체발부는 부모에게서 받은 것이니 감히 훼손하지 않는 것이 효도의 시작이라는 유교의 가르침에서 유래된 것으로 많은 선비들은 〈손발을 자를지언정 두발을 자를 수는 없다〉고 분개하여 정부가 강행하려는 단발령에 완강하게 반대했다. 그러나 오랜 진통 끝에 구미문명을 흡수하려는 개화사상을 받아들여 한국 이용의 역사를 창조하게 되었다. 당시 고종과 세자의 머리를 깎았던 안종호는 일찍 등과하여 8세에 전라도 완주 군수를 역임했고 왕족 자제들만을 가르치는 대강원에서 정삼품독의 강사로 국정을 보필했다. 안종호는 봉건정책을 타파하는 순회공연도 하였고 방역회를 조직했으며, 그 첫 사업으로 서울 종로에서 이용원을 개설했다고 한다.

1) 이발소

모발을 자르고 다듬는 일을 직업으로 가진 사람. 중세 서양의 이발사는 대개 외과의사나 욕탕업을 부업으로 하였다. 한국에서는 1895년(고종 32) 김홍집 내각에 의하여 단발령이 시행된 뒤, 안종호가 왕실 최초의 이발사가 되었다는 기록이 있다. 이발사는 소정의 자격면허를 취득하여야 하는데, 고객의 머리 형태를 고객의 요청과 얼굴형에 맞게 선택하여 자르거나 다듬고 염색, 세발, 머리손질 등을 한다. 서비스업에 종사하는 만큼 고객의 위생관리에 힘써야 하며 고객을 상대하는 사교술 및 머리형을 창조하는 기술과 감각이 중요하다.

2) 근래의 이용

(1) 시험제도

우리나라의 이용사 시험제도는 일제시대였던 1923년 만치 야마모도라는 일본인이 최초의 강습회를 시작하였으며 그해 가을에 우리나라에서는 처음으로 국가가 시행하는 이용사 자격시험을 실시하게 되었다. 그 당시의 시험출제는 주로 당시 의학박사인 주방주씨의 저서인 "위생 독본"이라는 책에서 출제되었으며 생리해부학, 소독법, 전염병학, 면접시험, 실기시험 등을 실시했다고 한다. 해방 이후 서울특별시의 이용사 시험실시는 1948년 대한민국 정부가 수립된 이후부터였고, 부산광역시의 시험은 1954년도부터 실시되었으며 그 후 내무부산하 각각 시, 도에서 이・미용사법에 따라서 한국직업인력관리공단이 보건복지부에서 제정한 공중위생법에 의거하여 실시하고 있다.

(2) 교육제도

해방 전인 일제시대에는 뚜렷한 교육기관이 없었고, 이용사들에게 사사해서 기술을 익히고 "위생독본"으로 독학을 해서 자격을 취득하거나 보조원 생활을 했다고 볼 수 있다. 해방 후도 혼란기라 역시 교육기관이 없었으나 6.25사변 후 사회가 급전함에 따라 몇 군데의 학원이 생겨났지만 체계적인 교육기관이 전혀 없었다.

1년제 고등기술학교에 이용과를 신설하여 상당수의 이용사를 배출했다. 그 후 한때 장발이 유행해서 학생 수가 감소되었으나 1990연대에 들어와서 두발 형이 변모되어 가면서 다시 활기를 띠기 시작했다.

(3) 최근의 이용

일제식민지 시대의 두발은 대개의 사람들이 양옆과 뒤를 치켜 깎고 윗머리가 10~15cm 정도의 길이인 하이칼라스타일이 보편적으로 계속되었고 제2차 세계대전 말기에는 일본군국 당국에 의해서 삭발령이 공포되어 모두 삭발을 하고 있었다. 그후에도 1960년대까지는 대부분의 어린남자들은 박박 머리를 하고 다녔으며 소녀들은 단발 컷트가 주류를 이루었다.

3) 이용(理容)

1986년 제정된 공중위생법에서는 이용업을 〈손님의 머리카락 및 수염을 깎거나 다듬는 등의 방법으로 손님의 용모를 단정하게 하는 영업〉이라고 정의하고 있다. 서양에서의 이용(이발)의 역사는 바빌로니아의 함무라비왕(재위 B.C. 1728~B.C. 1686)이 제정했던 함무라비법전에 〈이용을 업으로 하는 사람〉에 관한 이야기가 기록된 것으로 보아, 이보다 좀 더 오래 되었으리라 추측되고 있다. 이 법전에는 의사의 보조자로서 외과수술이나 이〔齒〕의 치료 따위도 직접 했다는 내용이 실려 있으며, 중세에는 상처의 치료나 피를 뽑는 일 등의 일반적인 외과 업무도 겸하였고 이를 이발의사라고 하였다.

그 후 르네상스 때에는 의학 분야에서도 라틴어 독해력이 중시되고 라틴어 어학실력이 있는 사람과 그렇지 않은 사람의 구별이 생겼다. 고대 문헌을 이해하는 능력의 중요성이 강조되었기 때문이다. 이로부터 라틴어 실력을 갖춘 사람은 의학을 중심으로 하는 의사이발사, 그렇지 않은 사람은 이발을 중심으로 하는 이발사라고 부르는 등, 사회적 지위에 차별을 두는 관습이 생겼다. 이용업무와 의사업무가 별도의 전문직으로 확실히 구분되기 시작한 것은 루이 14세(재위 1643~1715) 시대부터이다. 현재 이발소에서 볼 수 있는 빨강·파랑·하양의 줄무늬가 들어있는 표지(사인폴)는 동맥, 정맥, 붕대를 상징하던 당시 관습의 흔적이다.

이발 기능을 습득하려면 고등기술학교나 사설학원에서 6개월에서 1년 정도의 훈련을 거쳐 자격면허시험에 합격해야 한다. 시험은 필기·실기가 있으며 1년에 2회 실시한다. 이발사는 노동수요와 공급에 그다지 영향을 받지 않는 편이므로 비교적 안정된 직종이라 할 수 있다. 이용업은 단순히 머리카락을 자르고, 감기고, 수염을 면도하는 실용적 측면의 이용에서, 점차로 헤어패션을 중시하는 헤어스타일리스트 살롱이나, 머리카락의 건강을 관리하는 헤어클리닉 살롱으로 발전해가는 추세를 보이고 있다.

현재의 이용방법을 크게 나누면 정발기술로는 커팅(자르기), 세팅(가다듬기), 샴푸, 트리트먼트, 염색, 가발, 드라이, 퍼머넌트 등이 있고 안면기술로는 면도, 페이셜마사지, 콧수염정리 등이 있다.

이들 기술은 패션적, 정서적, 의료적 요소 이외에 약품·화장품이나 면도칼, 전기기구 등을 사용하므로 과학적 지식과 위생적 배려도 요구된다.

현재 이용과 미용이 법률상 하나인 나라와 한국의 경우처럼 따로 구별된 나라가 있는데, 세계적으로는 이 두 분야가 하나로 통일되어가는 추세이다.

제 2 장 … 두상과 모발의 성질

1. 두 상

1) 집을 찾으려면 주소를 알아야 되듯이 예쁜 스타일을 찾으려면 두상의 주소를 알아야 한다.

머리는 안면과 모발이 자라나는 두상으로 나눌 수 있는데 안면과 두상은 모발 경계선에 의해 구분되어진다.

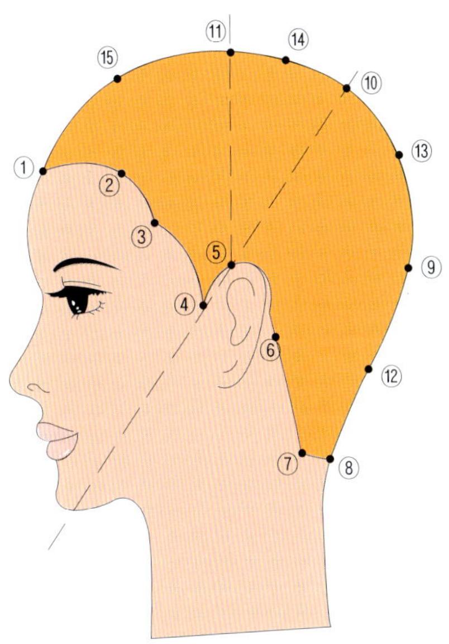

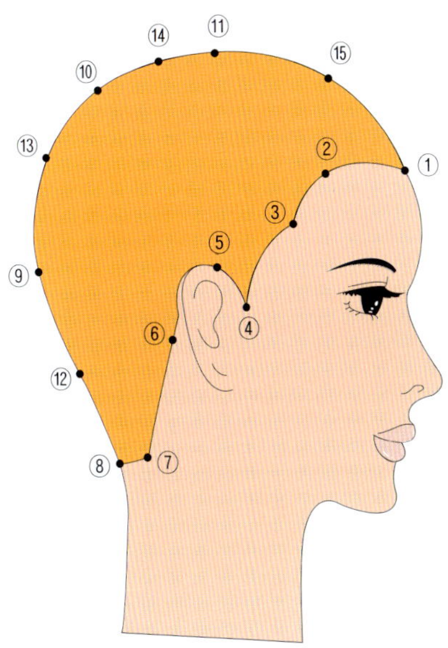

	포인트 점	영역설명
①	C.P : 센터 포인트(Center Point)	이마 중앙의 모발 경계선 지점
②	F.S.P : 프론트 사이드 포인트 (Front Side Point)	센터 포인트에서 우측으로 수평하게 연장하여 모발 경계선과 만나는 지점
③	S.P : 사이드 포인트 (Side Point)	F.S.P와 S.C.P의 중간지점
④	S.C.P : 사이드 코너 포인트 (Side Coner Point)	안면의 측면부에서 가장 하부에 위치하는 모발 경계선 지점
⑤	E.P : 이어 포인트 (Ear Point)	귀의 상부에 위치하는 모발 경계선 지점
⑥	E.B.P : 이어 백 포인트 (Ear Back Point)	뒤에서 본 귀의 중간 지점
⑦	N.S.P : 네이프 사이드 포인트 (Nape Side Point)	목덜미에서 모발이 형성되는 양쪽 끝 지점
⑧	N.P : 네이프 포인트(Nape Point)	목덜미에서 모발의 형성이 끝나는 지점
⑨	B.P : 백 포인트(Back Point)	귀의 상부에서 수평으로 연장되는 직선이 두상의 곡면과 만나는 지점
⑩	G.P : 골든 포인트(Golden Point)	턱에서 S.C.P를 지나는 직선이 연장되어 두상의 곡면과 만나는 지점
⑪	T.P : 톱 포인트(Top Point)	두상의 상부 중앙의 가장 높은 부분에 위치한 점
⑫	B.N.M.P : 백 네이프 미디움 포인트 (Back Nape Medium Point)	B.P와 N.P의 중간 지점
⑬	G.B.M.P : 골든 백 미디움 포인트 (Golden Back Medium Point)	F.S.P에서 수평으로 연장하는 직선이 두상의 곡면과 만나는 지점
⑭	T.G.M.P : 톱 골든 미디움 포인트 (Top Golden Medium Point)	T.P와 G.P의 중간 지점
⑮	C.T.M.P : 센터 톱 미디움 포인트 (Center Top Medium Point)	C.P와 T.P의 중간지점

2) 5개의 영역으로 분할한다.

헤어스타일을 만들어서 표현하는 곳은 두상이기에 두상의 골격과 각 특성을 잘 이해하여 쉽고 빠르게 헤어스타일을 연출하기 위해서는 두상을 골격대로 나누어서 표현하는 것이 좋다.

두상을 5영역으로 나누어서 커트하면 디자인이 쉽게 표현된다.

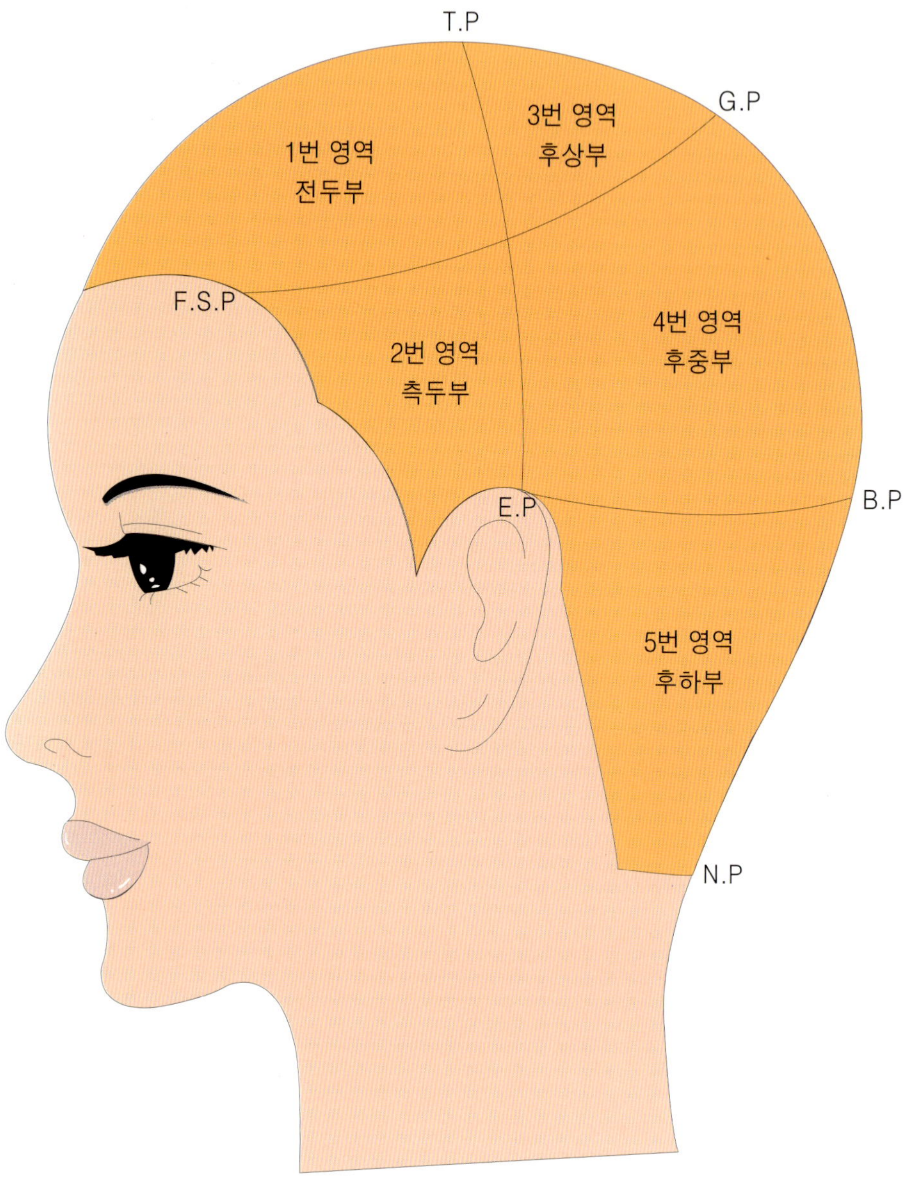

1번 영역	전두부	얼굴주의의 밀접한 관계로 얼굴의 전체적 균형에 많은 영향을 준다.
2번 영역	측두부	옆선의 이미지를 연출되는 곳으로 사이드나 아웃라인의 모양, 질감을 형성하는 곳이다. 짧은모발은 이곳에서 얼굴형의 이미지가 결정된다.
3번 영역	후상부	두상에서 가장 높은 곳에 위치하는 영역으로서 헤어스타일에 높이를 만들어 볼륨감을 주는 곳이다.
4번 영역	후중부	두상의 가장 넓은 영역이고, 외부로 돌출된 부분이기 때문에 헤어스타일의 전체적 질감이나 움직임에 관여한다. 따라서 헤어스타일의 형태를 좌우하는 곳이다.
5번 영역	후하부	두상에서 가장 낮은 곳에 위치하는 영역으로 두상의 뒷모습의 아웃라인이나 길이를 결정하는 곳이다.

3) 두상곡면을 세로 방향으로 분할하여 5영역으로 나눈다.

두상을 연장하는 U라인을 시술할때 사용된다.
손가락이나 빗의 기울기에 따라 선이 완만하거나 경사지게 표현이 된다.

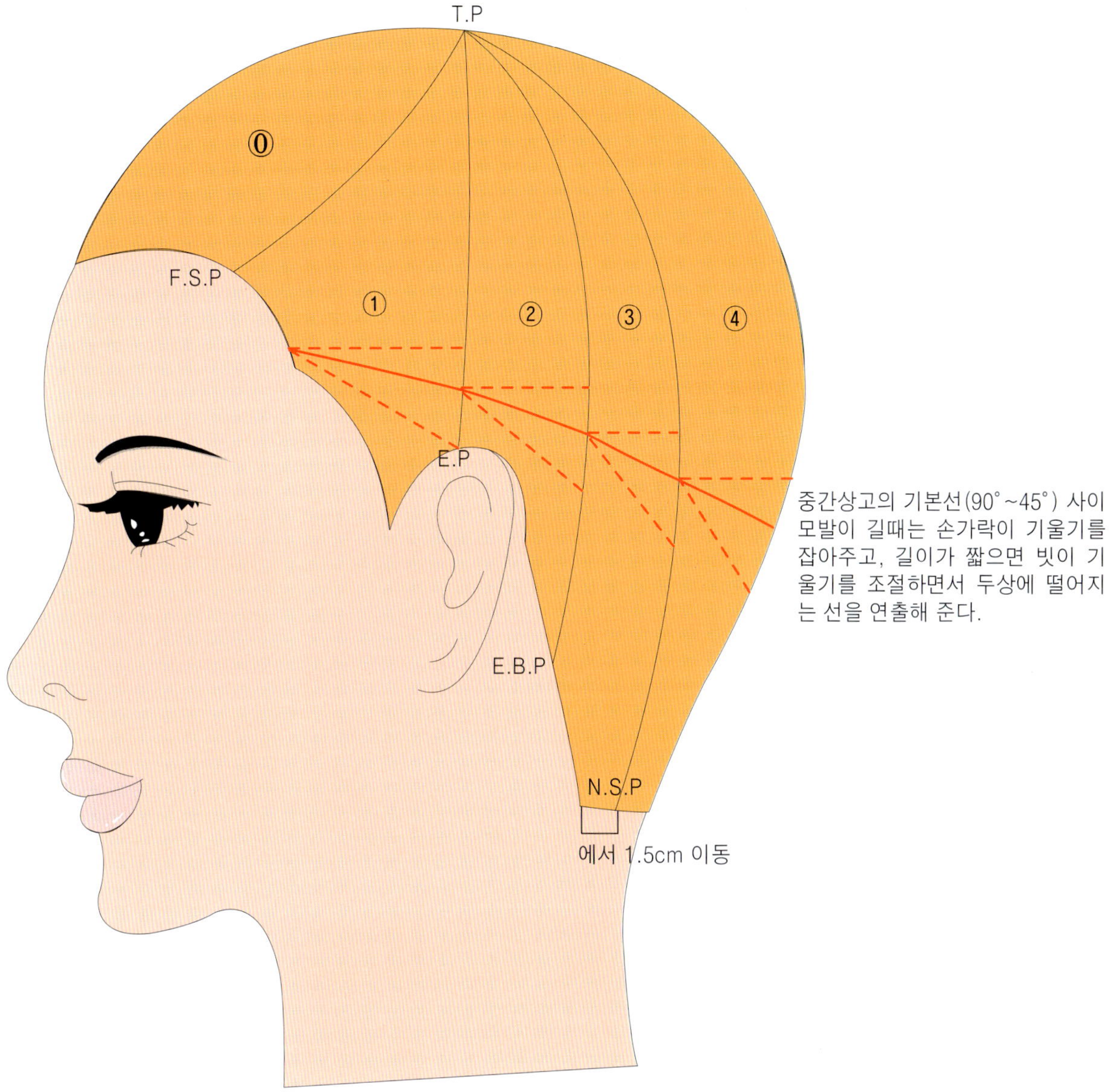

⓪번	앞머리 표정 만들기	앞머리 영역은 별도의 영역이기에 0번이라 칭한다.
①번	옆선 만들기	비스듬히 모발이 앞을 향하는 존.
②번	커트에서 제일 크레임이 생기기 쉬운 존	앞에서 볼 때 폼, 아웃라인을 형성한다.
③번	선이 결정되는 영역	T.P에서 N.P까지 모발의 겹침을 이용해 볼륨감과 입체감을 낼 수 있는 곳이다.
④번	커트의 중심을 잡아주는 존	두상 속에서 가장 면적이 크고 커트 시술시 중심을 잡아주는 곳이다.

2. 모 류

1) 두상에 따른 모류

모발은 자른 위치보다도 아래로 떨어지므로 모발이 두상 어디에서 떨어지느냐에 따라 머리카락 끝의 단차가 생기게 되고 머리다발은 안쪽으로 말리거나 밖으로 말리므로 두상과 모류방향을 알고 디자인을 연출해야 한다.

① 이곳은 모공의 방향이 앞쪽으로 흐른 경우가 많지만 사람마다 다르고, 두상이 최고로 튀어나온 부분이기 때문에 모류방향도 역행하여 떨어지기 제일 쉬운 영역이기도 하다.

② 모공의 방향이 위로 45°로 휘어지는 경우와 아래로 45° 떨어지는 경우가 있는데 위로 휘어지는 경우는 모류를 역행하여 C컬을 만들면서 강한 볼륨이 자연스럽게 생긴다. 또한, 이 영역은 C컬의 볼륨이 자연스럽게 잘 연출되는 영역이기도 하다.

③ 이곳부터 모공의 방향이 아래로 흐르거나 옆으로 흐르는 사람이 많아지고, 인컬보다는 아래로 떨어지면서 모발이 말려진다.

④ 대부분의 모공의 방향이 아래로 45° 떨어지고 특별한 경우에는 위로 솟구쳐서 나는 경우가 있기 때문에 이곳의 모류를 잘 파악할 수 있어야만 짧은 스타일을 원하는대로 연출 할 수 있다.

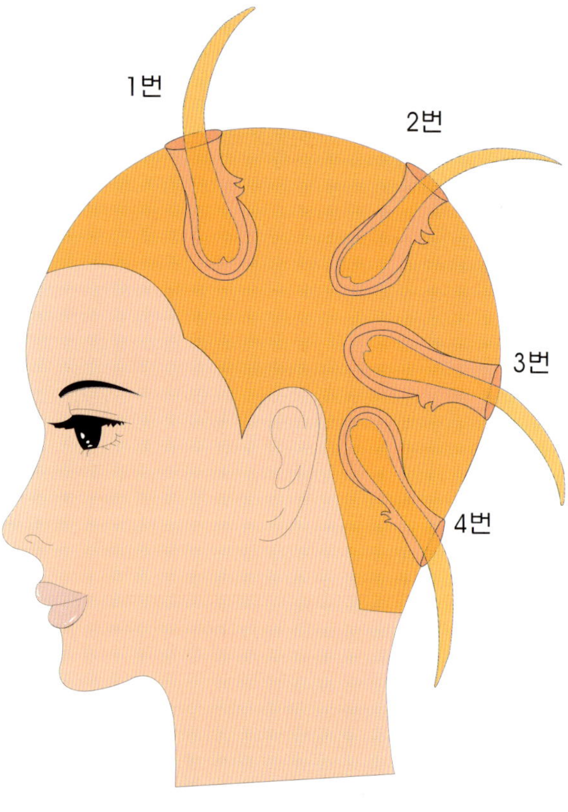

모류방향이 자연스러워야 커트선이 예쁘게 표현된다.

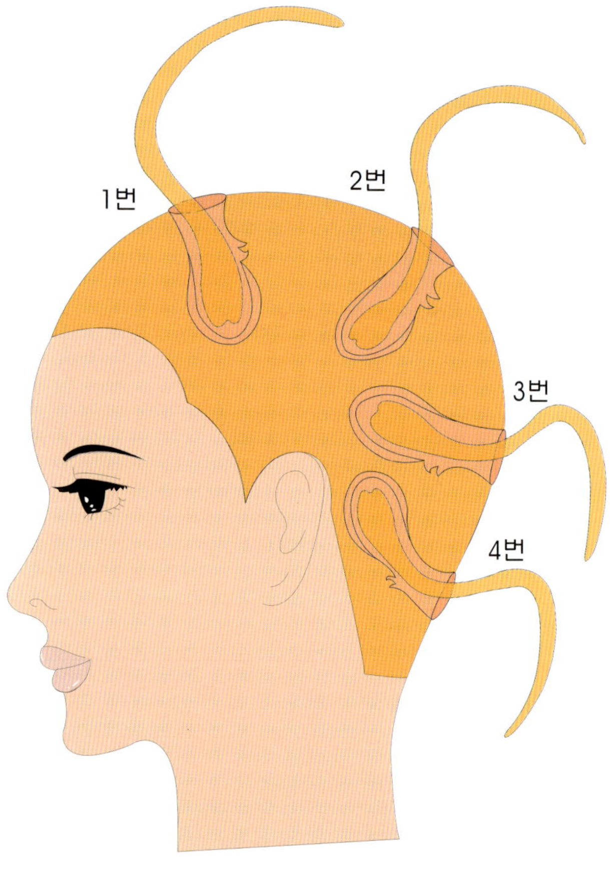

모류방향이 역행이 되면서 모발이 떨어지므로 짧은 모발일수록 솟구침이 생겨 후중부, 후하부에는 주의가 필요하다.

2) 두상과 모류방향

사람의 두상은 골격의 형태에 따라 구체의 모양이 약간씩은 다르다. 이 구체의 모양이 모류의 방향을 결정하는 것에 밀접한 관계가 있는 것으로 알려져 있다. 머리 전체에 퍼지는 모공의 배열이 모류 방향을 결정지어지므로 모발이 떨어지는 방법에 영향을 준다. 모공에는 여러 방향이 있음을 알 수 있지만 대부분의 모발진단기로 모발이 나는 방향을 보면 45° 기울기로 모발이 자라남을 알 수 있지만 모발이 가늘다던지 특별히 모발의 기울기가 심한 경우도 볼 수 있다.

앞머리

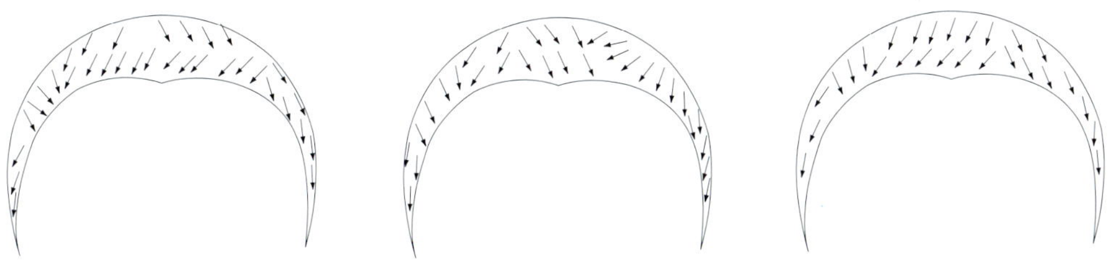

옆머리

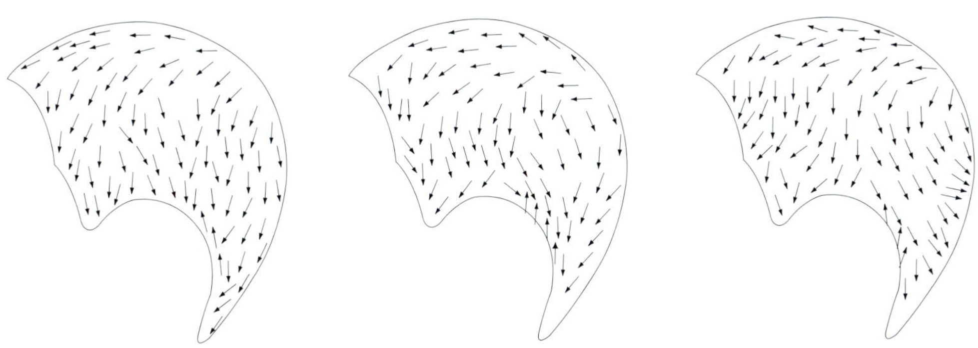

옆머리

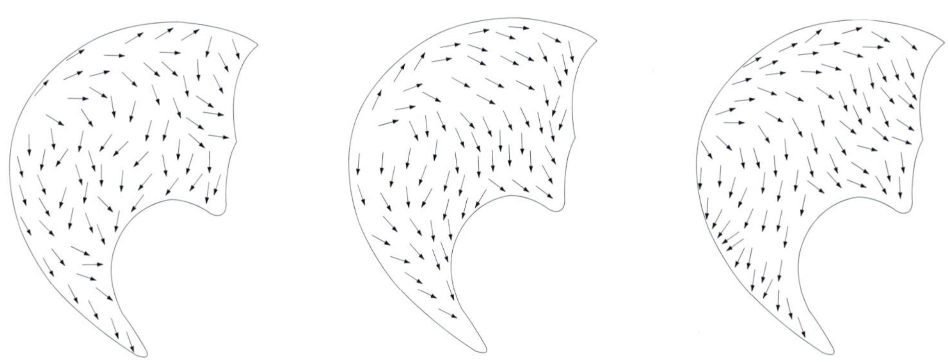

뒷머리

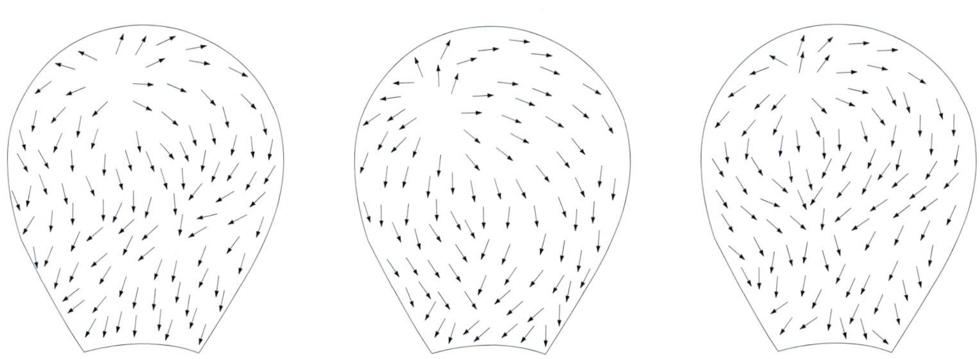

3) 모발의 길이와 모류

10cm 이하의 모발을 커트하고자 할때는 모발의 방향이 어디로 흐르는지 모류방향을 잘 파악해야만 스타일을 망치지 않는다.

모발 진단기로 모공을 확대해서 보면 모발은 45°에서 15° 정도로 휘면서 모류의 방향이 결정된다. 모발에 무게가 없으면 길이가 짧으면 중력의 영향을 받지 못하므로 모류가 흐르는 쪽으로 모발이 가버린다.

스포츠형 커트시 분명히 일직선으로 수평의 상태에서 시술하지만 커트가 끝나서 보면 스퀘어 상태가 되어있지 않은 상태가 이 원리이다. 커트를 시술후 모발에 무게를 주면서 스타일링제를 발라서 모발을 세우면 스퀘어 상태가 되는 것이 이 원리이다.

(1) 건강한 모발

건강한 모발이나 모질이 두꺼운 모발은 모류가 45° 정도로 흐른다. 이 경우 모발을 말릴때 모공을 비벼주면 70°~80°까지도 모발이 세워짐이 가능하다.

(2) 힘이 없는 모발

모질이 가늘고 힘이 없는 모발은 모류가 30°까지도 누워버린 경우가 생긴다. 모발을 말릴때 모공을 비벼서 모발을 세우고 싶어도 모질이 두꺼운 모발보다는 덜 세워진다.

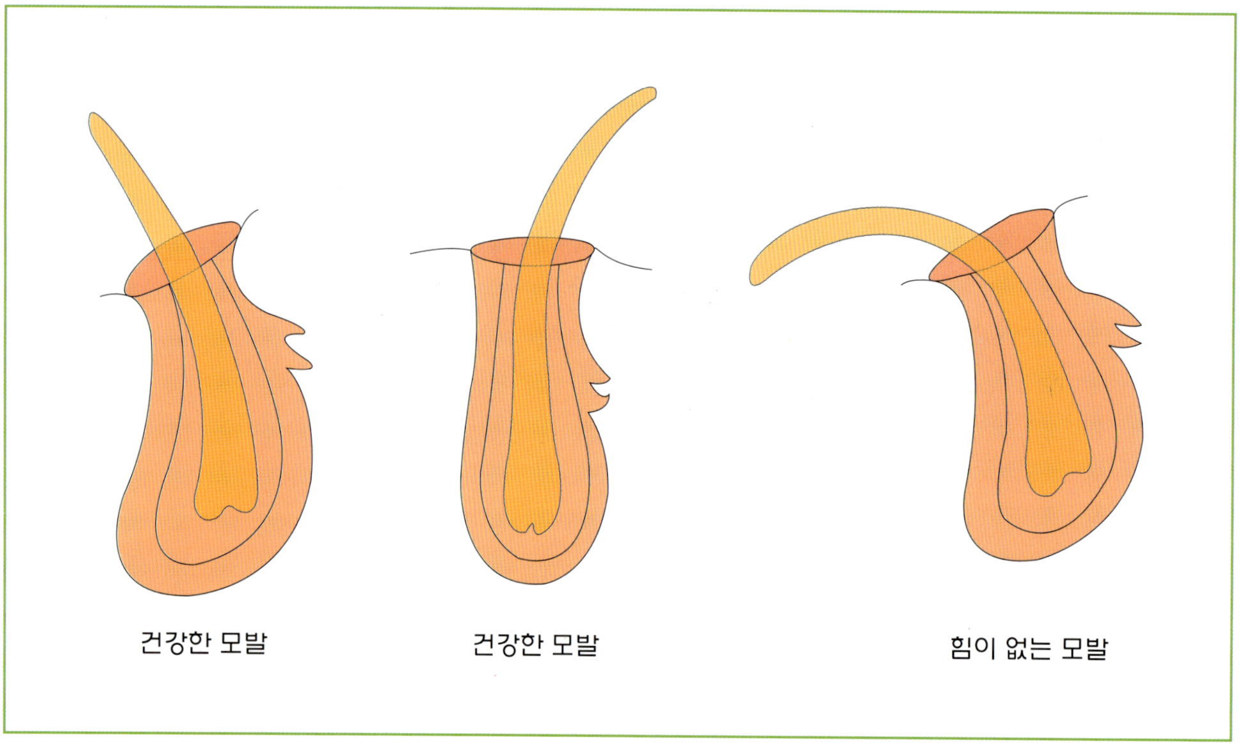

4) 모발의 힘

모발의 힘은 길이에 따라 다르다. 이 원리를 이용해 스타일을 구사하면 짧은 모발을 능숙하게 커트할 수 있다. 긴머리 다발에 짧은 머리 다발을 섞어 놓으면 공간이 생겨 곡면을 만들게 된다. 머리다발 움직임의 방향에 따라 볼륨이 생기거나 율동감이 만들어지기도 한다. 그래서 모발 전체에 새로운 움직임을 만들기 위해서는 모발의 힘의 원리와 짧은 모발에서 가장 중요한 모류도의 원리를 잘 활용한다면 남성커트를 완벽하게 시술할 수 있다.

(1) 모발 길이 1cm

모류방향을 무시하고 일어서려고 하는 성질이 강하고, 무게가 없어 중력의 영향을 받는 일이 없기 때문에 이 길이의 커트시술은 일반시술각으로만 커트하는 것이 좋다.

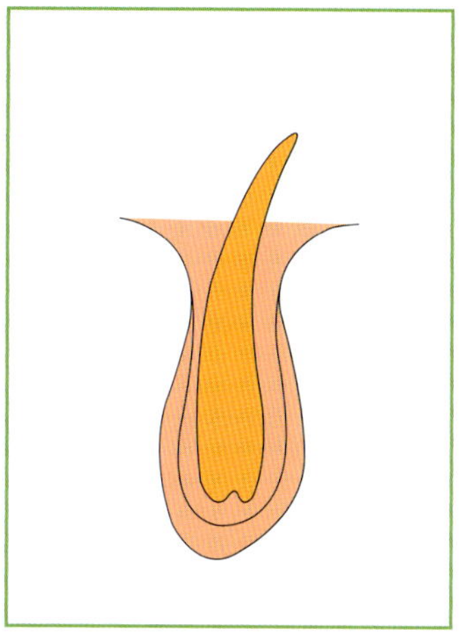

(2) 모발 길이 3cm

모류방향으로 조금은 휘어지지만 일어서려고 하는 성질이 강하고 이 길이 역시 무게가 없어 중력의 영향을 받는 일이 없기 때문에 일반시술각으로만 커트하는 것이 좋다.

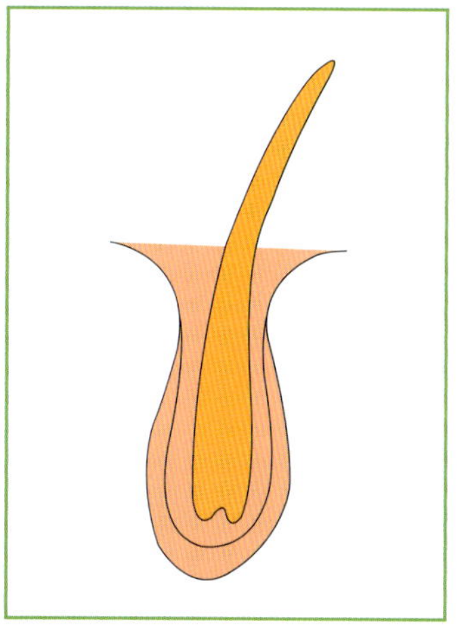

(3) 모발 길이 5cm

이 길이의 모발은 모발에 무게가 생기기 시작하여 중력의 영향을 받기 시작하고 모류가 흐르는 방향으로 곡선을 그리기 시작한다.

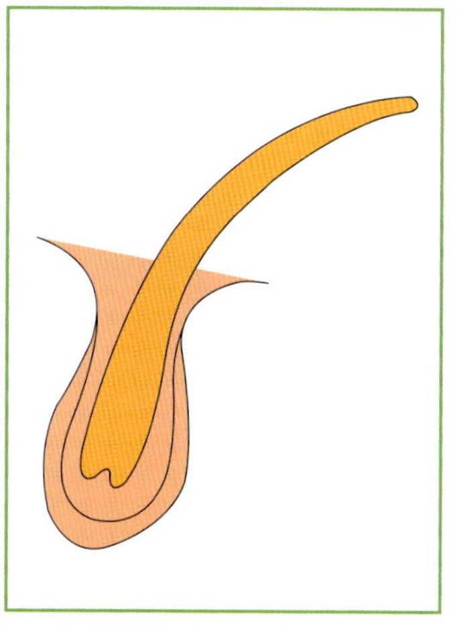

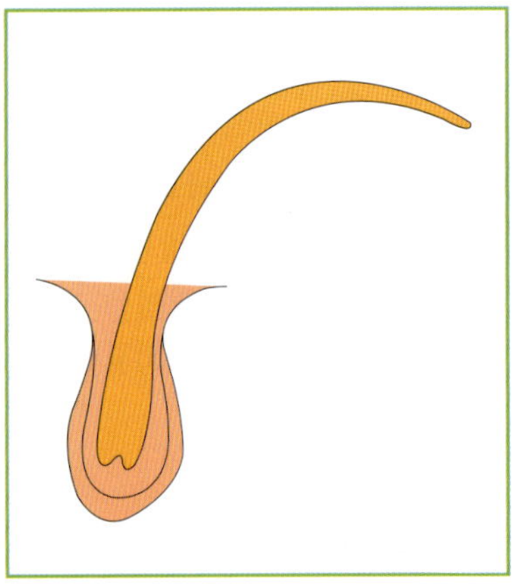

(4) 모발 길이 8cm

중력의 영향을 받아 모류방향으로 곡선을 그리기 시작하여 곡선 윗부분에서 C커브를 그리면서 모발이 휘어지기 시작한다.

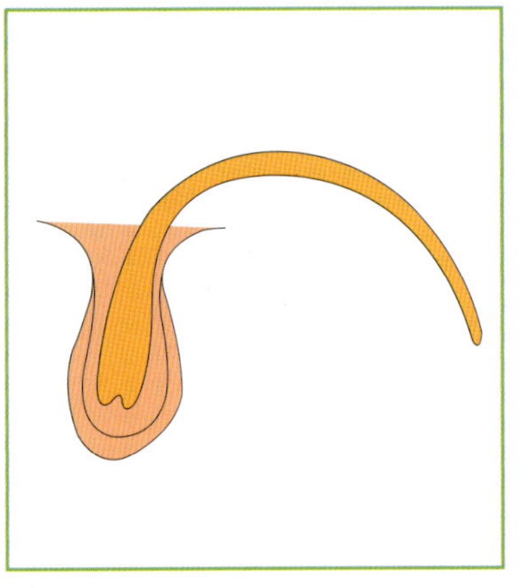

(5) 모발 길이 10cm

모류방향으로 늘어지려는 힘과 모발의 무게로 인한 중력으로 떨어지는 성질에 의해 모발은 급격하게 휘면서 아래로 떨어져서 C커브를 이루게되고 이 원리 때문에 유니폼레이어 커트를 10cm 시술하게 되면 두상이 그대로 표현되는 길이다.

(6) 모발 길이 12cm

이 길이부터는 모류방향에 역행이 가능한 길이에 해당되고 모류방향대로 흐를 경우에는 무게가 생겨 안쪽으로 향해서 곡선을 그리기 시작한다.

모류방향이 역행될 경우에 멀리 C커브를 그리기 때문에 볼륨이 강하고 예쁘다. 단 조건 길이가 짧으면 형성되지 않는다.

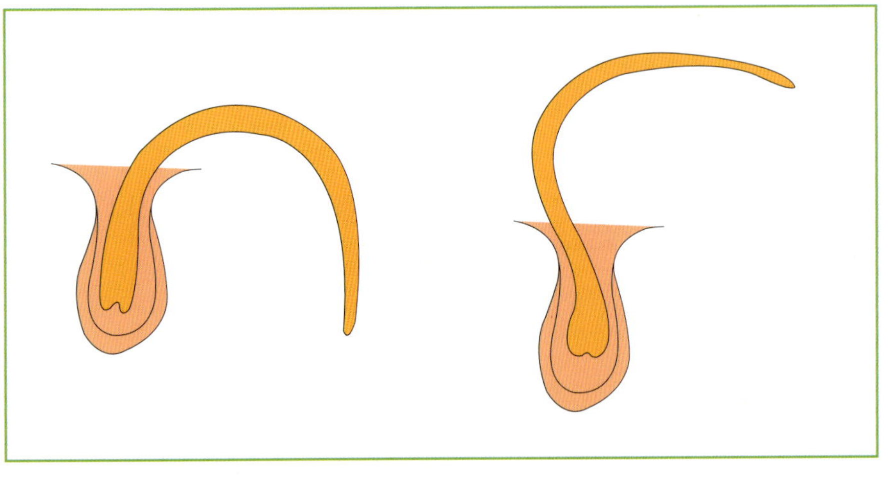

(7) 모발 길이 15cm

이 길이의 모발은 중력에 의해 안쪽으로 들어가려고 하는 성질이 생기고 모류에 역행하여 떨어질 경우 큰 포물선을 그리면서 볼륨이 강한 C커브가 생긴다.

모류방향이 역행될 경우에 미리 C커브를 그리기 때문에 볼륨이 강하고 예쁘다. 15cm일 경우에 역행되는 C커브가 제일 자연스럽게 형성되는 길이이다.

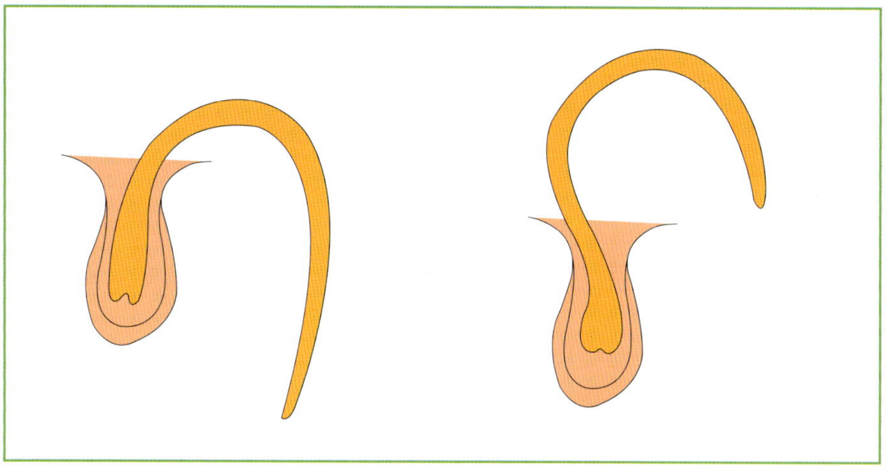

(8) 모발 길이 20cm

모발의 길이가 길어지면 C컬을 그리던 머리끝이 모발의 무게와 중력에 의해 똑바로 떨어지기 시작하고 롱헤어에 모근이 가라앉아 볼륨이 생기지 않으므로 볼륨이 있는 스타일보다는 길이의 변화와 선의 변화로 스타일을 연출 하는게 좋다.

이 길이는 T.P에서 설정하는 길이가 된다면 모류를 역행하는 경우에는 자연스럽게 볼륨이 형성되는 길이다. 하지만 G.P에서 떨어지면 곧바로 일직선을 그리면서 떨어지므로 볼륨은 전혀 생기지 않는다.

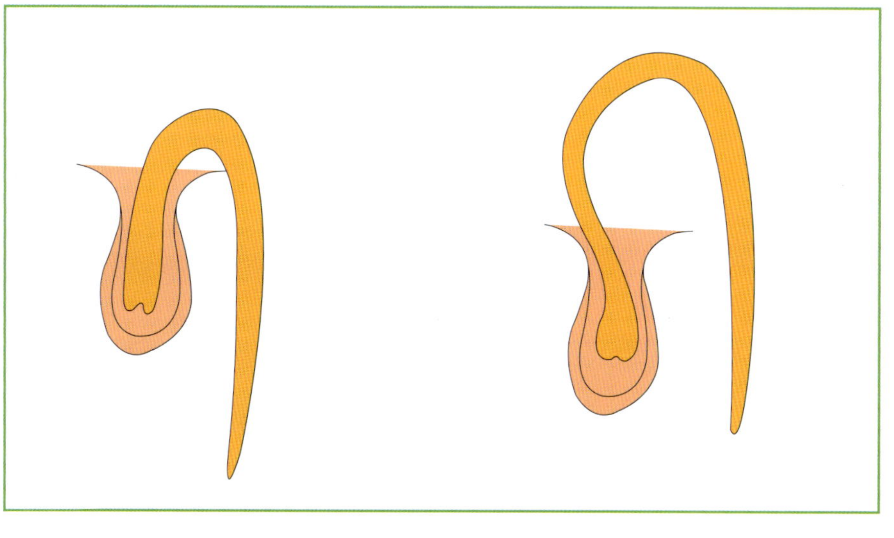

3. 모발의 성질을 이용하여 머리카락 표현하기

모발은 항상 짧은쪽에서 긴쪽으로 휘어진다는 원리를 이용해서 볼륨과 율동감을 연출할 수 있다.

볼륨 형성

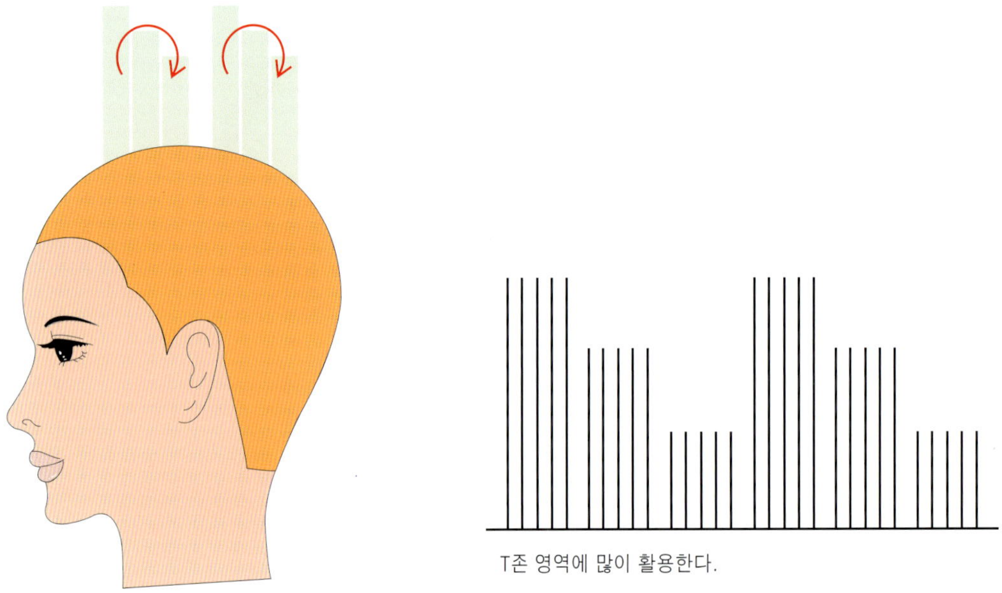

T존 영역에 많이 활용한다.

율동감 형성

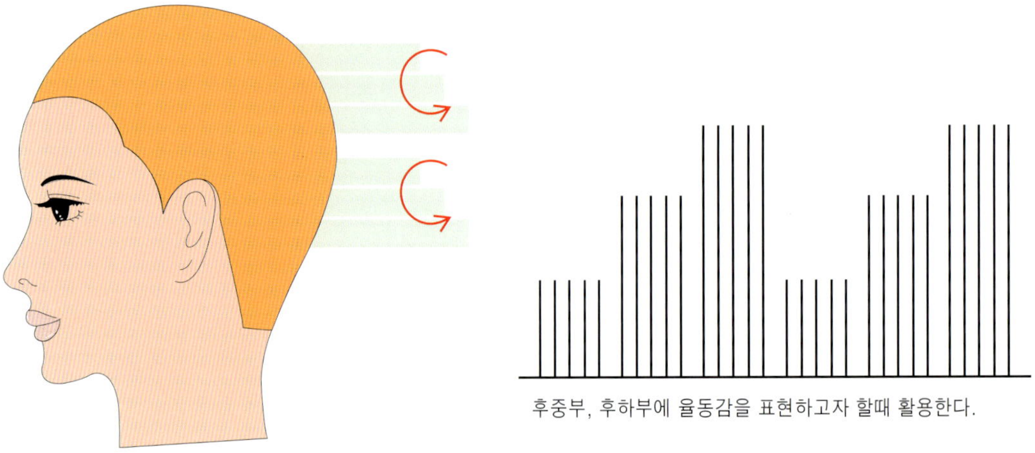

후중부, 후하부에 율동감을 표현하고자 할때 활용한다.

Tip

가위를 넣는 방향

처음 시작하는 모발의 길이가 짧아지느냐 길어지느냐에 따라 휘어지는 정도가 달라진다. 모발은 짧은 모발이 긴 모발을 누르려고 하는 성질을 가지고 있다.

1) 샤기(Shaggy) 표현 테크닉

(1) 이븐 스트록(Even stroke)

길이가 길고 짧음이 동일한 샤기로 모발의 형태감을 표현하는데 많이 이용한다.

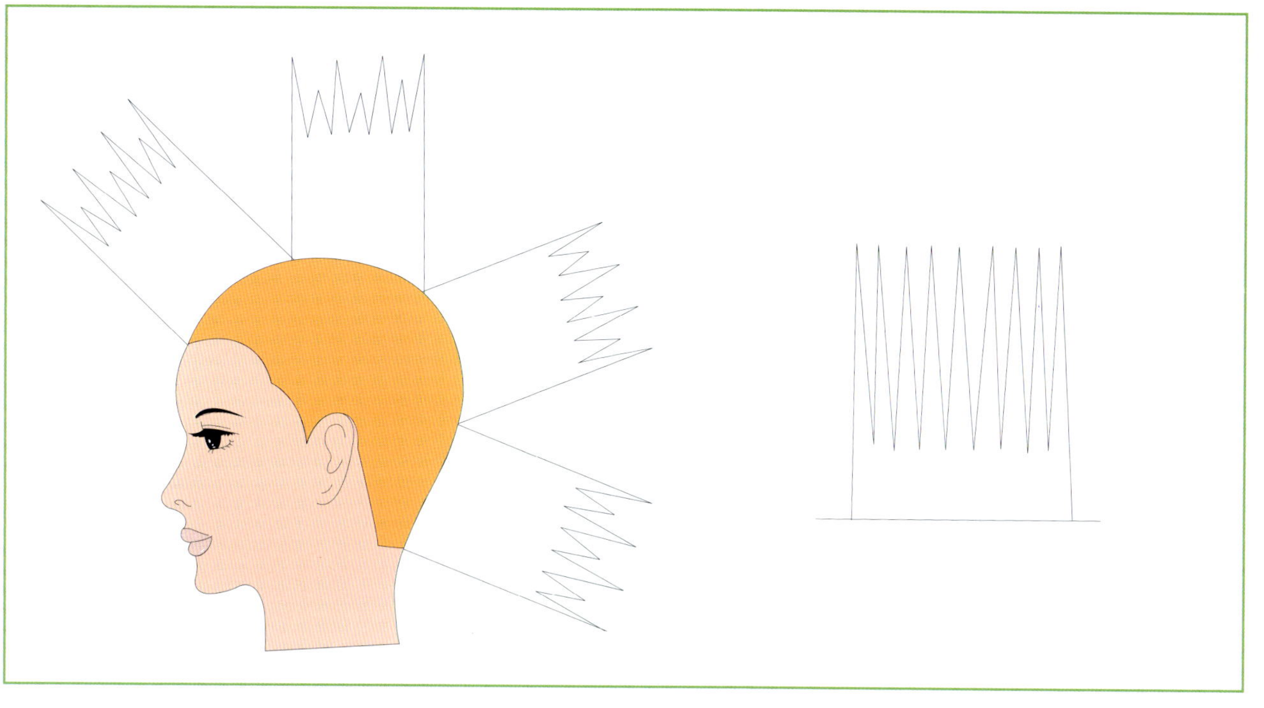

(2) 언이븐 스트록(Uneven stroke)

길이가 동일하지 않고 길이를 섞어놓은 샤기로 이너틴닝 영역에 모발의 성질을 이용해서 골격보정 활용에 많이 이용한다.

2) 샤기표현의 예

동일한 스타일에 질감을 어떻게 표현하느냐에 따라 헤어스타일의 이미지가 다르게 연출된다.

언이븐 스트록이 들어가지 않은 모발

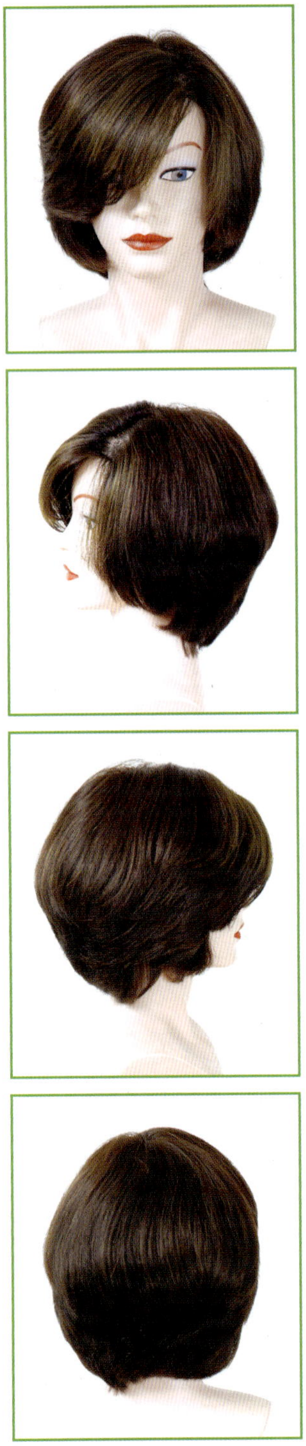

이븐스트록만 이용해서 형태감을 연출하였다.
동일한 길이가 떨어지기 때문에 무거운 헤어스타일이 연출된다.

언이븐 스트록이 들어간 모발

이븐스트록과 언이븐스트록을 이용하여 손질이 편한 헤어스타일을 연출하였다.
모발의 길이가 섞여 성질이 다른 모발끼리 융합하므로 손질이 자연스럽다.

4. T존영역 스타일 만들기(T존 영역은 길이에 따라 볼륨의 시술각이 달라진다.)

1) 층을 자연스럽게 연결하고 싶을때는 일반시술각 90°

짧은 모발은 T.P~G.P 사이를 어떻게 이용하는 목적에 따라 원하는 표현을 시술할 수 있다.

(1) 11cm의 일반시술각 90°

모발의 길이가 10cm 이상의 길이가 되면 곡면생긴 모양대로 층을 형성한다.

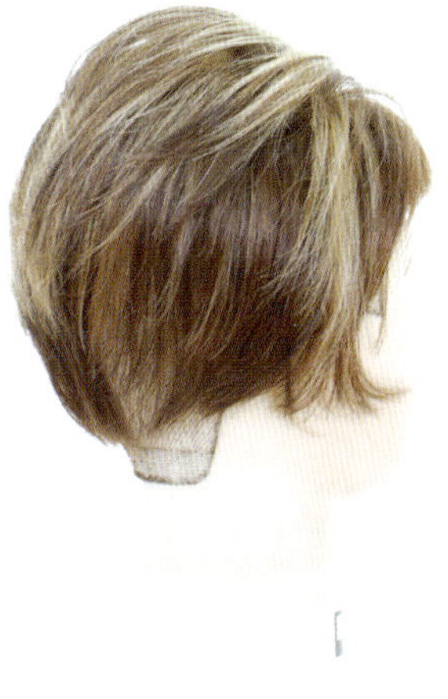

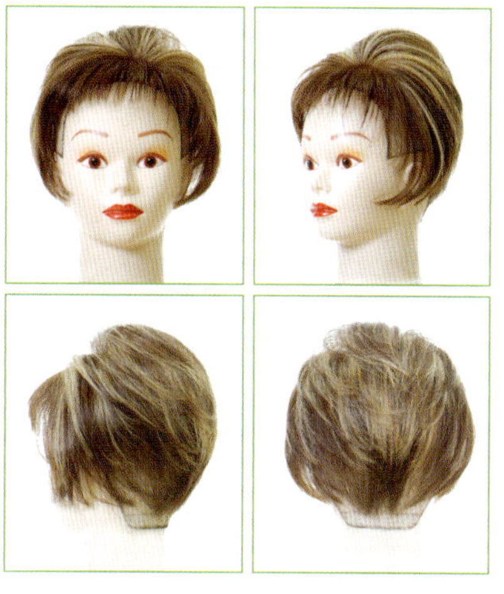

(2) 10cm의 일반시술각 90°

모발의 길이가 10cm 이하의 길이부터는 곡면에 떨어지는 모발이 짧아 곡면이 함몰되게 표현되어 볼륨이 없어진다.

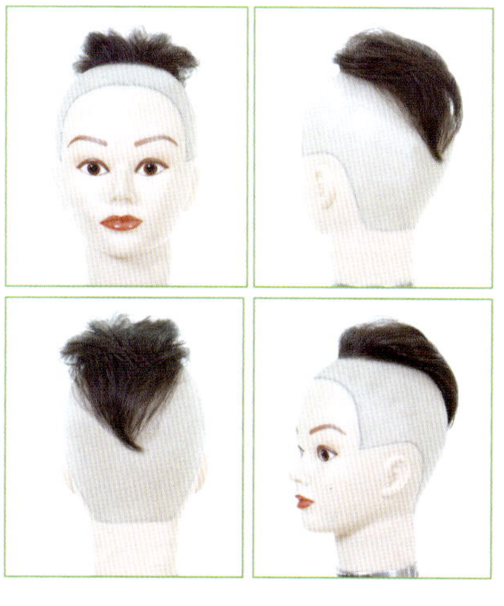

T.P~G.P 일반시술각 90°

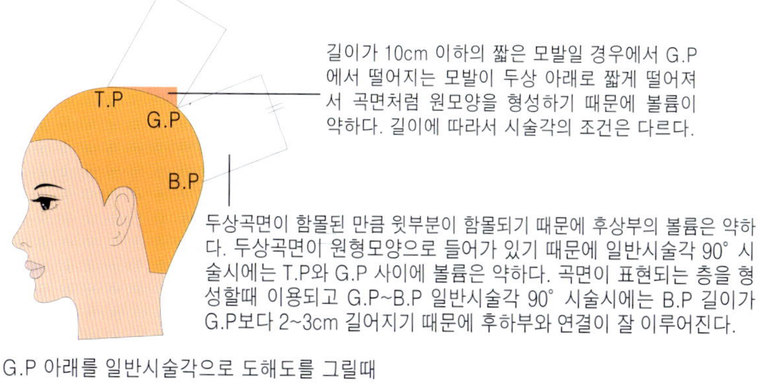

G.P 아래를 일반시술각으로 도해도를 그릴때

(3) 12cm의 일반시술각 90°

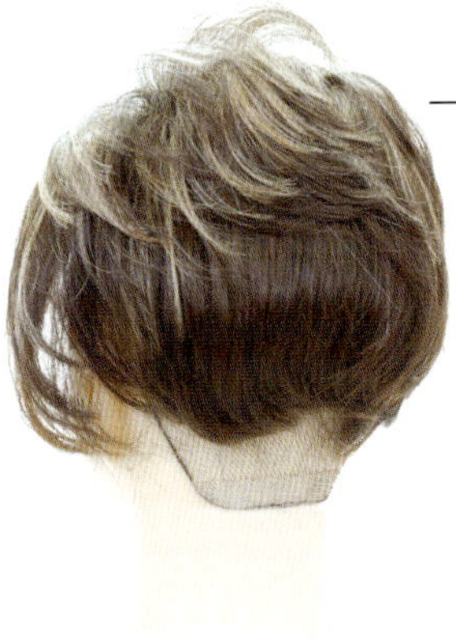

두상곡면이 함몰된 만큼 윗부분이 함몰되기 때문에 후상부의 볼륨은 약하다.

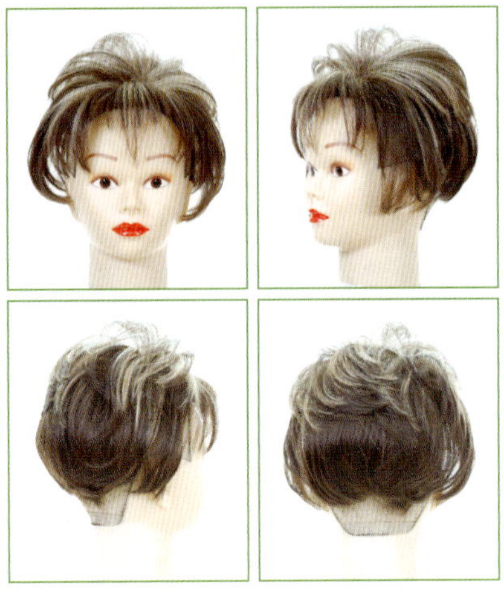

G.P~B.P 사이를 일반시술각 90° 시술시 윗모발보다 아랫모발이 길어지기 때문에 밑모발이 길어져 후하부와의 연결이 자연스럽다.

10cm 보다 모발이 길게 떨어지기 때문에 곡면만큼 볼륨이 생긴다. G.P~T.P 사이는 시술각도 중요하지만 길이가 얼마만큼이냐에 따라 볼륨이 다르게 표현된다.

2) T.P~G.P에 볼륨을 주고 싶을때는 자연시술각 90°

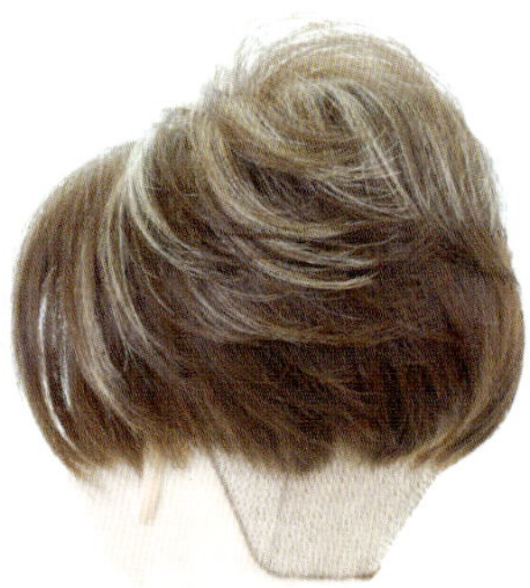

T.P~G.P 자연시술각 90°

G.P~B.P 자연시술각 90°

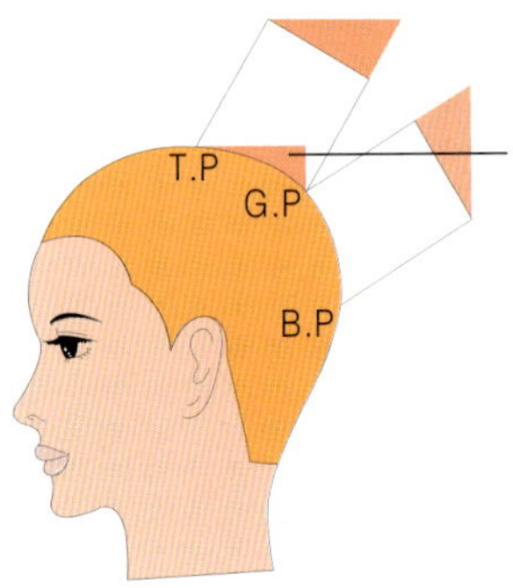

T.P~G.P 사이를 일반시술각으로 도해도를 그릴때

길이가 짧은 모발은 G.P가 짧으면 곡면이 깍이는 느낌이 든다. 이곳에 길이가 들어간 만큼 길어져야 볼륨으로 형성된다. 이곳에 길이가 길면 층이 형성되기 때문에 길이변화를 잘 이해해야 한다.

두상곡면이 함몰되는것 만큼 모발의 길이를 길게 커트함으로써 T.P~G.P 사이에 볼륨을 얻을 수 있다. 주부형에 많이 이용된다.

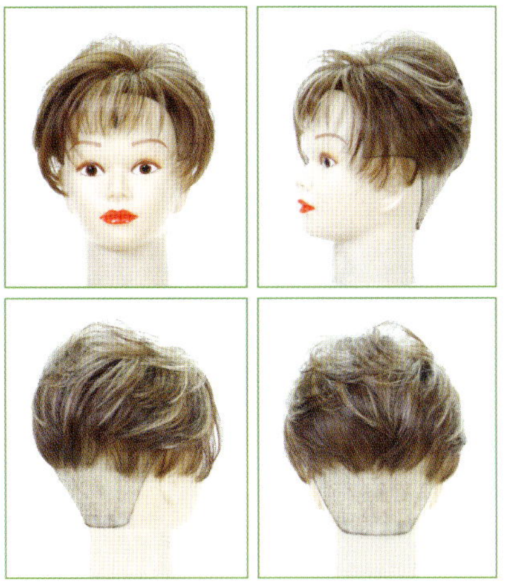

G.P~B.P 사이를 자연시술각 90° 시술시 밑모발이 짧고, 윗모발이 길어지기 때문에 후상부에 볼륨을 얻을 수 있고 후하부는 길이가 짧아져서 긴 모발은 주의하여야 한다.

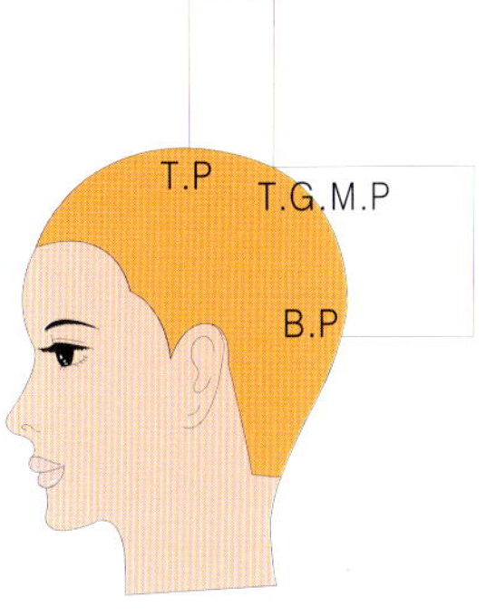

T.P~B.P 자연시술각 90°

T존 영역에 모량과 모질 파악 후 G.P와 T.P 영역 사이를 필요한 만큼 옮겨 가면서 자연시술각 90°를 활용하면 시술하기도 편리하면서 예쁜 스타일을 연출할 수 있다.

B.P~G.P 사이가 일반시술각 90°시에는 밑모발이 길어서 모발의 연결이 쉽게되어 층이 자연스럽게 연출되고B.P~G.P 사이를 자연시술각 90°시에는 밑모발이 짧아져서 N.P의 길이의 모발이 길면 층 연결이 부자연스럽게 연출되고 볼륨을 얻을 수 있다. 이곳에 시술각과 길이변화를 잘 이해하여야만 짧은모발을 쉽게 커트할 수 있다.

제 3 장 … 도구의 사용방법

1. 빗(Comb)

1) 기본자세

커트 빗은 모발을 나누고 뜨거나 곱게 빗질하는데 사용하기도하도 커트할 때 눈금자로도 이용된다. 견고한 소재의 재질로 만든 빗으로서 부드러움과 유연성으로 인해 모발을 손상시키지 않아야 하며 빗살 끝이 너무 뾰족하지 않고 두피를 보호 할 수 있어야한다.

① 검지, 중지, 약지를 빗살에 사선으로 잡고 엄지로 빗등을 지지하고 잡는다.
② 엄지를 밀고 중지를 돌리면서 빗질한다.
③, ④, ⑤ 빗질은 엄지를 밀면서 중지로 조절한다.

빗살끝 : 모발을 뜨게하는 작용을 한다.
빗 살 : 얼레살은 한 판넬을 뜨는 안내자 역할을 한다.
빗살의 간격이 넓으면 텐션이 부족하여 정확한 한 판넬을 뜨기가 힘들다.
빗살 간격이 좁은 고운살은 판넬을 뜰때 한 판넬을 정확하고 세밀한 라인을 만들 수 있다.

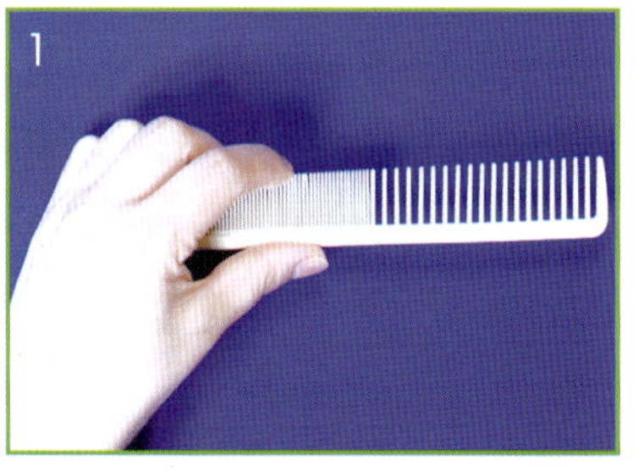

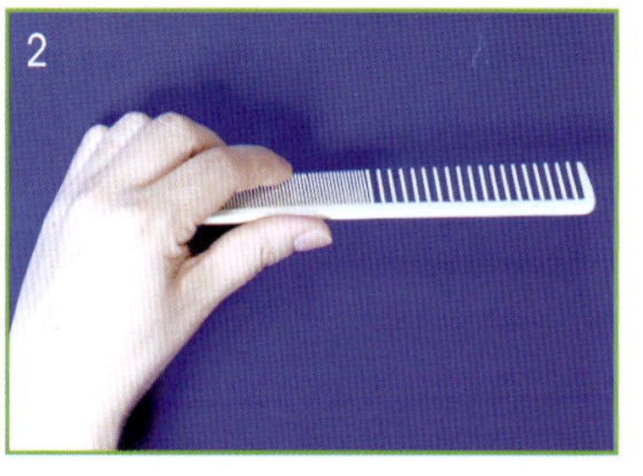

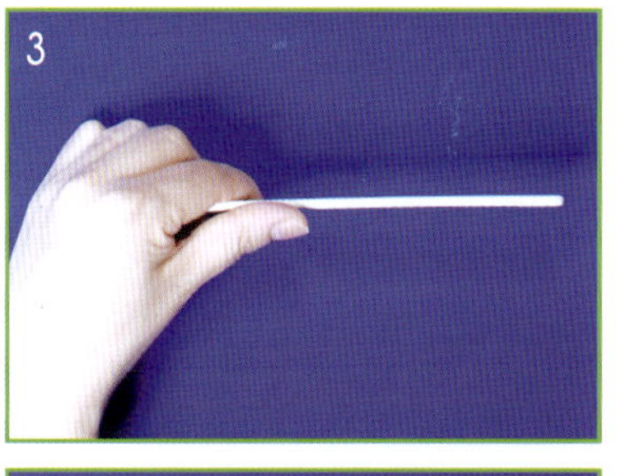

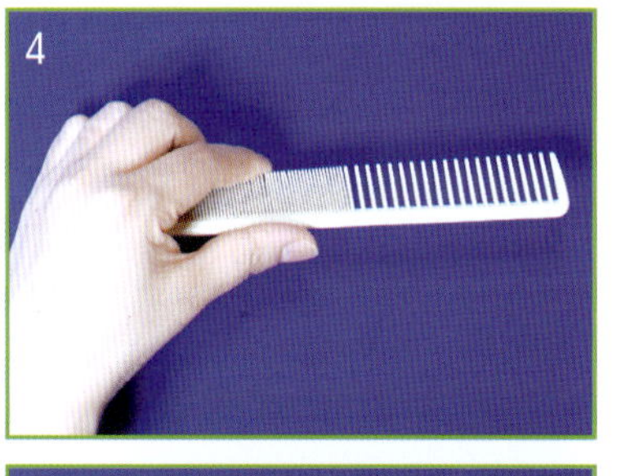

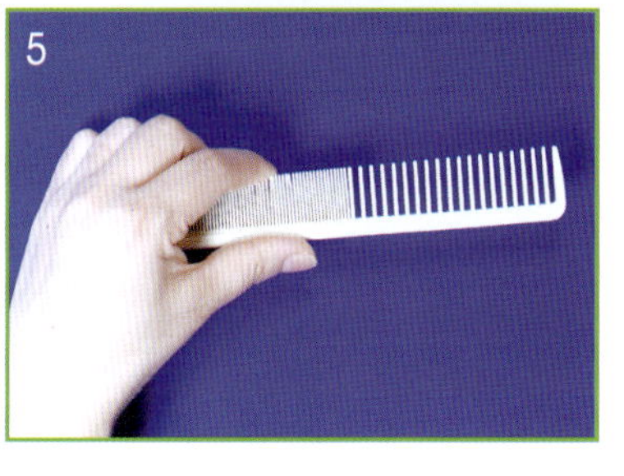

짧은 모발은 빗이 길이와 시술각을 조절한다.

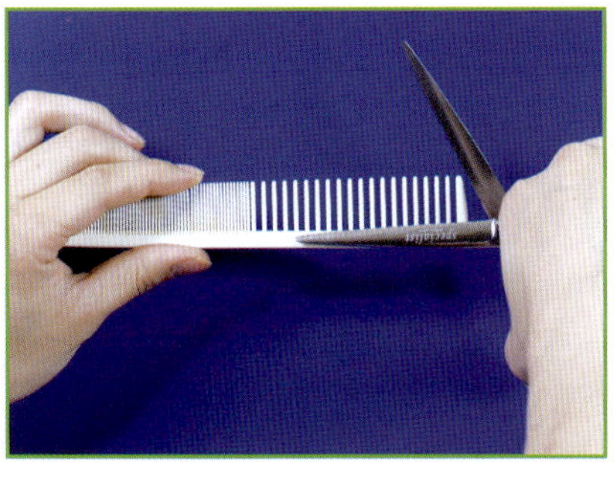

가위와 빗의 좋은자세

빗등에 고정날을 정해놓고 엄지로 유동날을 움직여서 모발을 잘라내야 한다. 모발이 길면 손가락이 자가 되고 3cm 이하의 모발은 빗이 자가 되는데 손가락의 역할이 빗등이 된다.

가위와 빗의 나쁜자세

아래그림의 나쁜 자세는 고정날과 유동날에 의미가 없고 양날을 움직이게 되면 절삭의 정도를 정할 수가 없다.

2) 손의 명칭

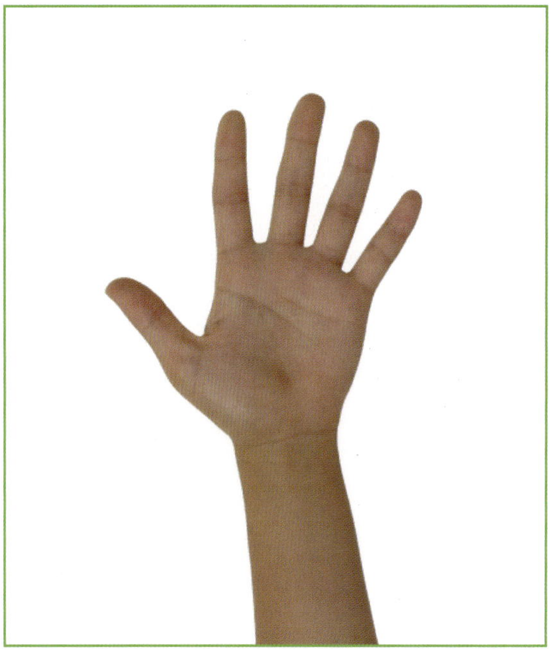

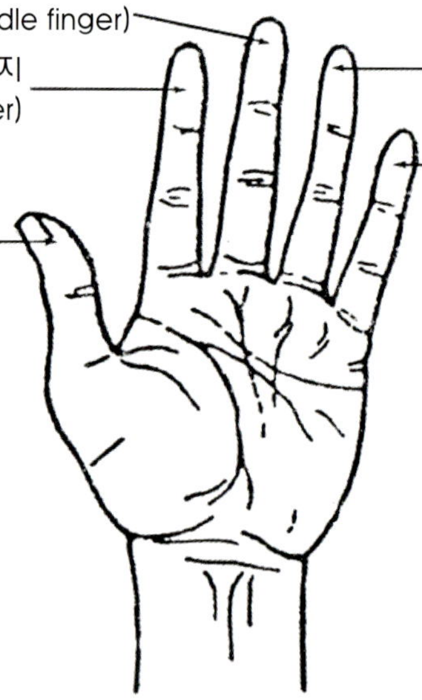
중지
(Middle finger)
인지
(Fore finger)
약지
(Third)
소지
(Little finger)
엄지
(Thumb)

3) 빗의 자세와 시술방법

(1) 모발이 길면 손가락이 자가 되지만 길이가 짧았을 경우에 빗을 자로 이용하여 남성커트를 시술하여야 한다.

빗의 시술각(유니폼레이어)

기본형

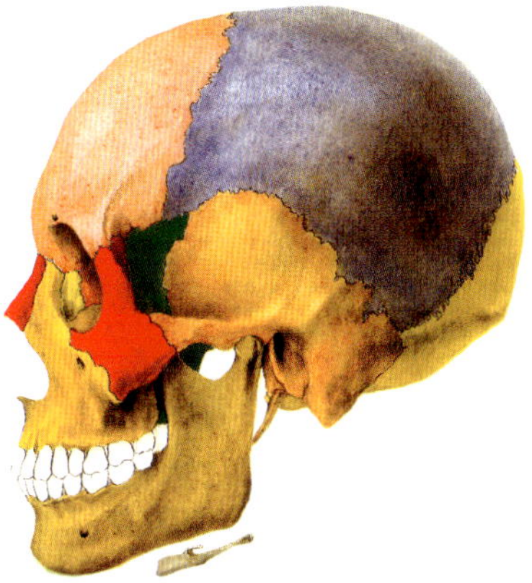

두상연장 스퀘어
(틴닝사용의 경우 무난한 모발)

두상을 자연스럽게 연장하며 제일 많이 활용한다. 선을 만들때 이용하기도 한다.

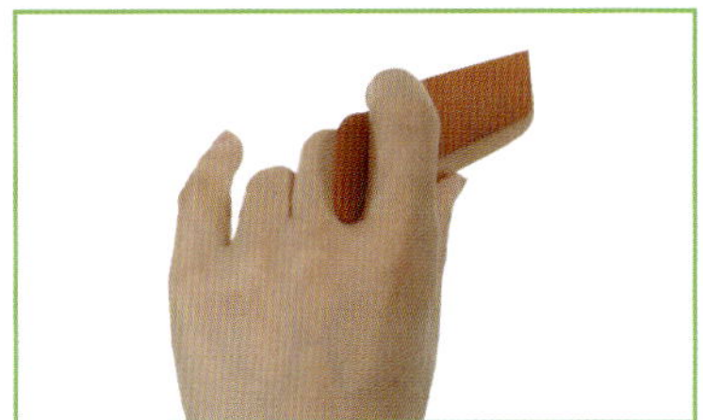

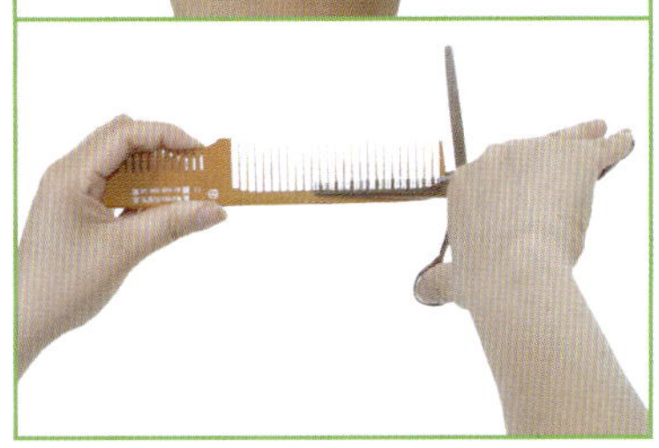

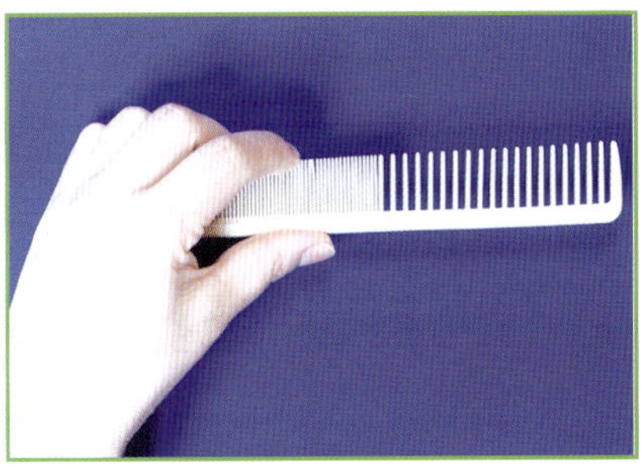

3cm이하의 길이를 동일한 길이로 커트 하고자 할 때 두상곡면과 평행하게 90˚로 시술한다.

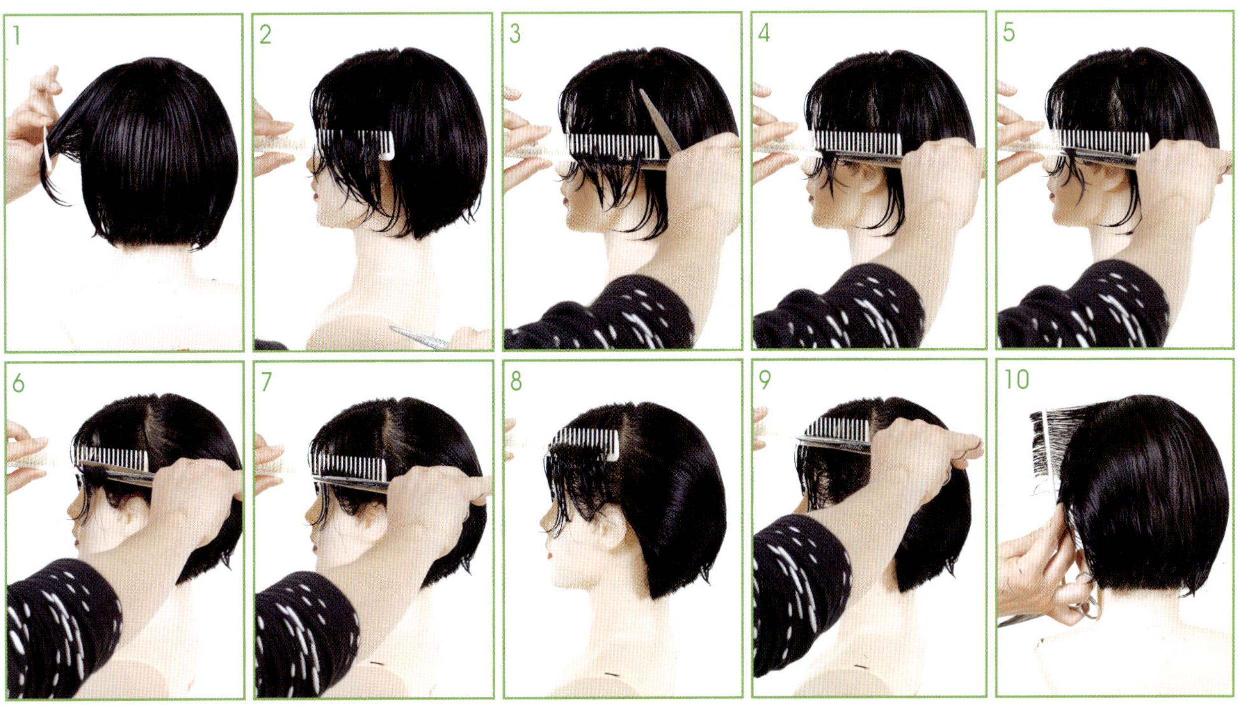

1~10. 빗을 90˚로 모발을 당겨서 빗질한다. 가위의 고정날에 빗등을 고정하고 유동날을 움직여서 모발을 자르면서 판넬을 움직여가면서 빗등에만 가위를 밀착시켜서 커트 하면 10번의 그림처럼 동일한 길이로 커트가 된다.

빗의 시술각(그래쥬에이션)

함몰되었을때

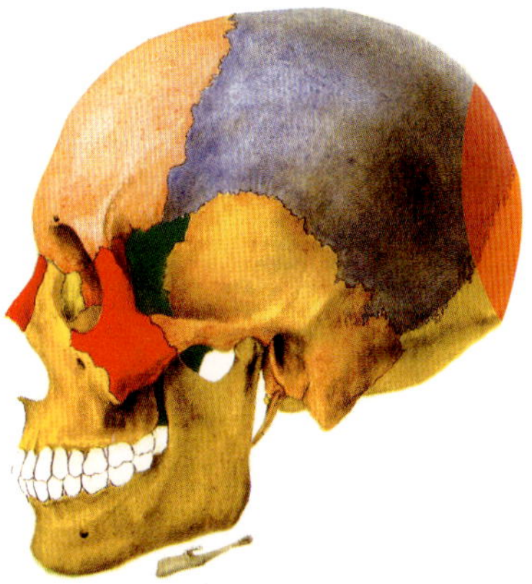

그래쥬에이션
(틴닝사용의 경우 모량이 적을때)

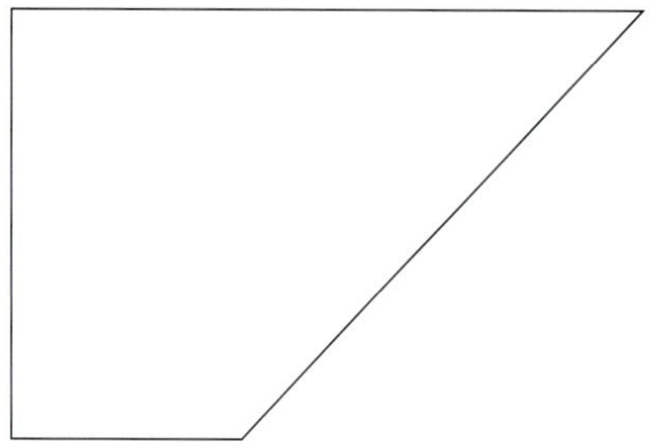

윗머리가 길고 아랫머리가 짧게 컷을 한 형태이다. 볼륨을 주고자 할때 함몰되어 있는 골격을 보정할 때사용된다.

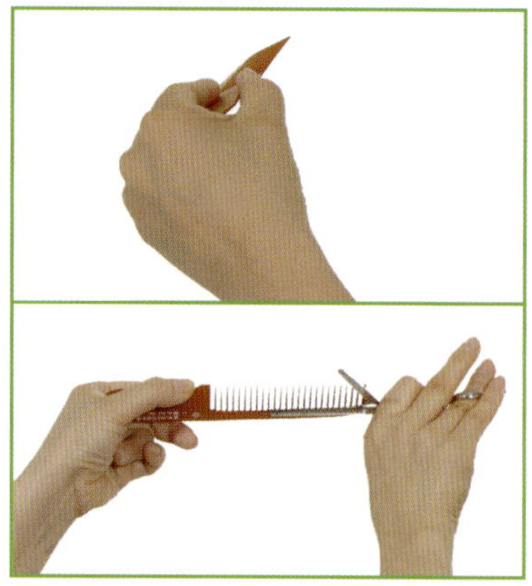

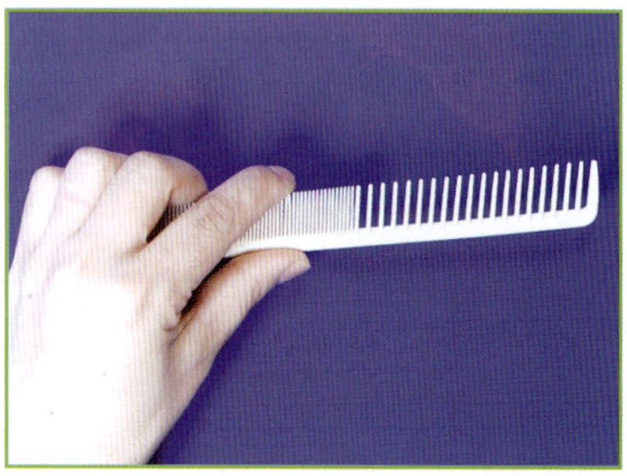

3cm 이하의 짧은 길이를 밑머리길이가 짧고 윗머리길이를 길게 커트 하고자 할 때 그래쥬에이션 형태로 빗을 댄다.

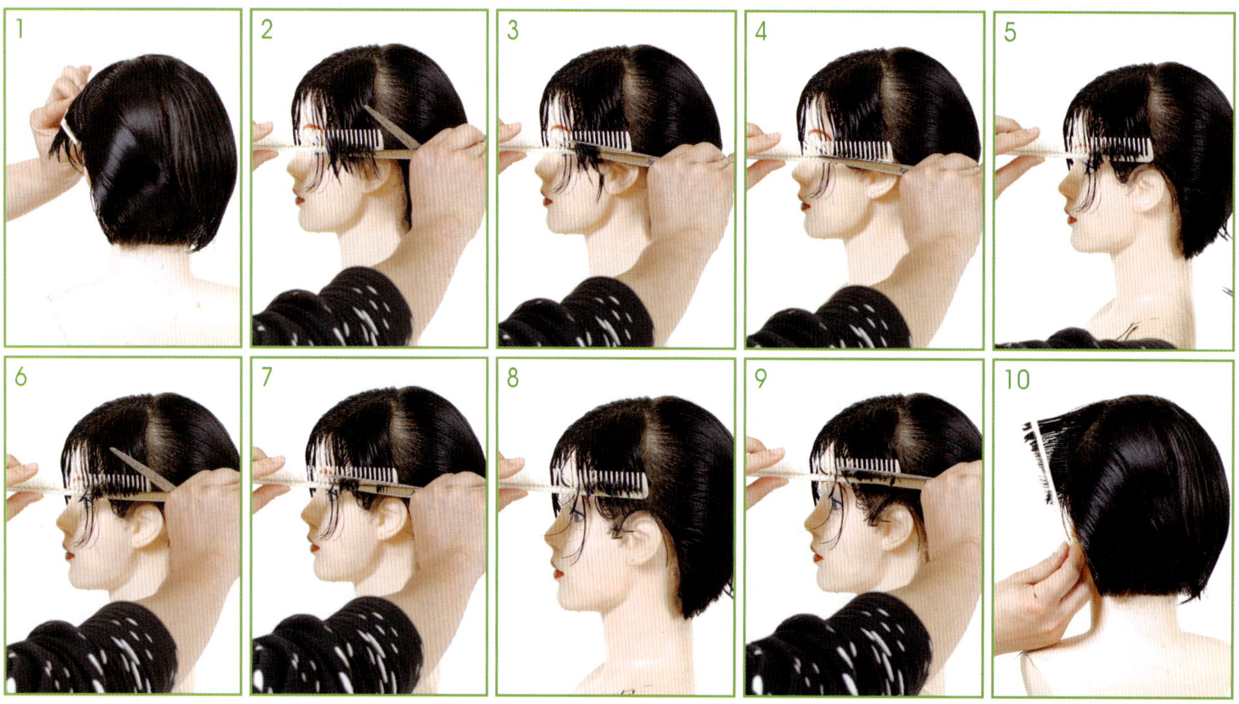

1. 빗은 밑머리가 짧고 윗머리가 긴 그래쥬에이션 형태로 모발을 당겨서 빗을 댄다.
2~4. 빗등과 고정날을 밀착하여 빗등에 나와 있는 모발에 유동살을 움직여 가면서 커트한다.
5~7. 다음 판넬은 윗부분으로 옮겨서 빗등에 나와 있는 모발에 유동살을 움직여 가면서 커트한다.
8~9. 다음도 동일한 방법으로 윗부분으로 판넬을 옮겨서 시술한다.
10. 가위와 빗만으로도 밑머리가 짧고 윗머리가 긴 그래쥬에이션 형태를 만들 수 있다.

빗의 시술각(인크리스레이어)

두상이 튀어나왔을때

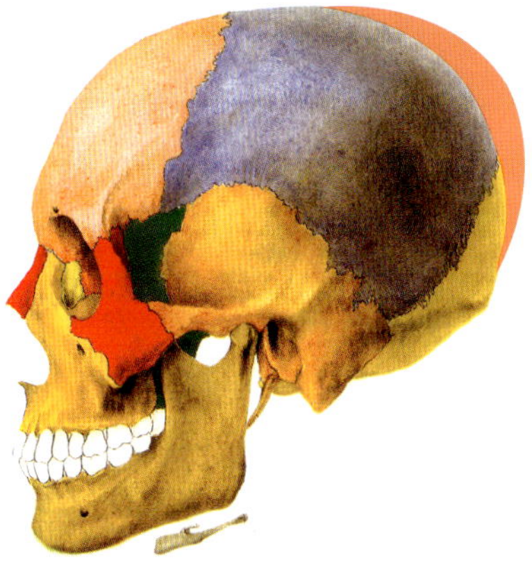

인크리스 레이어
(틴닝사용의 경우 모량이 많을때)

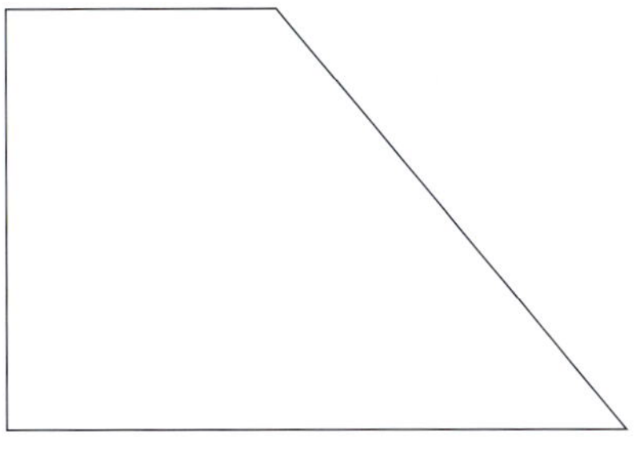

윗머리가 짧고 아래가 긴 모발의 형태에 이용하며, 자연스런 층을 원할때 튀어나온 골격을 깍아낼 때 사용한다.

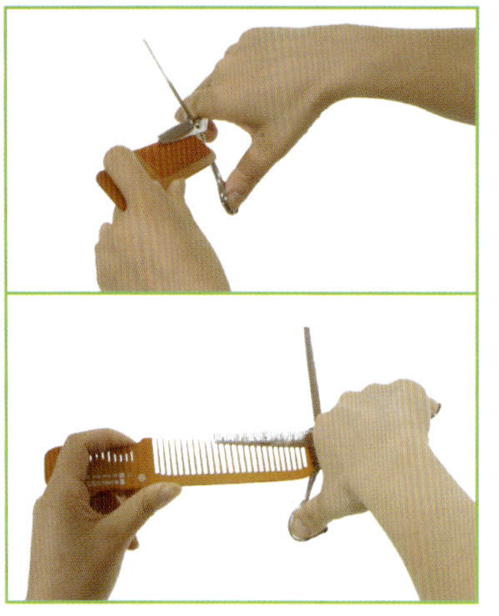

3cm 이하의 짧은 길이의 모발을 밑머리 길이가 길고 윗머리를 짧게 커트 하고자 할 때
인크리스레이어 형태로 빗을 댄다.

1. 빗을 인크리스레이어 상태로 빗을 댄다.
2~4. 빗을 인크리스레이어 상태로 대고 빗등에 있는 모발에 유돌날을 움직여 가면서 커트한다.
5~8. 윗부분으로 빗을 옮겨가면서 동일한 방법으로 커트한다.

2. 클리퍼(Clipper)

클리퍼를 일명 바리깡이라고 한다.

1871년 프랑스의 바리깡 마르(Borriquant et Marrie)제작소의 창시자 바리깡이 발명하여 바리깡이라고 불리었다. 우리나라는 1910년에 일본으로부터 수입하여 보급되었다. 클리퍼는 윗날, 밑날, 핸들의 3부분으로 구성되어 있으며 재질은 날부분은 강철, 핸들은 주철로 되어있다.

1) 빗과 클리퍼

① 빗은 자 역할을, 클리퍼는 자(빗)를 댄 모발을 정확히 자른다.
② 빗(자), 시술각과 클리퍼의 각도는 동일하게 한다.
③ 빗을 정확히 대기위해 손가락은 지지대 역할을 한다.

2) 클리퍼 잡는법

① 날의 방향에 엄지를 얹는다(날의 방향이 위로 향한다).
② 클리퍼 뒷면 중심에 나머지 네 손가락을 얹는다(밀어주는 역할).
③ B.P 윗부분에 후상부 영역은 손목이 꺾이지 않게 하기위해 연필잡는 자세로 잡는다.

1

날의 방향에 엄지를 얹는다. 이렇게 잡는 자세는 B.P 아래에서 많이 시술한다.

2

클리퍼의 뒷면에 네손가락을 얹어서 클리퍼를 밀어준다. B.P 아래에서 많이 시술한다.

3

B.P 윗쪽은 어깨가 올라가서 자세가 불안하므로 연필잡는 자세로 잡는다.

3) 클리퍼 시술방법

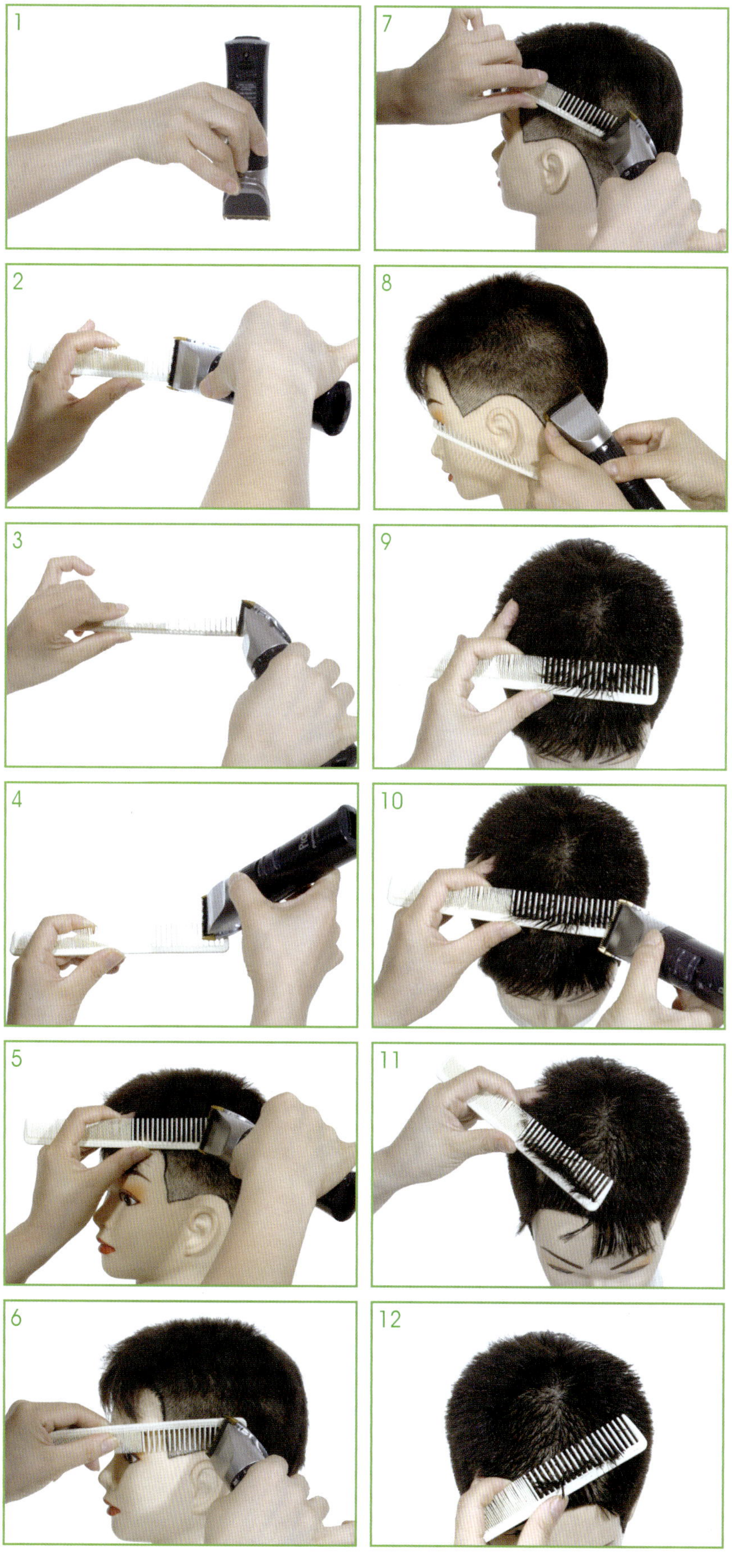

1. 뒷면에 네손가락을 얹어서 클리퍼를 밀어준다.
2. 빗의 시술각이 유니폼레이어 90°로 커트할 수 있는 조건(동일한 길이로 커트시)
3. 빗의 시술각이 그래쥬에이션 45°로 커트할 수 있는 조건(밑머리가 짧고 윗머리가 길다)
4. 빗의 시술각이 인크리스레이어 up 45°로 커트할 수 있는 조건(밑머리가 길고 윗머리가 짧다)
5. 길이를 짧게(1.5cm 이하) 커트할 때 검지로 빗을 고정시키고 엄지로 시술각을 조절하면서 4cm 이상은 자르지 않고 이동한다.
6. 빗등만큼 길이가 잘리지 않으므로 빗살을 두피에 밀착하여 시술각을 조절한다.
7. 곡면에 이르면 빗을 45° 기울기로 시술해야 길이 가이드를 쉽게 연결할 수 있다.
8. 그라데이션 처리가 될 수 있게 클리퍼는 항상 한쪽면을 사용하고 엄지를 밀어주면서 이동한다.
9. U라인을 일직선으로 모류에 역행해서 빗을 댄다.
10. 빗과 클리퍼와 일직선 커트할 때 이용된다.
11. C.L에서 온가이드와 F.S.P에서 떨어진 가이드를 사선으로 연결하여 일직선을 만들고 빗은 고정하여 흔들림 없이 시술하여야 한다.
12. 약지로는 지지대 역할과 길이 조절을 해주고 클리퍼는 연필 잡는 자세로, 반대편도 사선으로 일직선 커트 한다.

3. 가위(Scissors)

1) 가위 잡는법

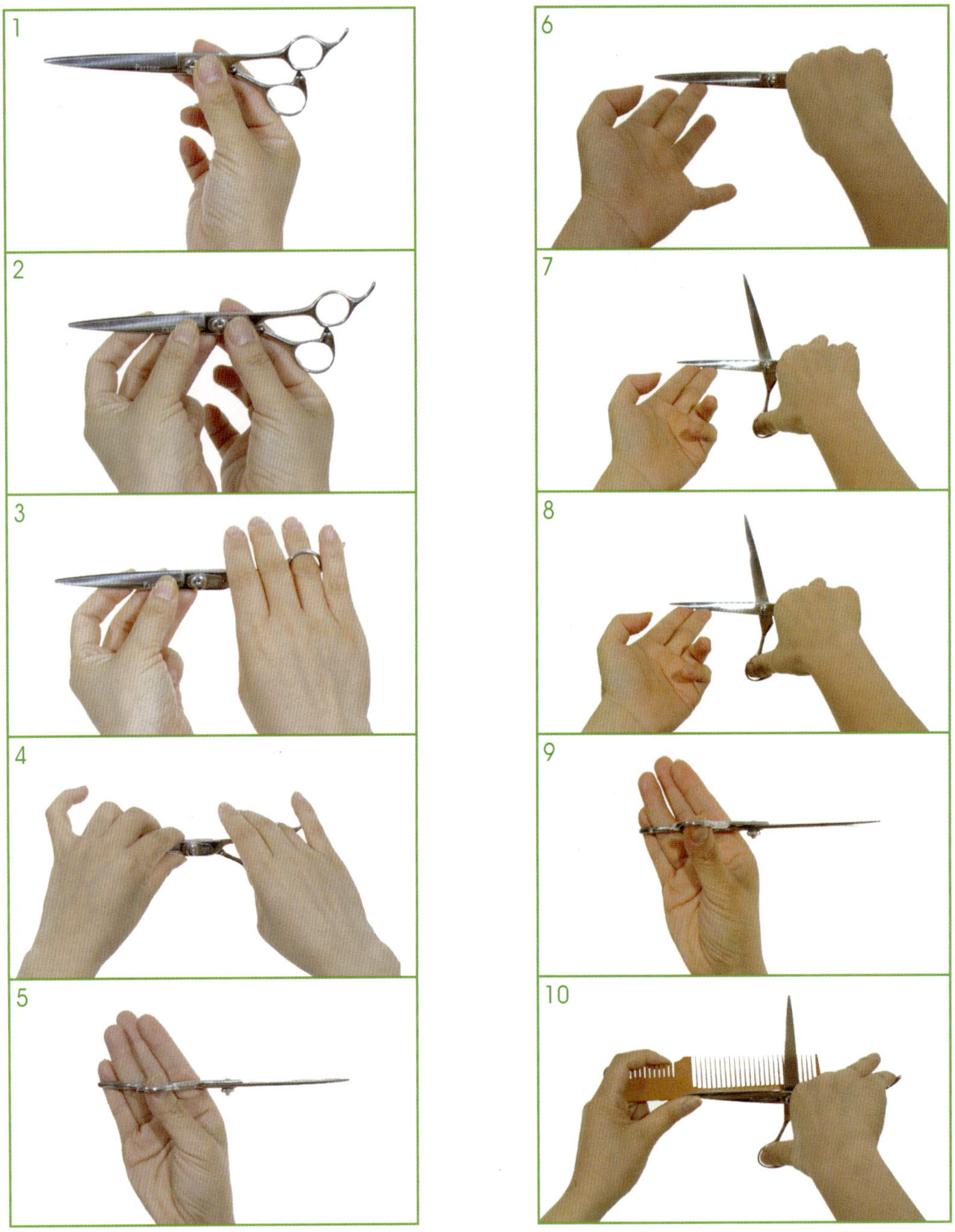

1. 가위의 잠금나사 부분이 보이도록 잡는다.
2. 오른손에 가위를 잡기위해 왼손이 가위를 잡는다.
3. 약지의 두번째 관절과 세번재 관절 사이에 사선으로 가위를 놓는다.
4. 가위가 사선이기 때문에 손목은 밖을 향한 45° 기울기로 손목을 비튼다.
5. 유동날의 링은 엄지 손가락에 얹는다.
6. 윗부분(손등)은 힘을 주고 엄지부분은 개폐의 역할만 한다.
7. 고정날은 평행상태로 유지한다.
8. 고정날은 힘을 주고 유동날은 엄지가 개폐 역할만 하면 된다.
9. 엄지 손톱의 1/3을 넘지 않게 해야 가위 개폐가 쉽다.
10. 엄지손가락 만으로 유동날을 움직여 커트 한다.

2) 스트록(가위) 자세

(1) 좋은자세(사이드 스트록)

처음 판넬을 잡을때 기울기가 있는것처럼 보이지만 툭툭 칠 때 빠져나오면서 모발이 커트가 되기 때문에 마지막의 모발 길이가 짧아지지 않고 길이 가이드가 동일하게 된다. 이때 가위끝만 벌리면 무겁고 가위 중간 정도 벌리면 질감이 더많이 생겨서 더 가볍다.

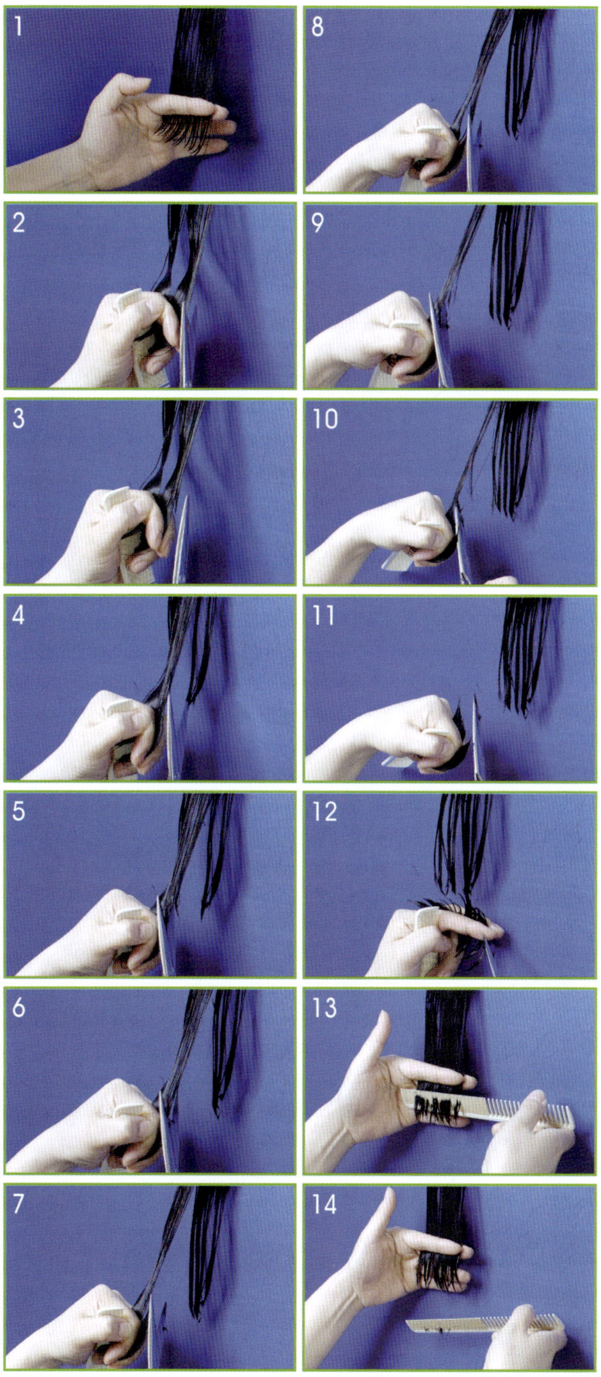

(2) 나쁜자세(사이드 스트록)

처음부터 길이가이드가 손가락 안에서 차이가 나기 때문에 스트록커트 시술 후에는 한 판넬 안에서 길이가 다르게 나오므로 주의하여야 한다.

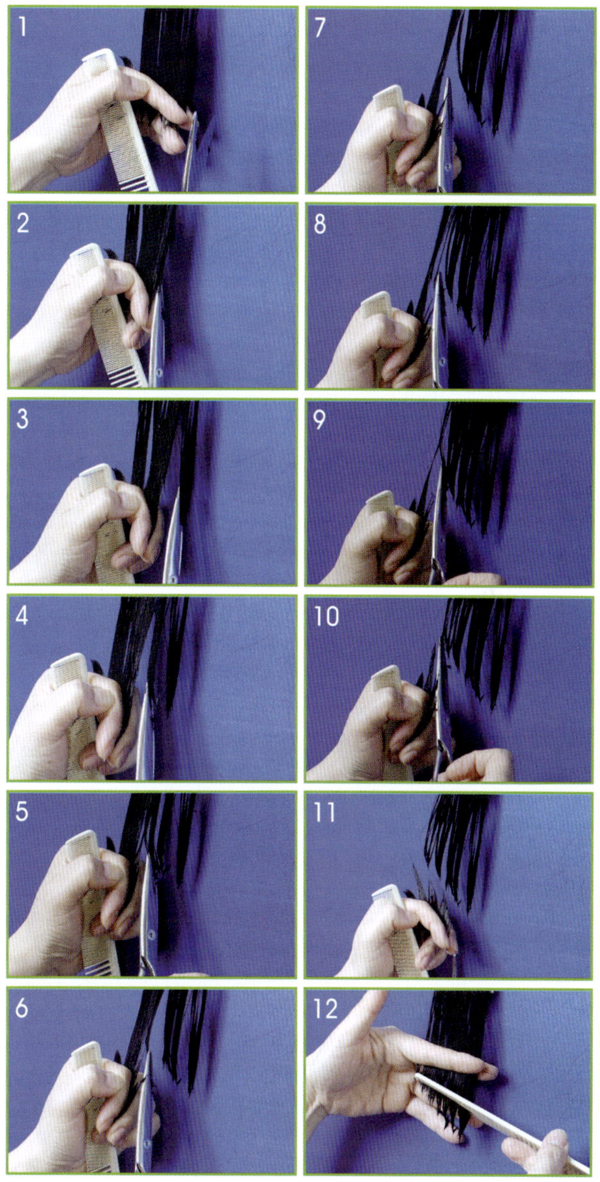

(3) 업 스트록

업스트록커트 시술시에는 처음 시작하는 윗부분의 길이가 짧아질 위험이 있으므로 인크리스레어로 시술하고 싶을 때 사용하면 효과적이다.

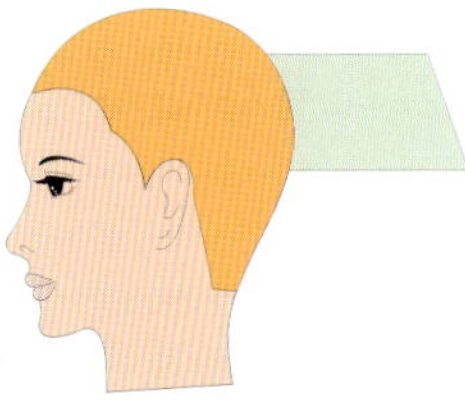

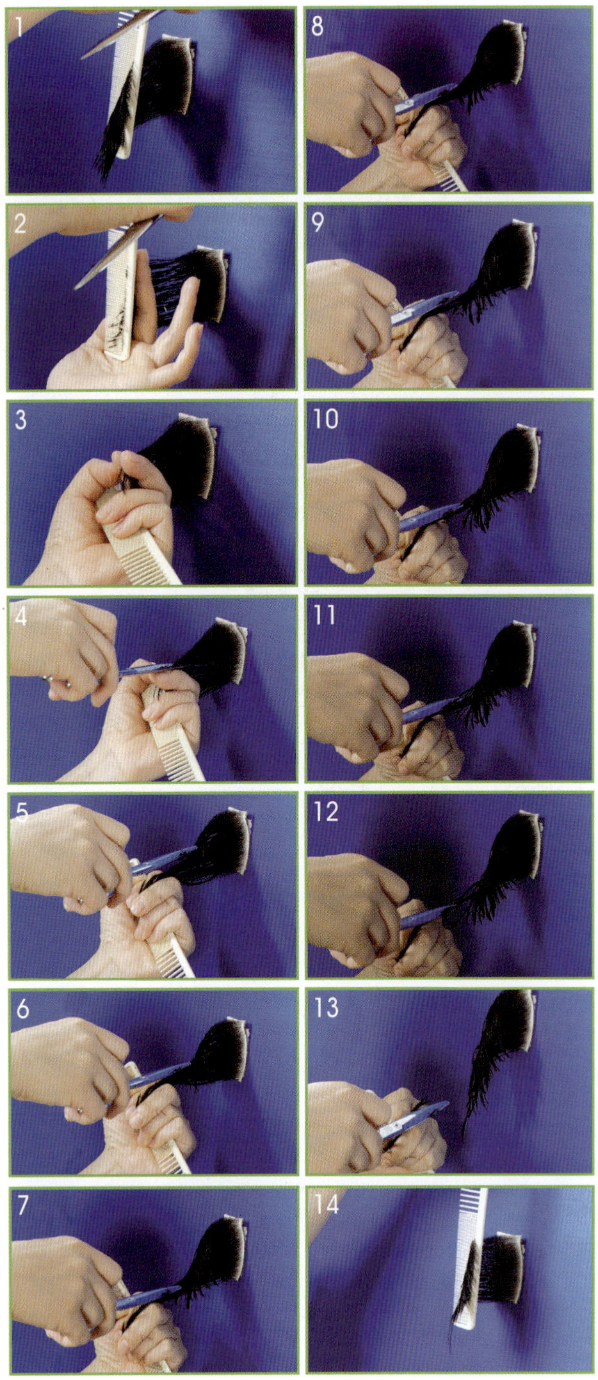

(4) 다운 스트록

다운스트록커트 시술시에는 처음 시작하는 길이가 짧아질 위험이 있으므로 그래쥬에이션으로 시술하고 싶을 때 사용하면 효과적이다.

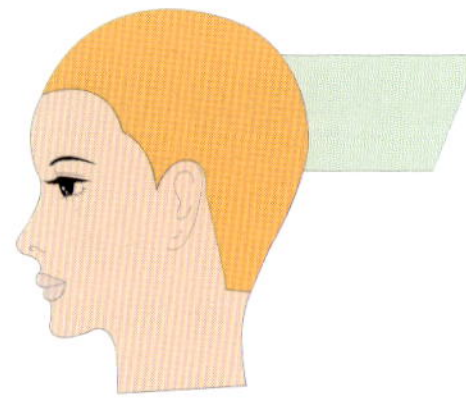

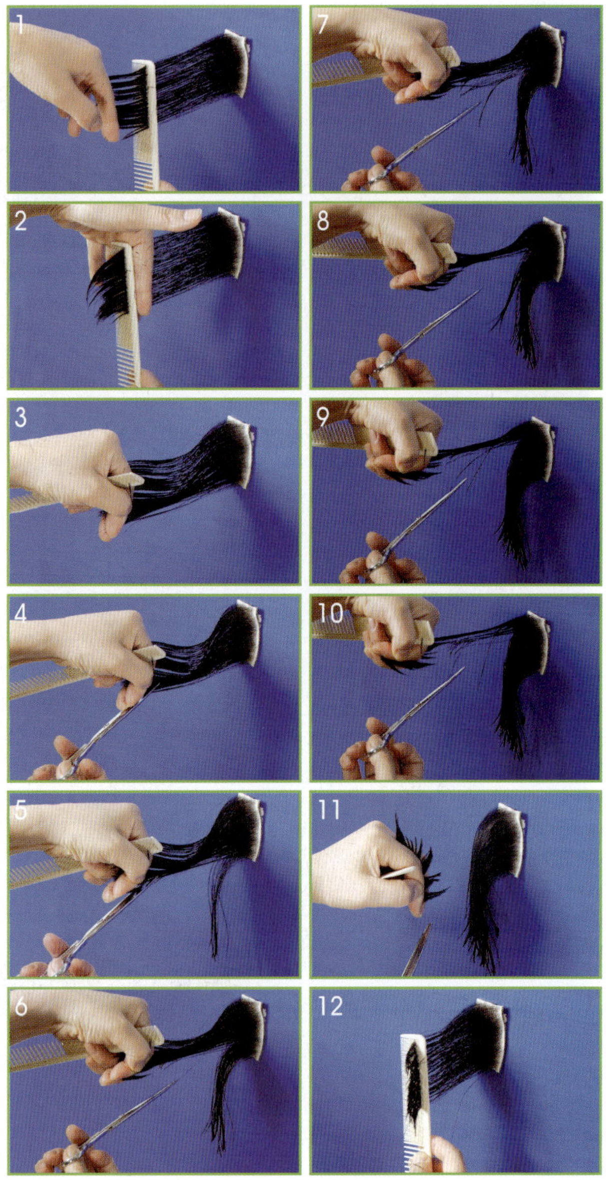

3) 스트록 가위 질감

(1) 이펙트 다운

골격보정에 활용하면 효과적이다. 처음부터 길이를 정하고 시술하면 좋다(3cm, 5cm, 7cm).

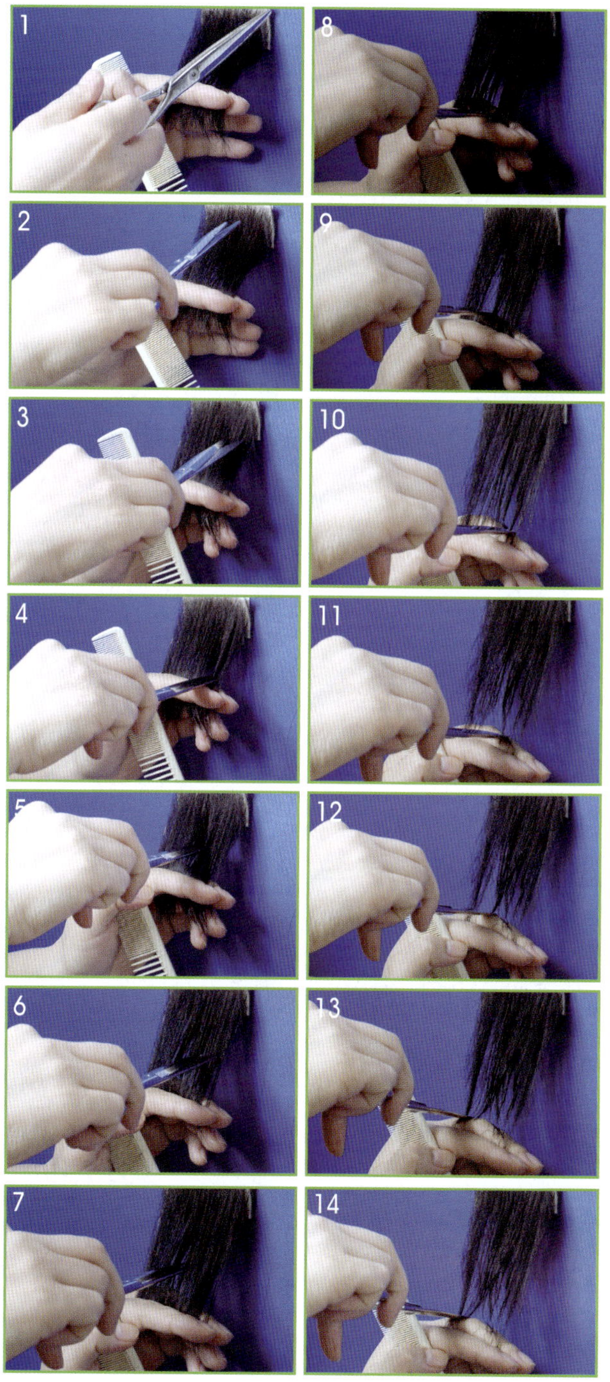

(2) 이펙트 다운(변형)

T존 영역에 볼륨을 줄때 많이 이용되는 테크닉이다. 원하는 길이를 정하고 시술하면 효과적으로 모발을 표현할 수 있다.

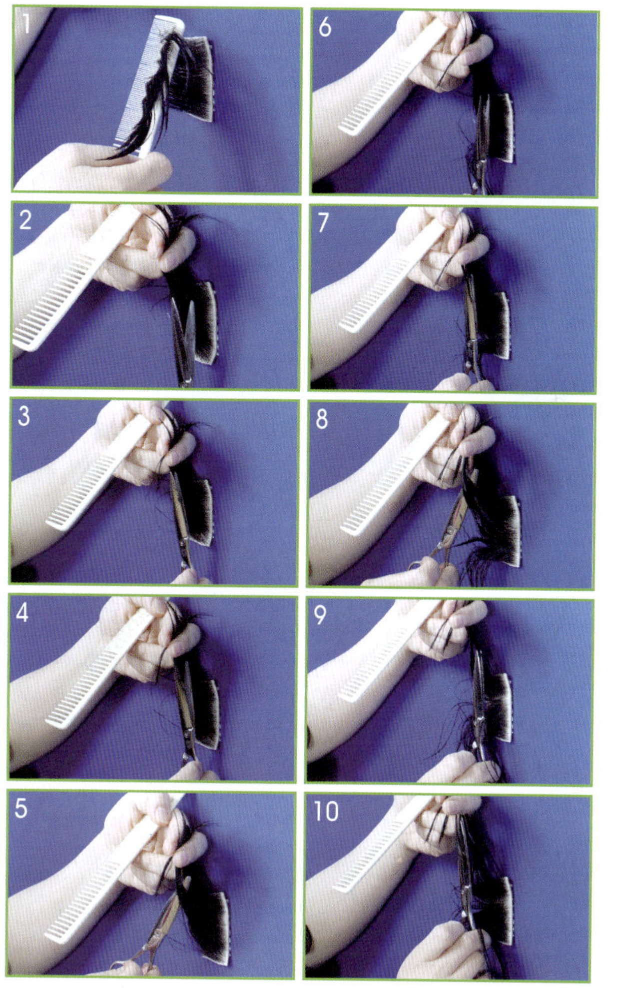

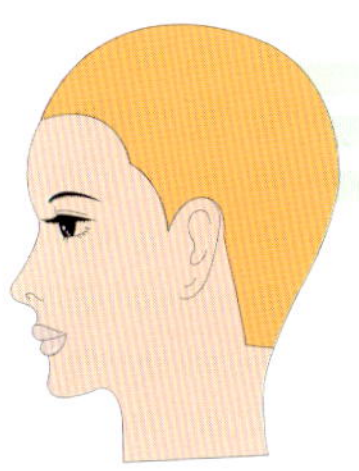

볼륨을 주고 싶을 때

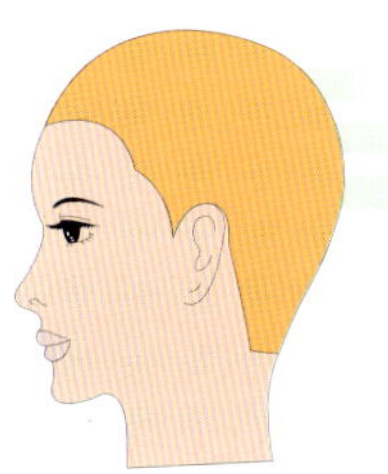

율동감을 주고 싶을 때

(3) 이펙트 업

골격보정에 활용하면 효과적이다. 처음부터 길이를 정하고 시술하면 좋다(3cm, 5cm, 7cm).

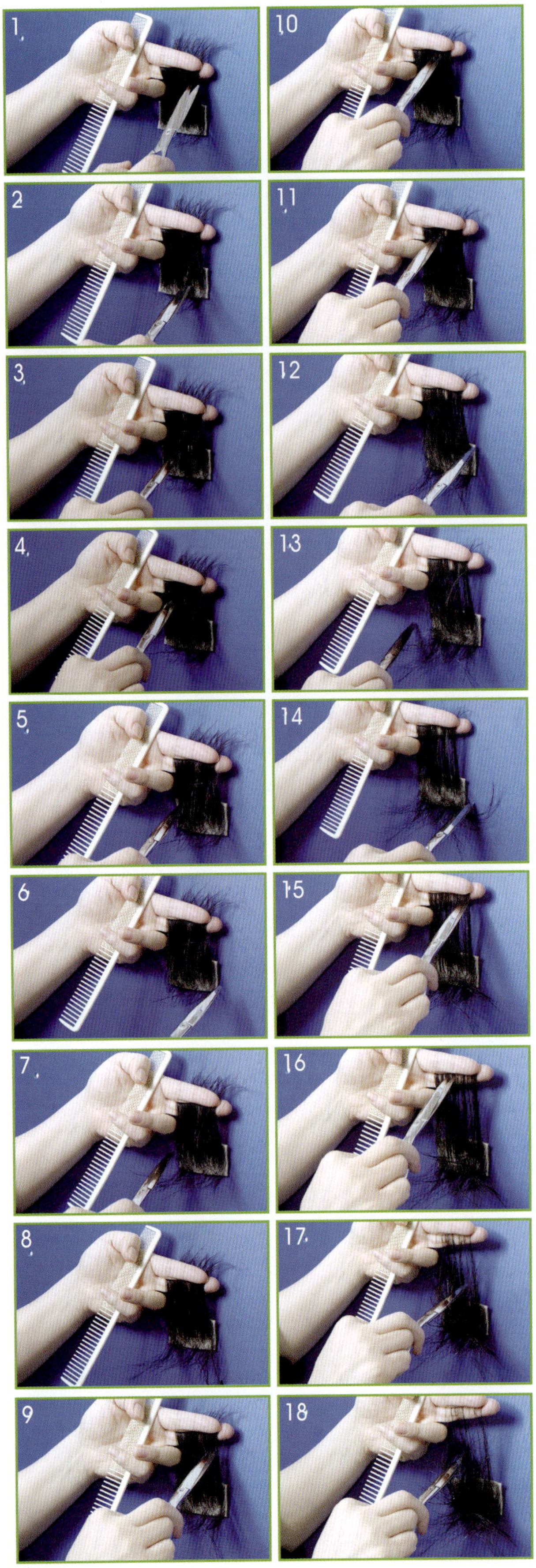

(4) 이펙트 업(변형)

커트 시술 후 선이 무겁거나 모류가 뭉치는 부분에서 활용하면 좋다.

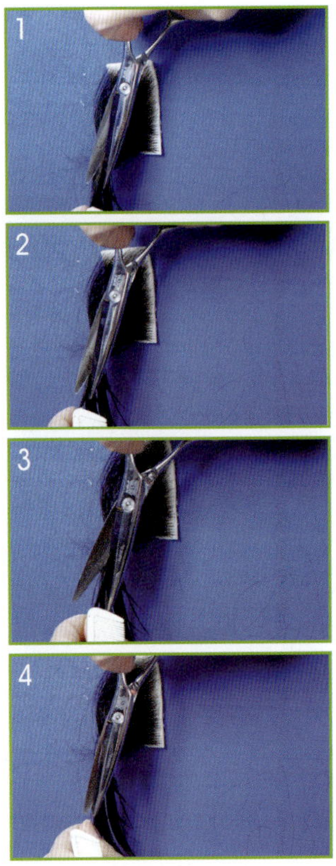

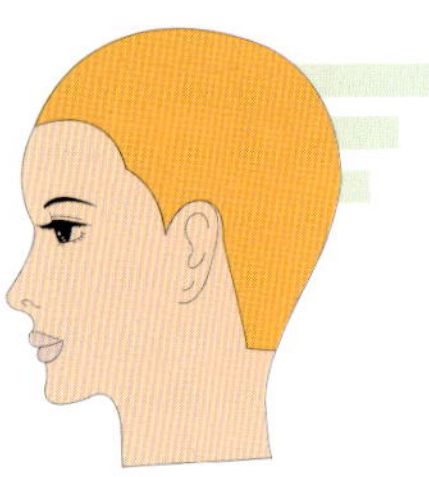

볼륨을 주고 싶을 때

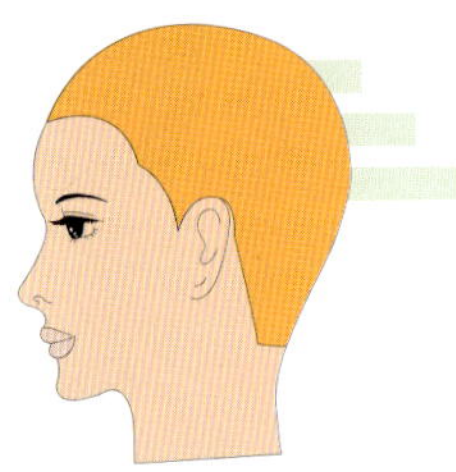

율동감을 주고 싶을 때

4) 틴닝(Thining)

(1) 업(인크리스레이어)

율동감이나 자연스런 층을 원할 때 이용한다. 이때 가위가 사선으로 들어가고 빠질 때 C커브를 그리면서 빼고 시술해야 동일한 길이에서 틴닝을 하지않기 때문에 틴닝 자국이 보이지 않고 모발을 표현할 수 있다.

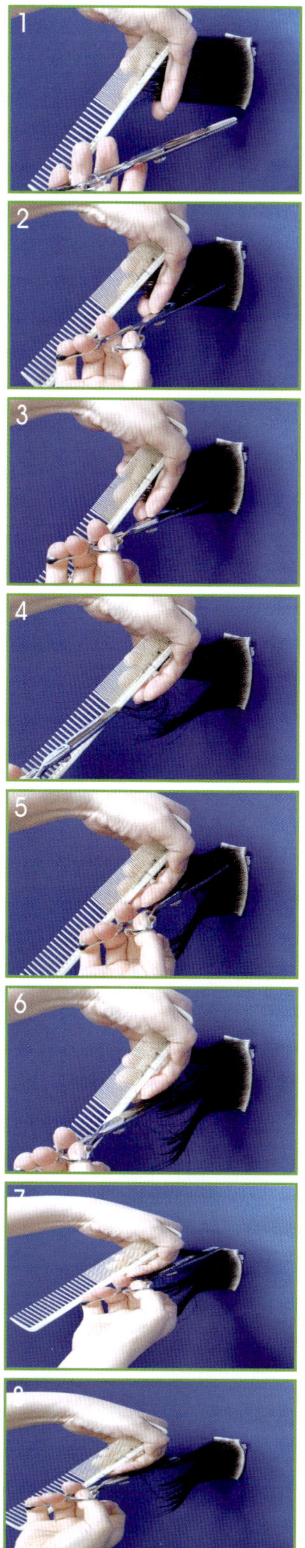

(2) 다운(그래쥬에이션)

볼륨을 원할때 이용한다.

목적하는 모발의 길이를 정하고 시술하는게 효과적이다.

4. 레자(Razor)

1) 레자 한판넬 정확하게 자르기

(1) 45°

검지 중지사이에 모발을 넣고 힘을 균일분배하고 레자를 45°로 대고 시술하면 가위로 커팅한 것처럼 정확하게 잘린다. 이 자세를 반복해서 연습하다보면 레자테크닉이 익숙해진다.

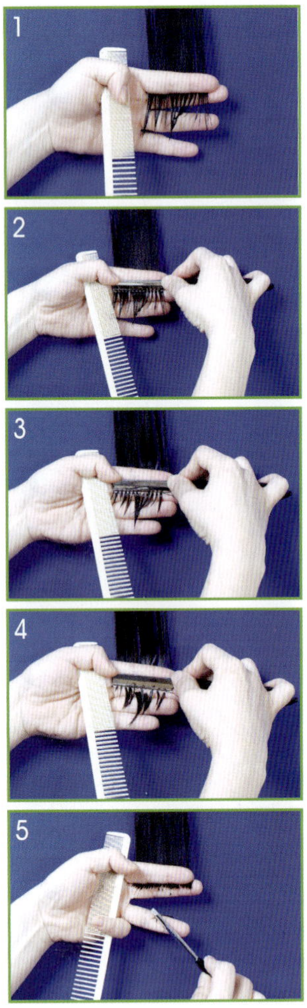

2) 레자 잘리지 않는다

(2) 90°

잘리지 않고 모발을 긁어내는 역할만하게 되므로 큐티클 손상을 초래한다. 이렇게 시술후에는 고객이 다시는 레자커트를 시술받지 않으려 한다.

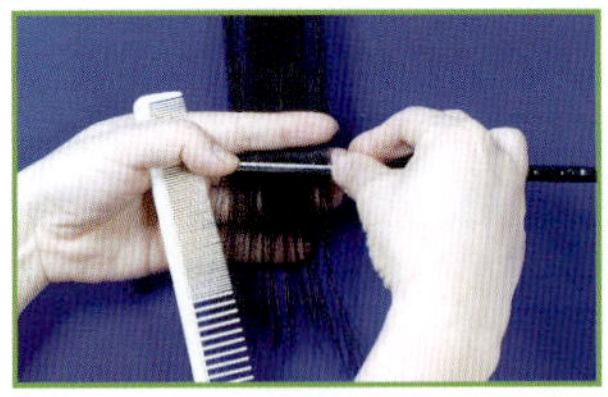

3) 레자 스트록 한판넬 자르기

(1) 좋은자세

모발을 검지와 중지사이에 넣고 힘을 골고루 분배한 후 손 끝은 모발을 강하게 잡고 모발을 다시 펴도 일직선이 되게 하며 원하는 가이드 보다 1~2cm를 띄우고 레자를 사선 45°로 잡고 툭툭 치면서 왼손가락은 C 커브를 그리며 모발을 빼주고 시술해야만 길이가 동일하게 커트된다.

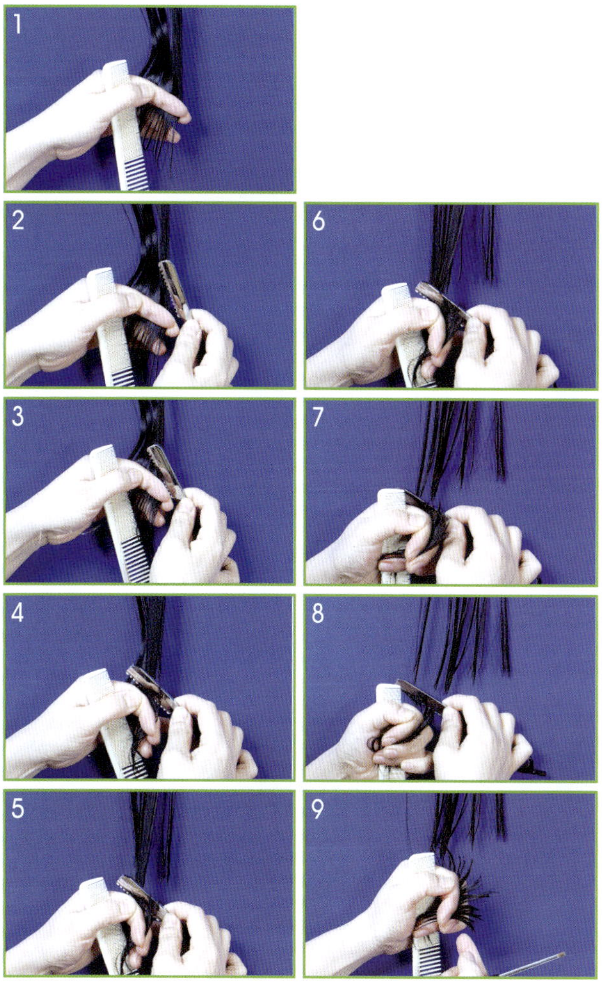

(2) 나쁜자세

모발을 당겨서 시술하게 되면 모발을 툭툭 치면서 빠져야 되는데 빠질 모발이 없기 때문에 시술 후에 보면 동일한 길이가 커팅되지 않고 왼쪽 오른쪽 길이가 다르게 커팅된다.

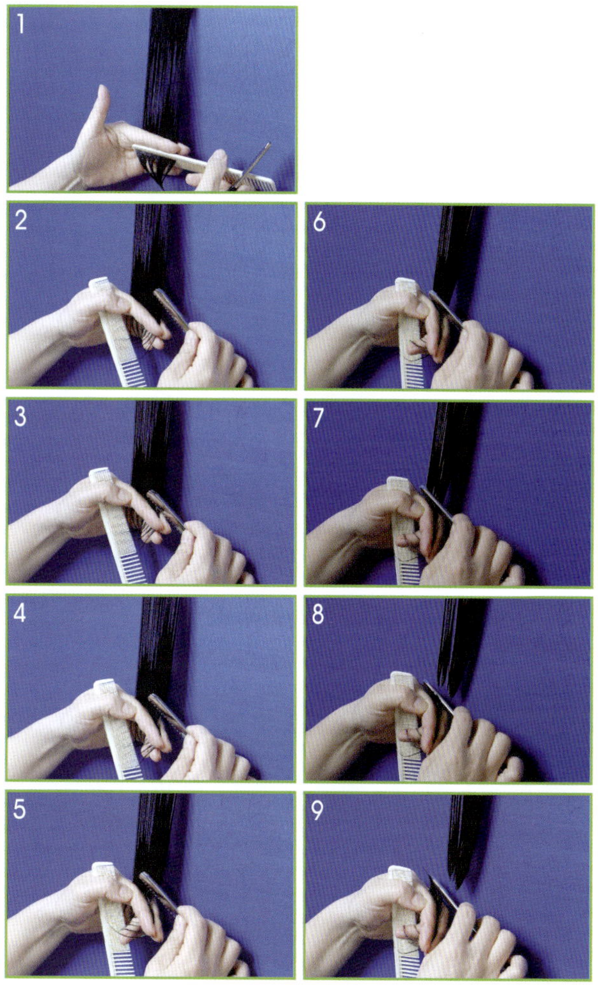

4) 레자 자르기

(1) 사이드

후하부영역에서 많이 사용하고 한 판넬 시술 후에 동일한 길이가 커팅 되도록 해야 한다.

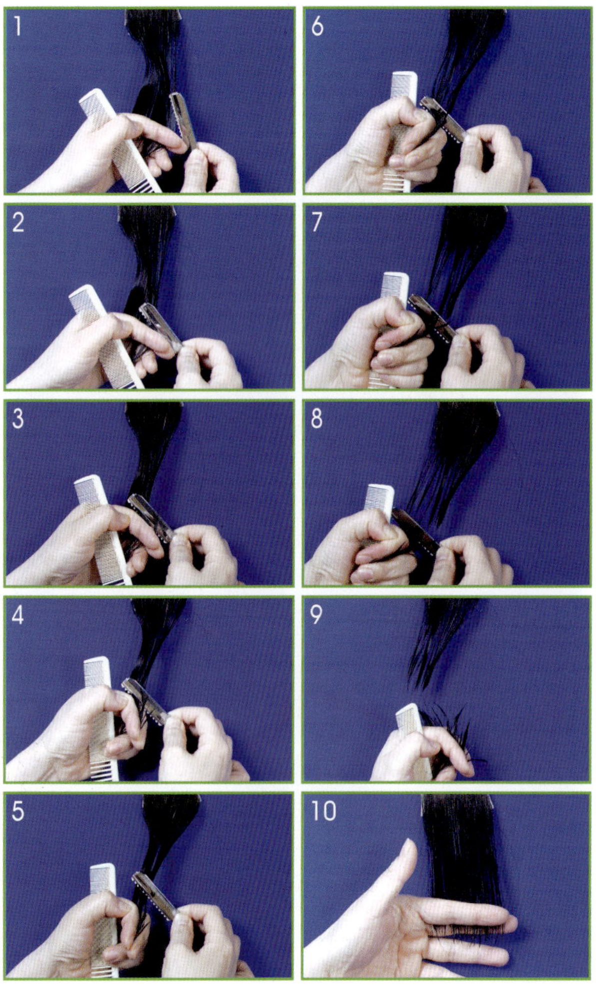

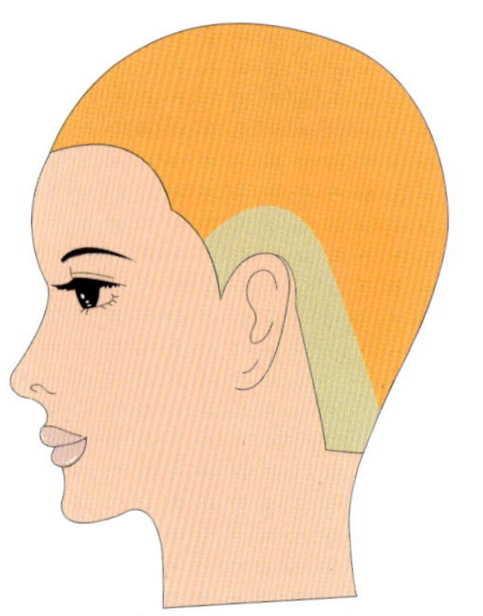

(2) 업

후중부영역에서 많이 사용하고 인크리스레이어 도해도 시술시에 활용하면 효과적이다.

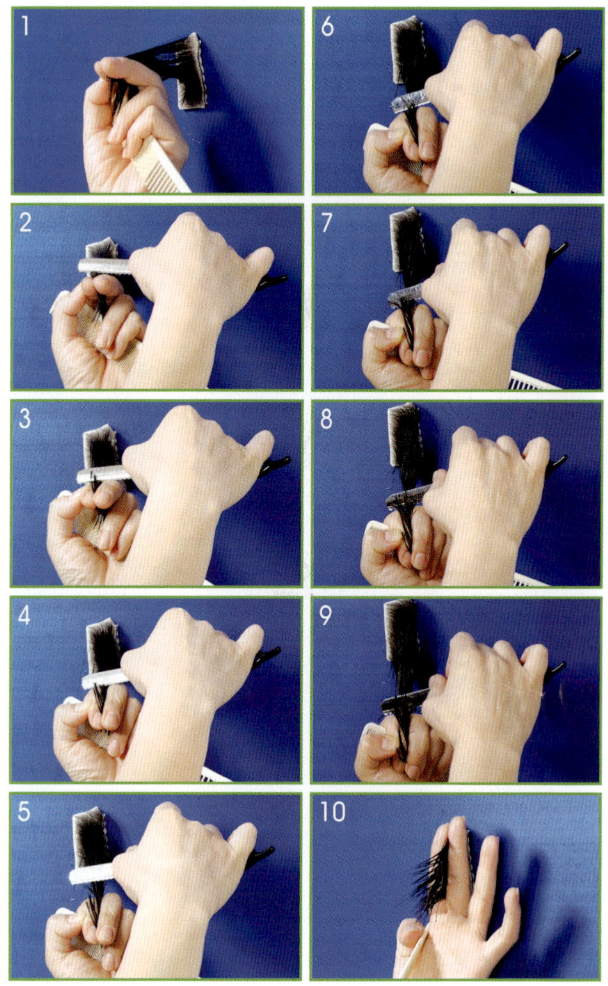

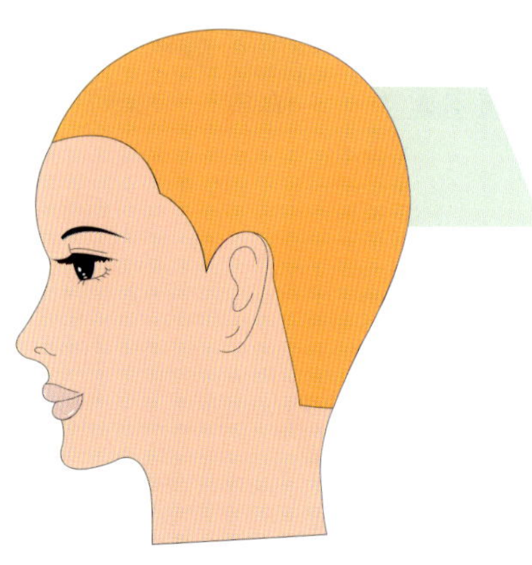

(3) 다 운

후중부영역에서 많이 사용하고 그래쥬에이션 도해도 시술시에 활용하면 효과적이다.

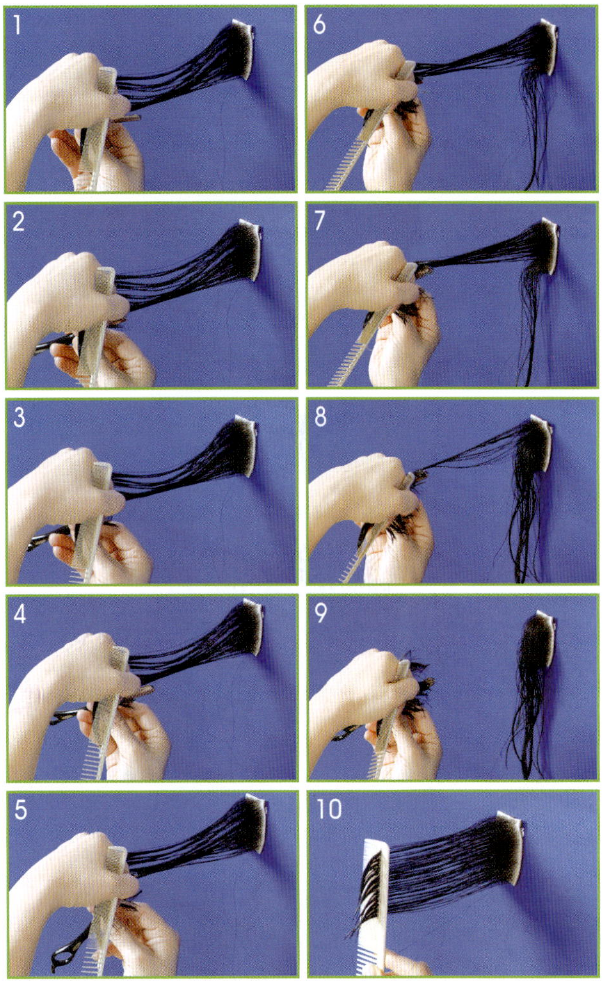

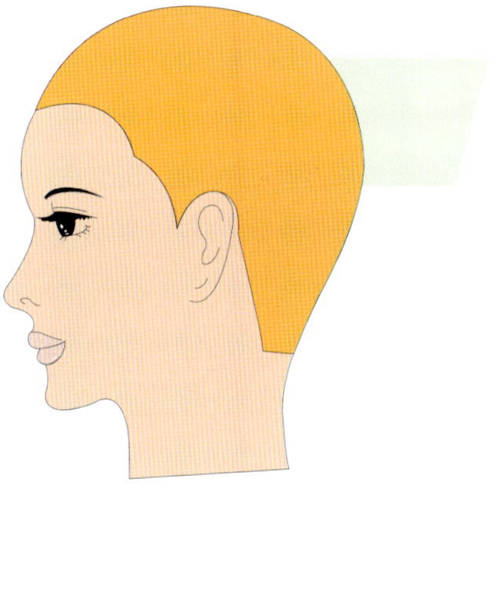

5) 레자 20~30° 질감 넣을때

(1) 엣칭으로 자르기

아웃컬의 질감을 주고 싶을 때 활용하면 좋다.

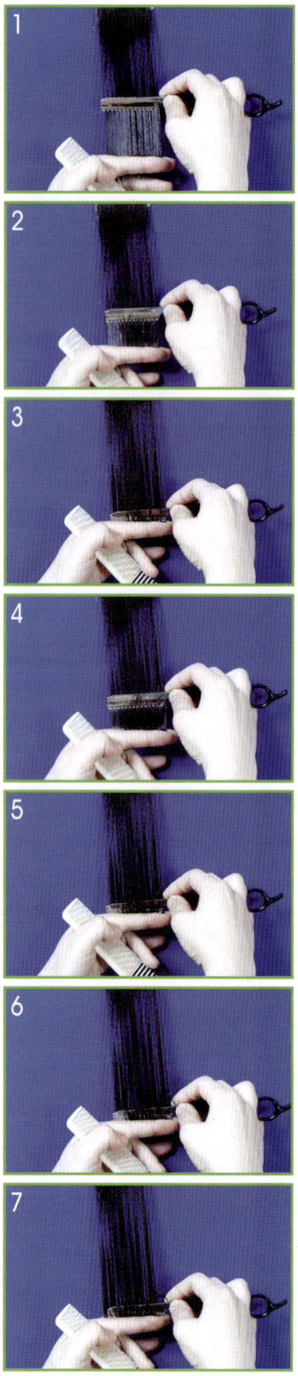

(2) 아킹으로 자르기

볼륨을 주고 싶을 때 활용하면 좋다.

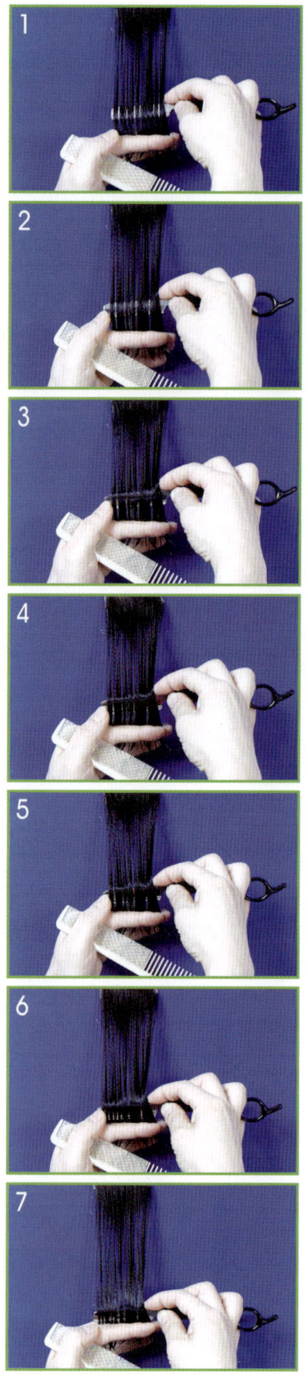

(3) 아웃컬

레자를 인크리스레이어로 대고 사선으로 엄지에 힘을 주면서 시술하면 좋다.

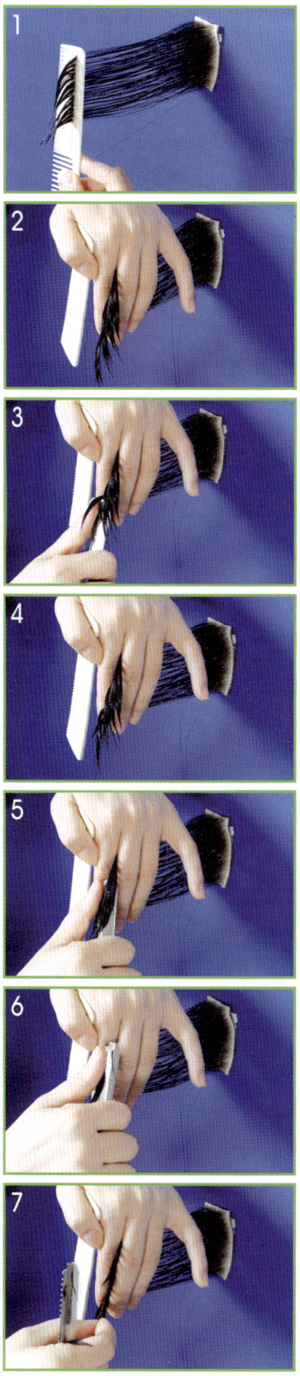

(4) 인 컬

레자를 그래쥬애이션으로 대고 사선으로 엄지에 힘을 주면서 시술하면 좋다.

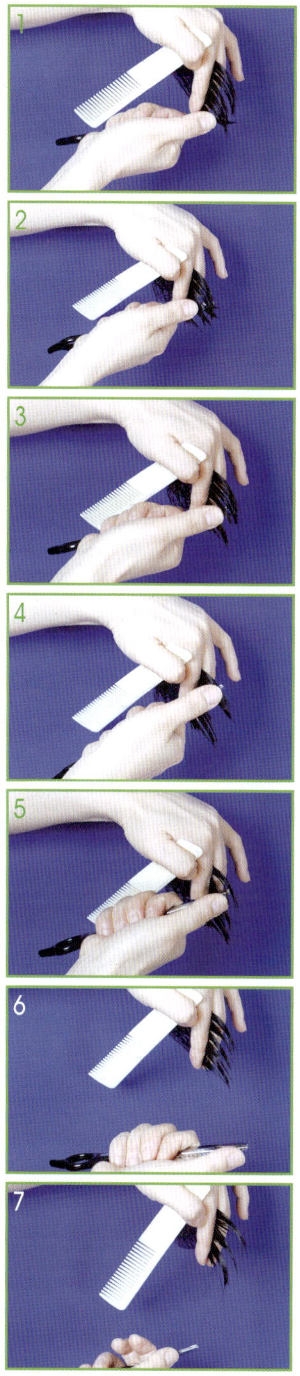

6) 펜슬 테크닉

(1) 오른쪽으로 커브

모량이 많아서 모량제거를 하거나 오른쪽으로 움직임을 주고 싶을 때 활용 한다.

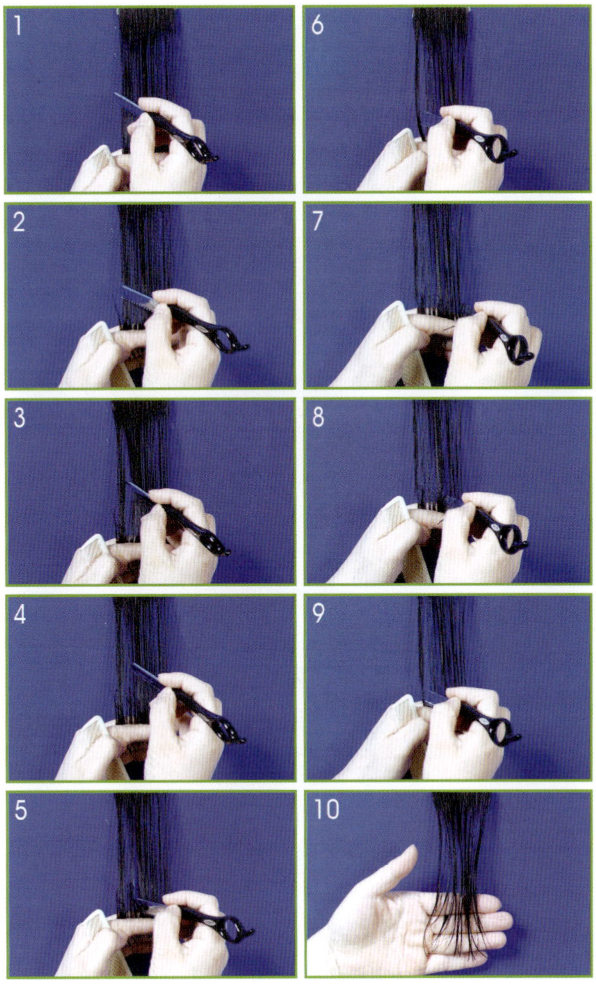

(2) 왼쪽으로 커브

모량이 많아서 모량제거를 하거나 왼쪽으로 움직임을 주고 싶을 때 활용 한다.

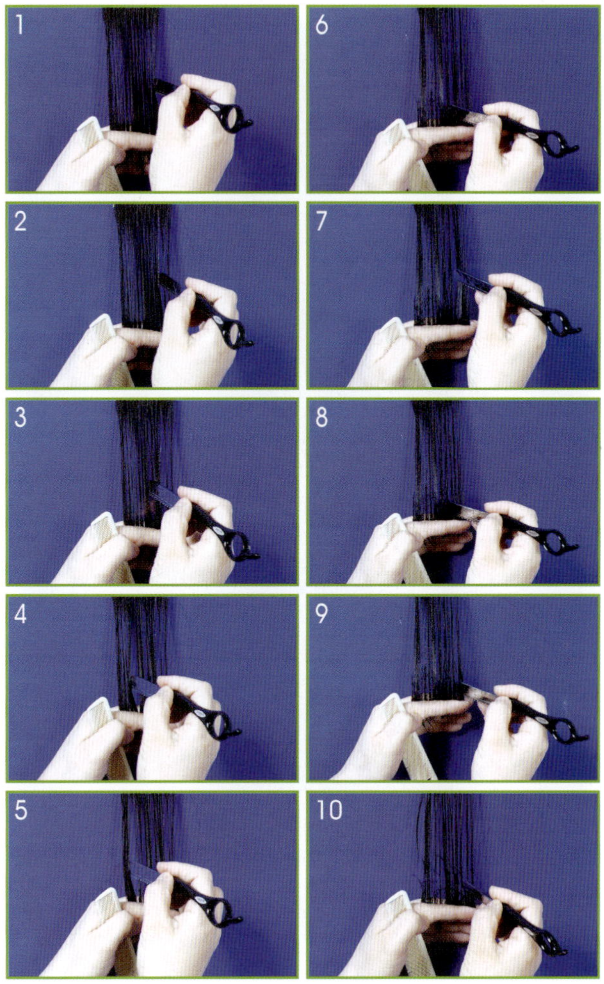

제 4 장 … 스타일 구성방법

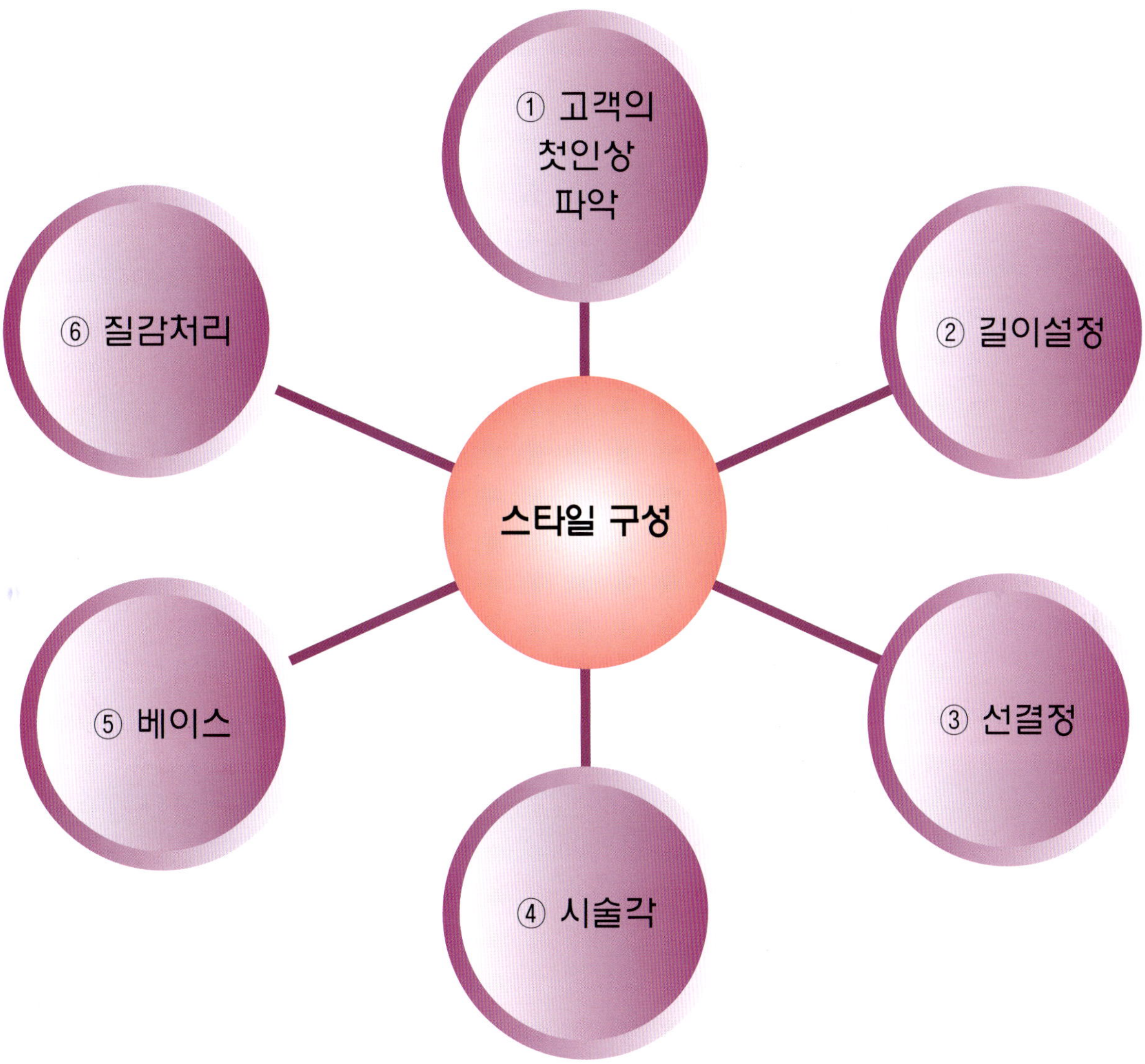

1. 고객의 첫인상 파악

얼굴형, 모류, 모량, 체형, 직업, 성격

긴 머리

⇨ 선과 길이의 변화로 실루엣을 변형

짧은 머리

⇨ 베이스 변화, 섹션의 변화로 실루엣을 변형
⇨ 두상의 형태와 모류파악이 스타일 50% 결정

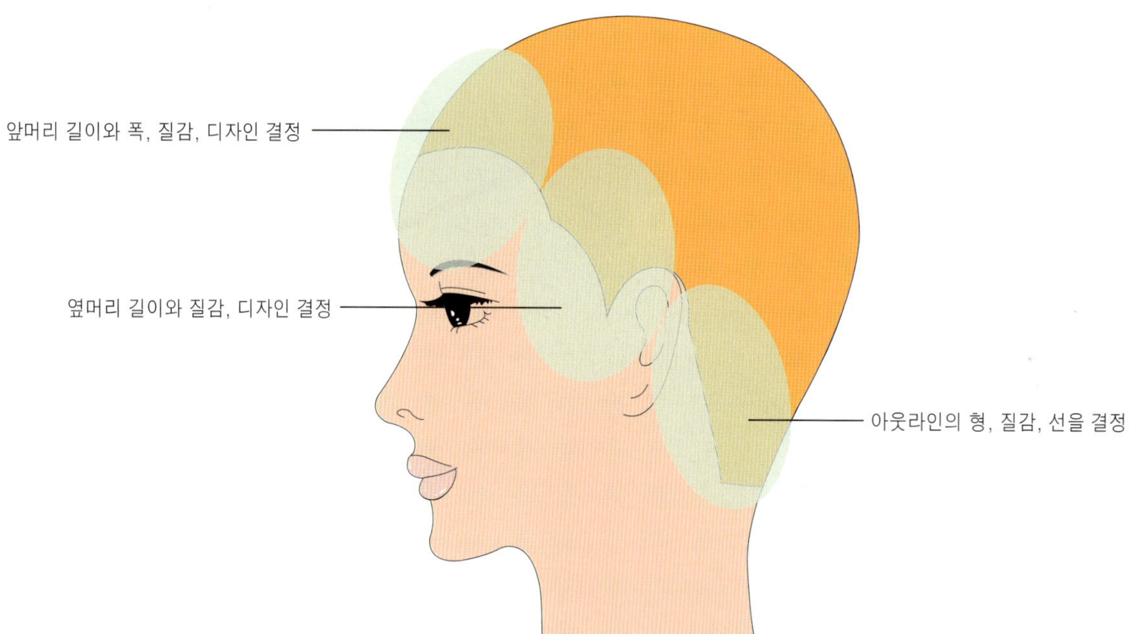

남성커트는 전두부의 이미지, 측두부의 이미지, 후하부의 이미지에서 어떻게 시술해야 하는지를 결정해야 한다. 이 세곳의 변화에 의해 실루엣이 다르게 연출된다.

2. 길이 결정

시술자가 커트하고자 하는 스타일의 길이를 cm로 확인한다.
커트는 길이의 변화에 따라 실루엣이 달라진다.
짧은 커트는 두상곡면에 떨어진은 T.P의 길이와 N.P의 길이를 알아두면 원하는 스타일을 쉽게 찾을 수 있다.

3. 선 결정

머리카락 하나하나의 점이 모여 선이 된다. 소재인 두상과 선의 요소, 머리카락을 이용하여 라인을 구성하면, 그 자체가 스타일이 된다.

4. 시술각

시술각은 모발을 커팅하기 위해 두상에서 모발을 들어올리는 각도를 말하는데 헤어스타일의 볼륨감이나 입체감, 무게감, 헤어디자인에서 중요한 포인트를 결정한다.
시술각의 종류는 자연시술각과 일반시술각으로 구분할 수 있다.

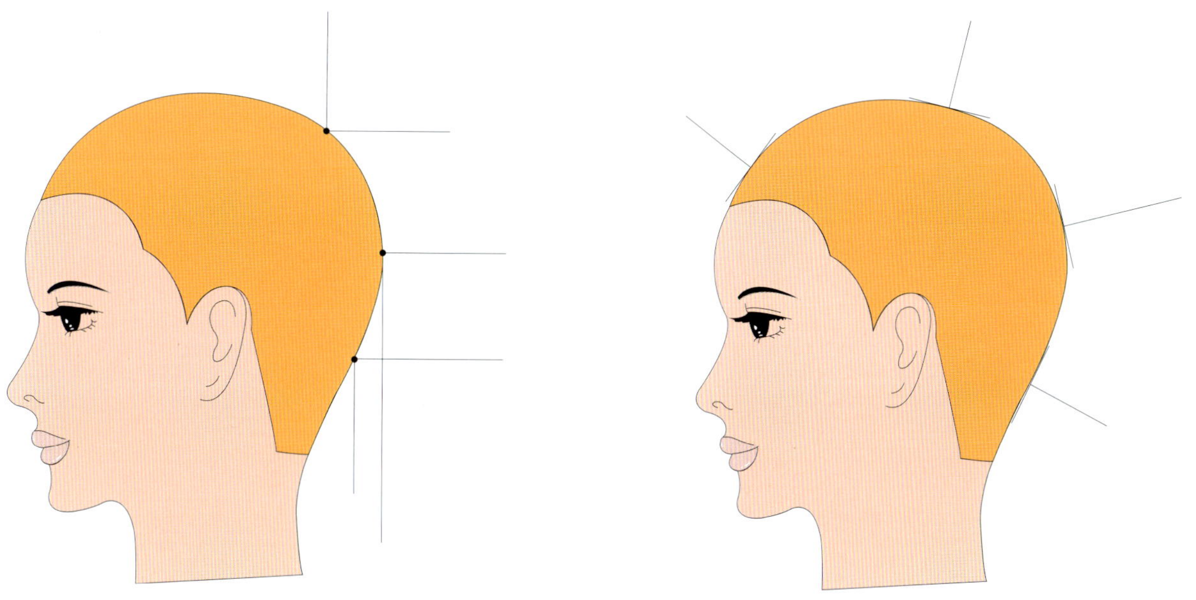

1) 자연 시술각

커트의 가이드가 되는 것은 판넬을 뜰때 제일 아래 모발이 안내자가 된다.

① 중력에 의해 모발이 떨어지는 각도
② 면에 의한 각도
③ 면에 시작점에서 무조건 떨어지는 각도 0°
④ 펼쳐지는 각도 90°
⑤ 천체축 각도

2) 일반 시술각

커트의 가이드가 되는 것은 한 판넬을 뜰때 중앙의 가이드가 안내자가 된다.

① 두상에 의한 각도
② 두상으로부터 각도를 사용

3) 90° 미학

짧은 모발은 일반시술각 90°, 자연시술각 90°를 잘 이해하면 쉽게 헤어스타일을 연출할 수 있다. 자연시술각 90°와 일반시술각 90°는 두상이 돌출부위이냐 함몰부위이냐에 따라 시술각 45°의 차이가 생겨난다.

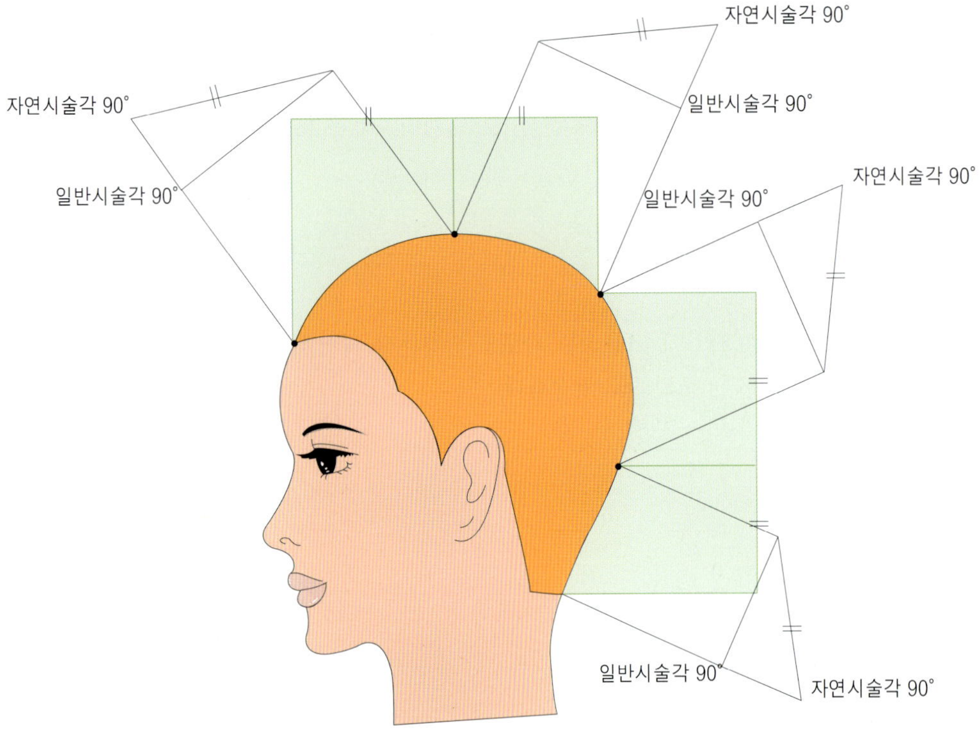

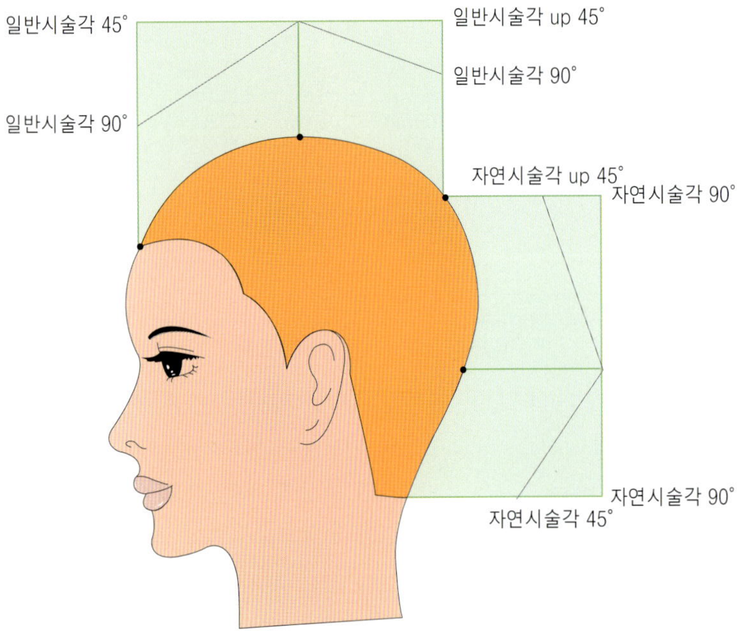

윗부분에 시술각을 다시 정리하면 두상이 돌출부위이냐 함몰부위이냐에 따라 시술각 45°의 차이가 생겨난다.

5. 베이스

당김새의 느낌 : 커트에 있어서 가장 기본이며 가이드 라인과 동일한 개념이다.

온더 베이스

베이스 중심에서 슬라이드 라인에 직각이 되도록 중심에 모아서 커트

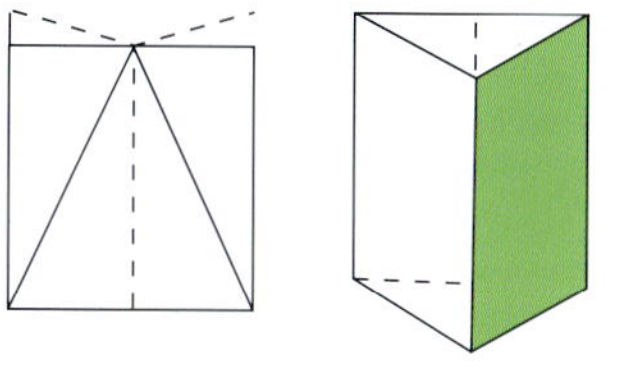

프리 베이스

중심 보폭이 2/3 지점에서 직각이 되도록 모발을 모아서 커트

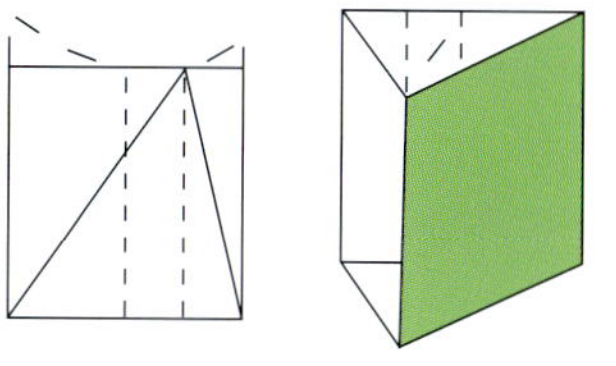

오프더 베이스

베이스를 벗어난다.

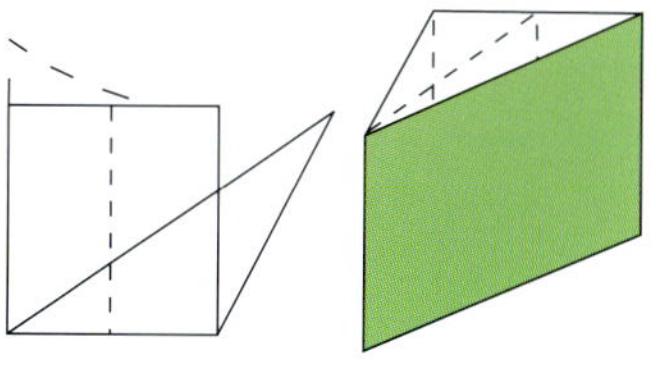

사이드 베이스

베이스 한쪽에서 직각이 되도록 모발을 모아서 커트

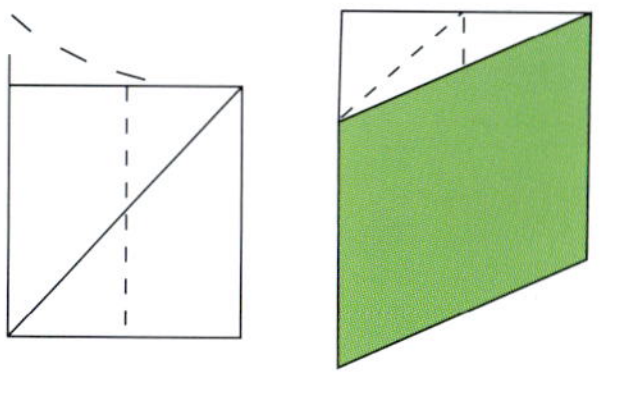

트위스트 베이스

베이스를 좌 · 우로 비튼다.

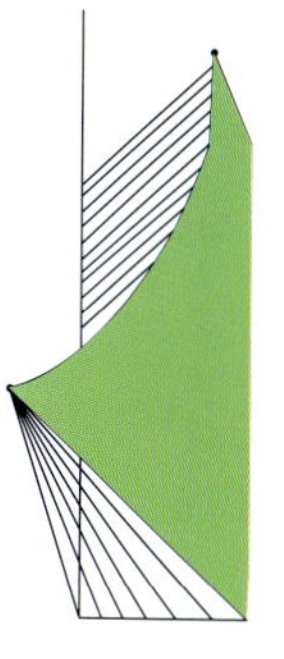

6. 질감처리

1) 틴닝의 사용법

(1) 루츠틴닝(Roots thinning) : 모류보정

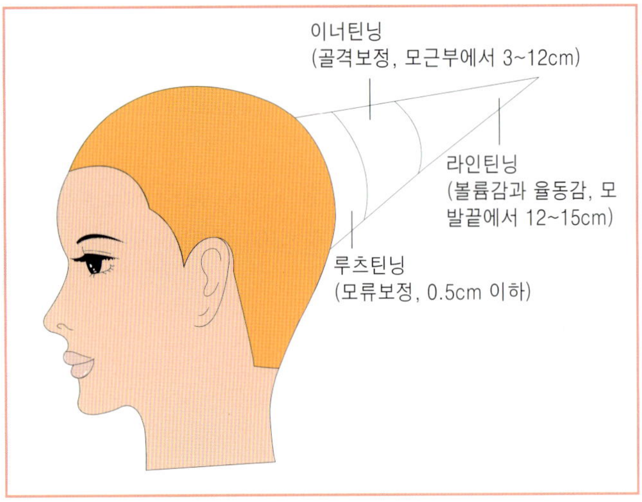

모류나 모량에 의해 뿌리부분에 모발의 밀도가 높은 경우와 모류가 강한 부분에 모류방향을 보정하기 위해 또는 밀도가 높은 모량을 줄이기 위해 모발 뿌리 부분을 솎아내는 테크닉이다.

모발의 길이 0.5cm 이하에서 모류를 보정한다.

모량 조절에도 이용하며 모류가 역행하거나 모류 각도가 들떠있는 경우에는 루츠틴닝을 넣어 방향감을 잡아주는게 중요하다. 루츠틴닝은 넣을 장소와 모발을 동일한 길이로만 자르지 않는다면 아주 유효하게 활용할 수 있다.

(2) 이너틴닝(Inner thinning)

① 이너그래쥬에이션

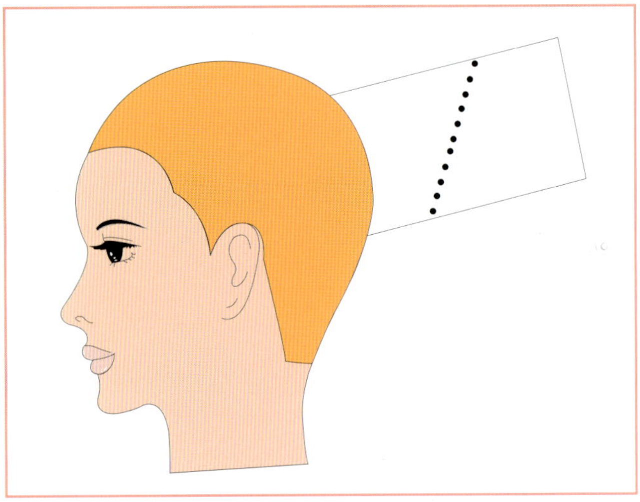

볼륨과 입체감을 만들고 싶을 때 사용하는 방법이다.

골격이 움푹 들어간 부분에 볼륨을 주고 싶을 때 양감 조절에 유효하다.

표면을 매끄럽게 두면서 모량을 줄일 수 있는 방법이다.

모발의 길이가 3~8cm이기 때문에 기립하려는 모발의 성질을 이용. 10~12cm에서 C컬이 만들어지기 때문에 13~12cm 안에서 표정을 만든다.

② 이너레이어

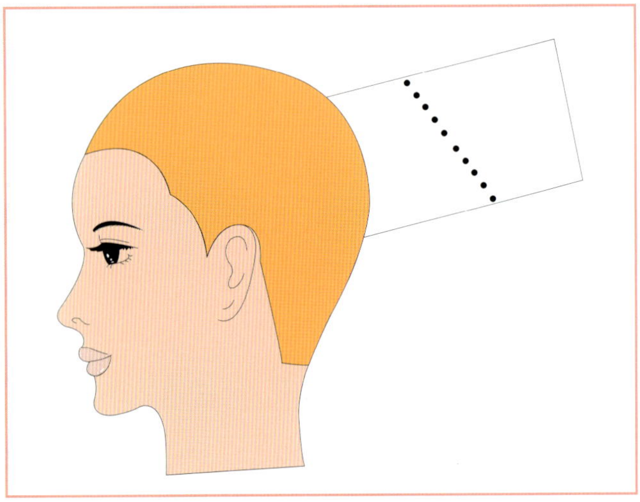

양감을 줄이고, 모량을 줄임과 동시에 율동감을 살리는 장점이 있다.

이너레이어를 넣을 수록 율동감이 증가하는데 모발이 지저분해 질 수 있으므로 조절하여 사용한다.

골격이 튀어나온 부분을 깍아낼 때 유효하게 활용할 수 있다.

짧은 모발은 누르고자 하는 성질이 있다. 이 원리를 이용하여 도려내고자 하는 표현을 할때 이용

(3) 라인틴닝 : 볼륨감과 율동감과 움직임을 표현

라인틴닝은 모속 바깥측을 깍아서 공간을 만들어 다발느낌을 표현하는 틴닝 방법이다.
라인틴닝은 한개의 모속을 쳐내는데 그 장소가 어디에서 짧게 시작하느냐에 따라 4가지로 구별한다.
① 오버틴닝은 질감표현과 뻗친모발, 아웃컬을 원할 때
② 언더틴닝은 부력발생을 이용하여 볼륨과 인컬을 원할 때
③, ④ 사이드틴닝은 주로 좌・우 움직임에 이용

① 오버틴닝

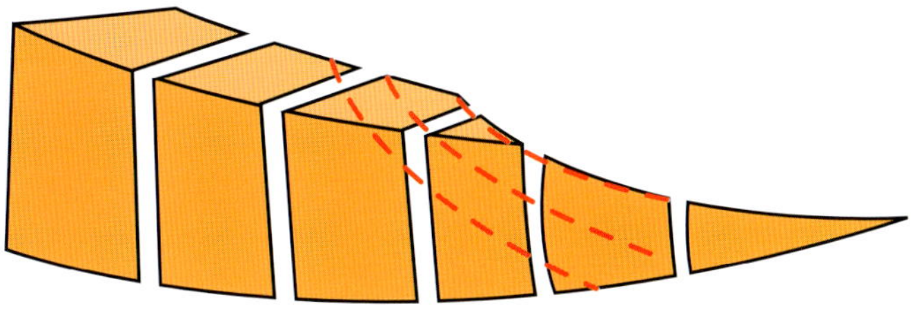

② 언더틴닝

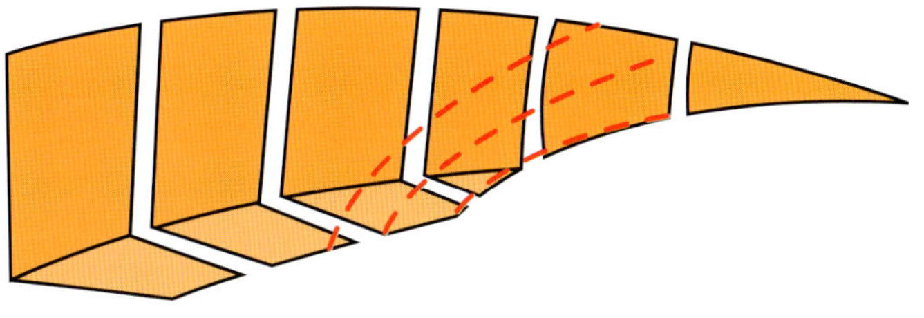

③, ④ 사이드 틴닝

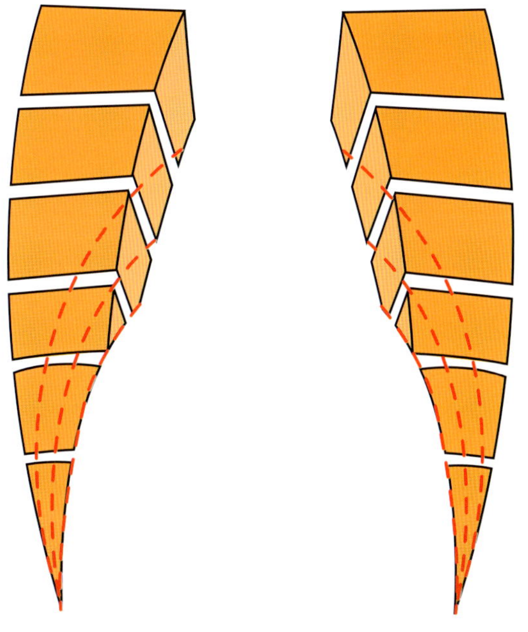

Tip

끝부분에 3번 간격으로 C커프를 만들어주면서 시술해야 끝부분이 자연스럽다.
모발 한가닥의 어디를 도려내느냐에 따라 움직임이 달라진다.

제 5 장 … 남성 헤어스타일의 유형

남성 헤어스타일의 유형은 유명한 연예인이나 축구선수, 유명인의 이름 또는 기술적인 방법에 따라 헤어스타일의 이름이 불리어진다.

1. 스포츠형

둥근 얼굴에 빗을 직각으로 대고 모발의 결을 따라 하나의 박스형태를 시술한 후 코너 부분만 얼굴모양처럼 둥글게 처리해 준다. 남성스러움을 강조하기 위한 스타일이기도 하며 군인을 연상시키는 짧은 헤어스타일로 자신감있고 강인한 이미지가 표현되기도 한다.

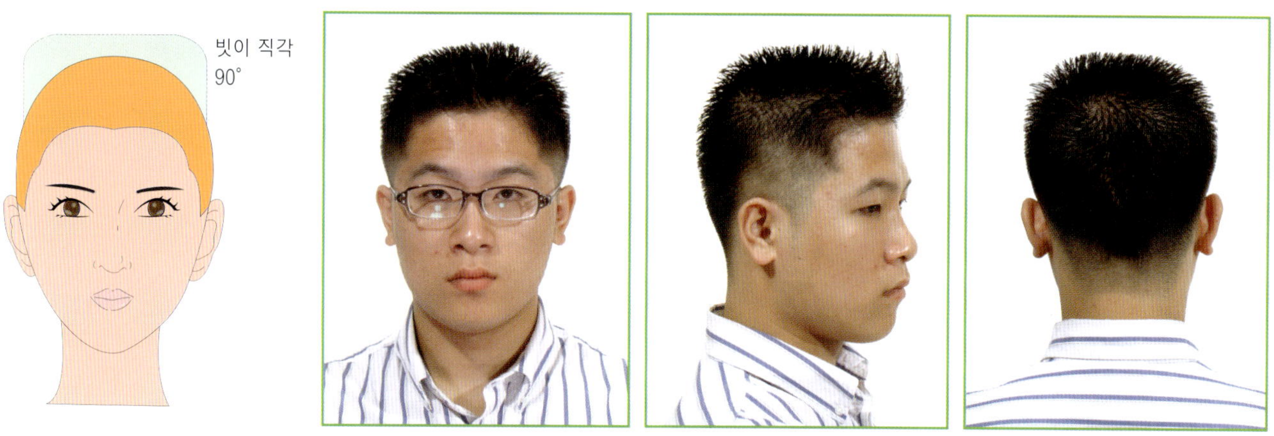

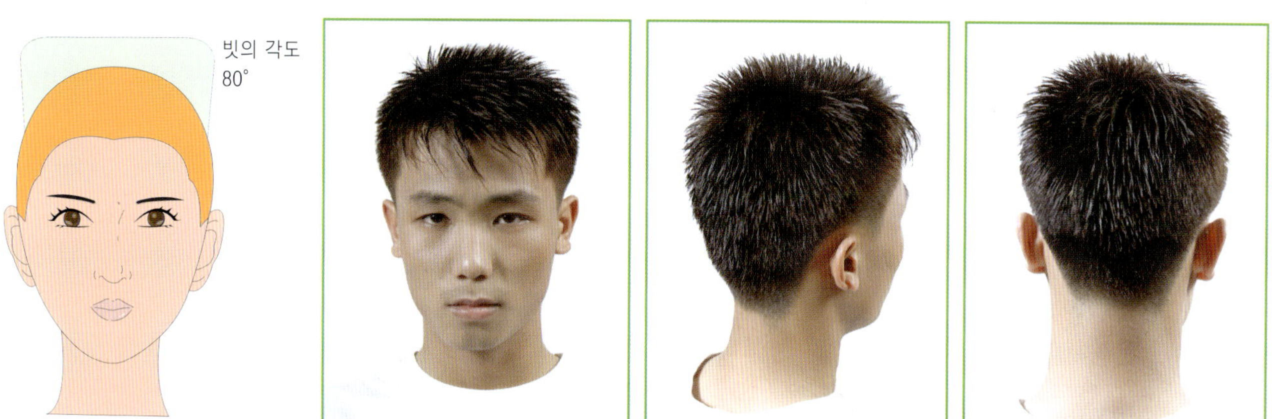

2. 상고형

남성스러움을 강조한 스타일이기도하며 큰 두상을 깔끔하게 모발을 정리할 수 있어 남성들이 선호하고 뒤통수가 튀어나온 짱구 형태의 두상에 더욱더 어울린다.

1) 높은 상고

옆선 빗의 기울기에 따라 밑모발이 짧고 윗모발이 길어진다. 남성 커트스타일은 두상의 형태가 그대로 표현되므로 얼굴형태에 따라 빗의 기울기를 결정한다.

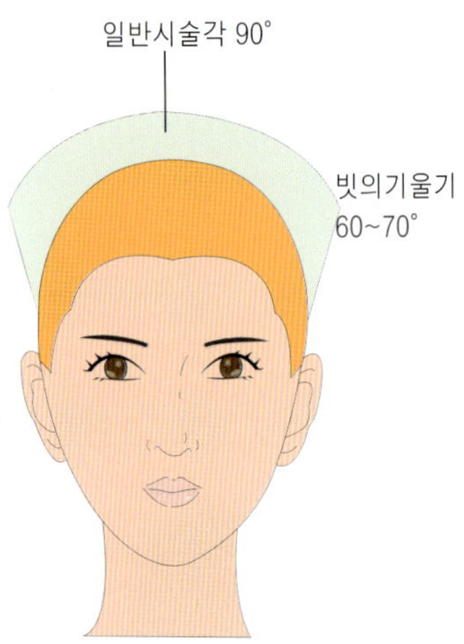

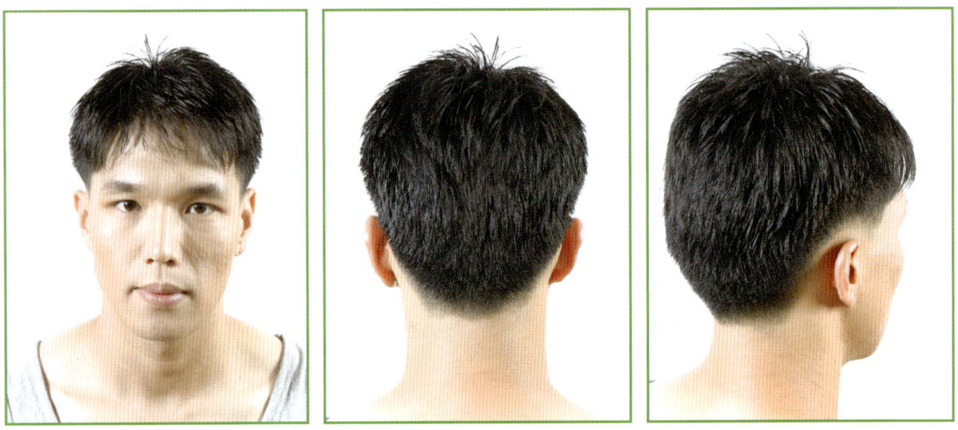

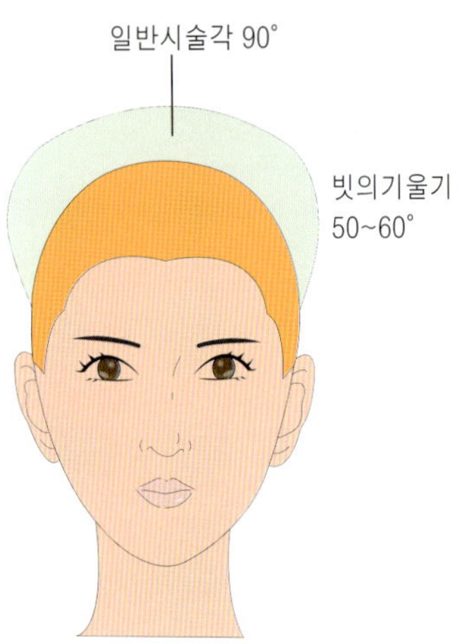

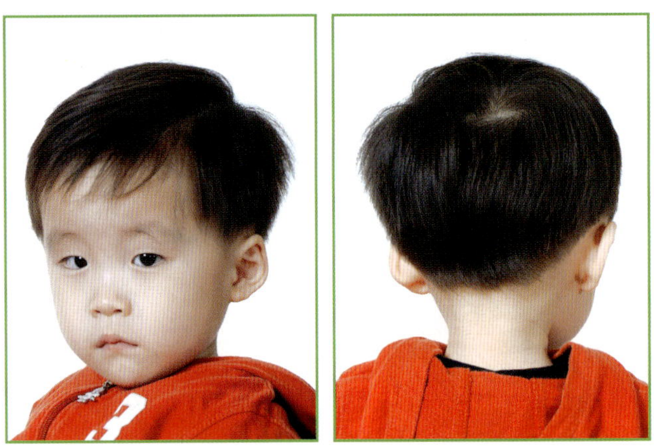

2) 중간상고

남성스타일의 대표적인 스타일로 길이와 시술각의 변화에 따라 남성스러운 분위기를 좌우할 수 있다.

옆선 빗의 기울기와 윗모발의 길이변화에 따라 남성스타일의 이미지가 달라보인다. 얼굴형이 둥글기 때문에 그대로 연장된 45~60°의 빗의 기울기가 두상곡면을 연장하게 되므로 자연스런 표현이 가능하므로 젱리 무난한 상고스타일이라고 표현된다. 대부분 이 스타일을 상고스타일이라고 한다.

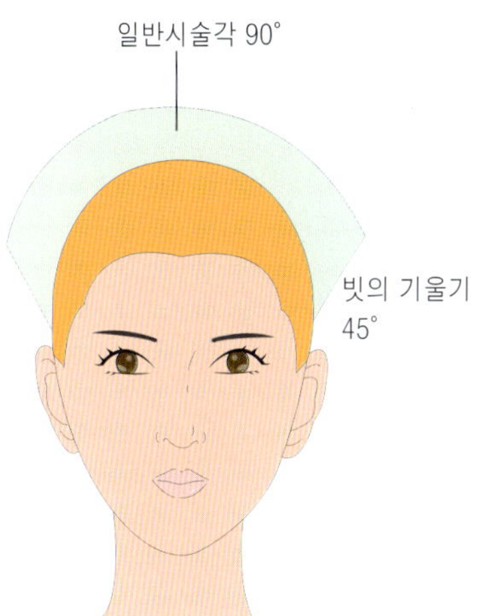

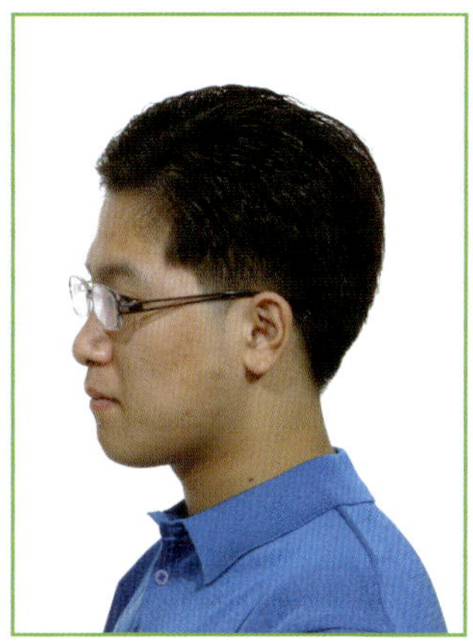

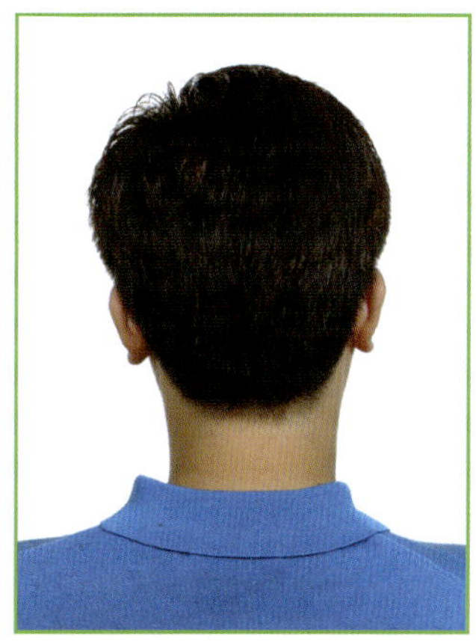

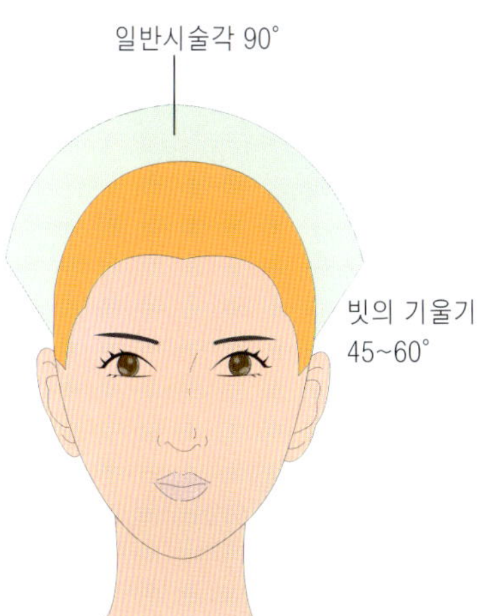

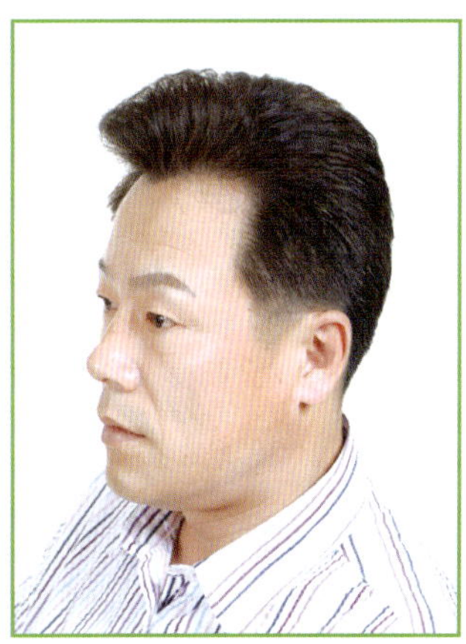

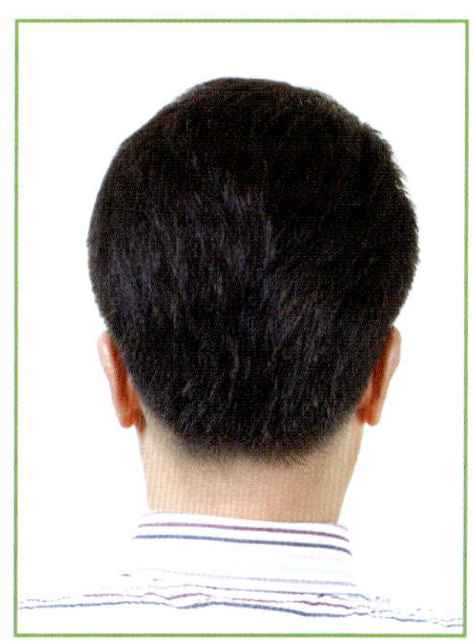

3. 유니폼레이어 변형

1) 모던

Modern은 '현대', '근대적'이라는 의미로 초 현대적이고 샤프한 스타일을 의미한다. 기본스타일인 유니폼레이어를 앞머리와 옆선 후하부의 변형으로 고객이 원하는 이미지 변화를 주면서 하는 스타일이다.

앞머리에 모류가 강한 부분은 모발을 길게하고, 모류가 자연스럽게 떨어지는 부분은 길이를 짧게하여 앞머리표정에서 변화를 준 헤어스타일이다.

유니폼레이어 커트의 기본형에서 전두부영역에서 변화를 주던지, 측두부 이미지에 변화를 주던지, 후하부에서 이미지에 변화를 주던지, 후상부에서 이미지에 변화를 주던지, 얼굴형에 맞추어서 변화를 주고 싶은 곳을 선정하여 그 부분에 다르게 커트한다. 뒷손질이 편하게 모량제거와 질감처리를 잘 활용하면 멋있는 헤어스타일을 연출할 수 있다.

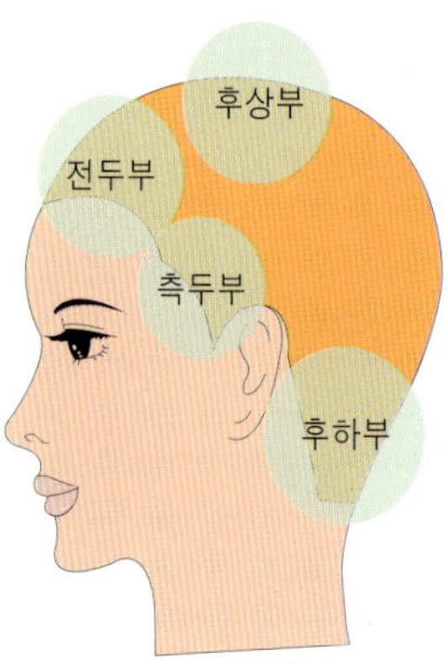

남성스타일은 옆선의 이미지에 따라 얼굴형이 표현된다.

전두부와 측두부의 변화에 따라 헤어스타일의 이미지가 다르게 표현된다.

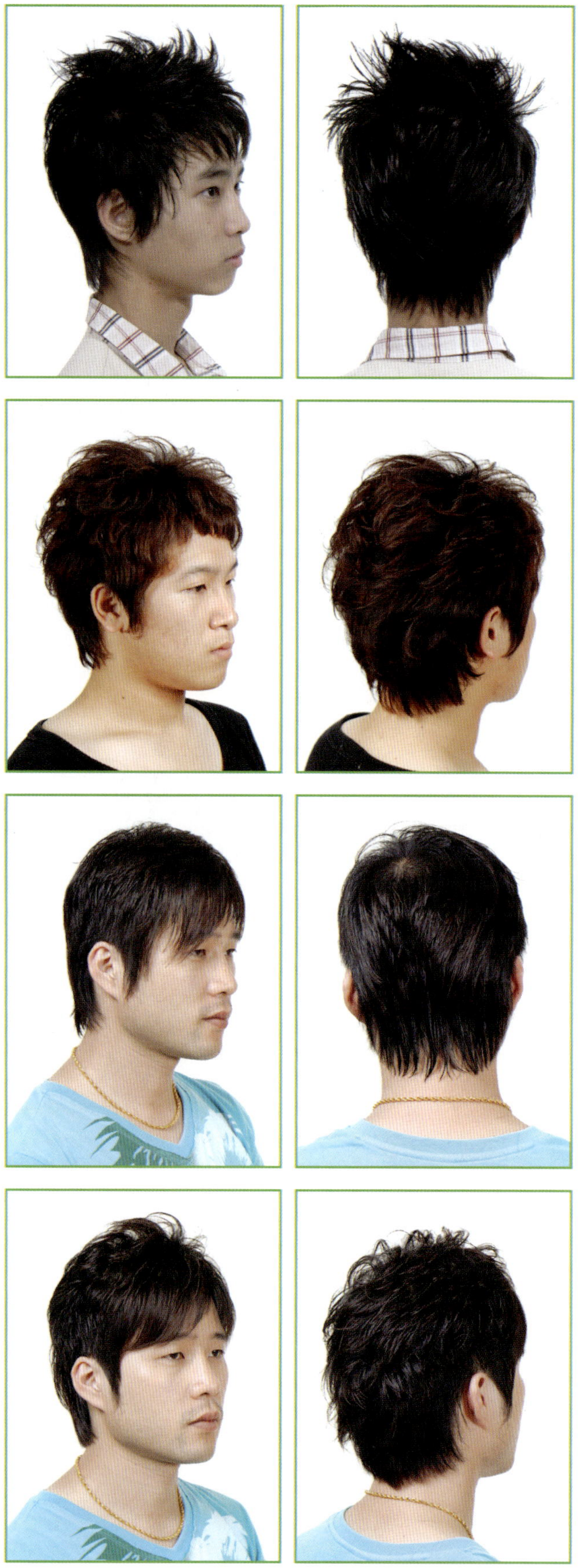

옆선의 이미지에 따라 헤어스타일이 다르게 표현된다.

옆선을 자른 이미지 – 얼굴 표정을 바꿀 수 있다.

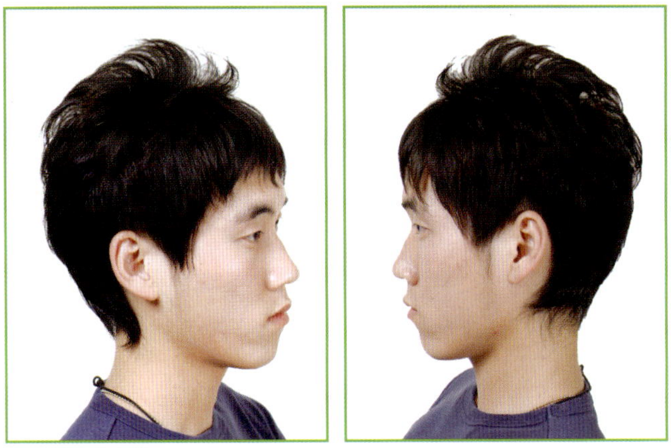

옆선을 남겨둔 이미지 – 얼굴 표정을 바꿀 수 있다.

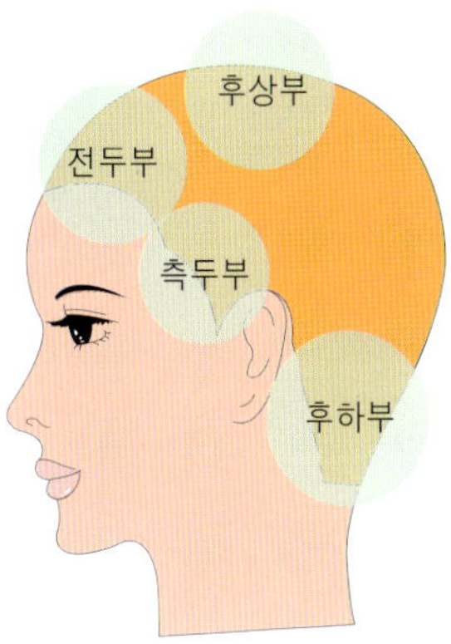

남성커트는 옆선의 변화에 따라 얼굴형의 이미지가 다르게 연출된다.

전두부의 이미지에 따라 헤어스타일의 다르게 표현된다.

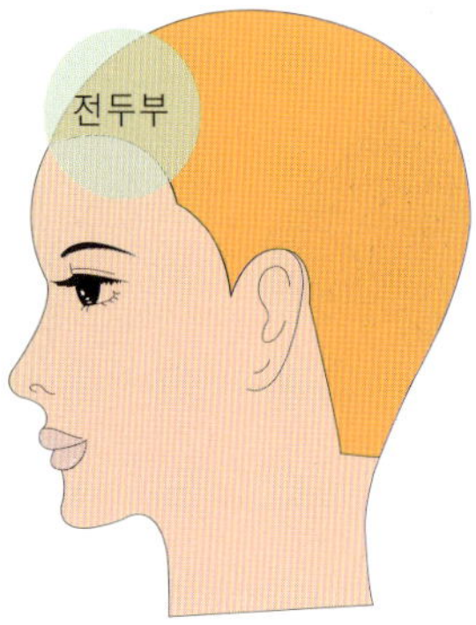

전두부에서 앞머리 이미지를 표현하더라도 두상, 모질, 얼굴형의 이미지에 따라 다르게 표현된다. 앞머리를 짧게하면 개성이 돋보이고 샤프하게 표현되고, 젊음을 과감하게 어필할 수 있는 독창적인 스타일을 연출하게 된다. 비대칭 표현을 앞머리에서 많이 표현하기도 한다.

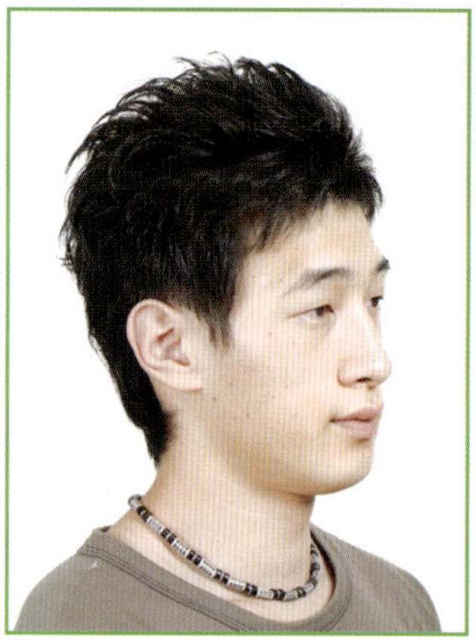

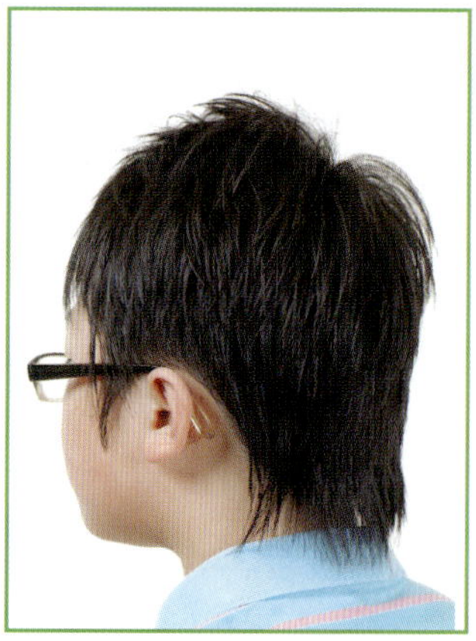

후하부 길이에 따라 헤어스타일의 다르게 표현된다.

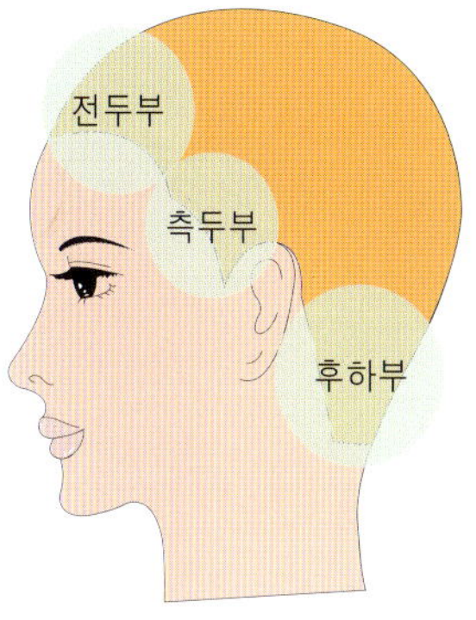

N.P의 길이가 길고 짧음에 따라 가볍고 무거움이 표현된다.

4. 매니쉬 스타일(Mannish)

성 대비 스타일이다.

여성은 강한느낌을 표현해서 야성적인 이미지를 남성은 부드럽고 여성스러움을 표현해서 여성적인 이미지를 표현한 스타일이다.

5. 모히간 스타일(Mohegan)

북미인디언의 한 종족인 모히간족의 머리 스타일이다. 닭 벼슬 모양의 이미지를 연출하여 용맹한 전사를 표현한 스타일이다.

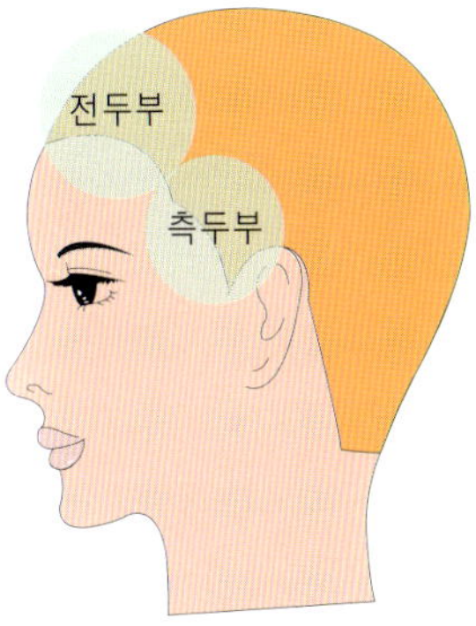

측두부 : 아주 짧게 표현
전두부 : 후하부의 길이와 비슷하게

제 6 장 … 마네킹 시술(베이직)

1. 유니폼레이어(베이직레이어 ; Uniform)

커트의 기본 스타일로 나이나 얼굴형에 상관없이 누구에게나 잘 어울리는 스타일이다. 두상에 헤어스타일 표현도기 때문에 유니폼레이어 커트를 시술하더라도 이마가 좁은 사람은 앞머리가 길게 표현되며, 이미가 긴 사람은 앞머리가 짧게 표현되므로 두상형태를 먼저 파악하고 변형할 수 있는 방법을 연출할 줄 알아야 한다.

마무리된 상태

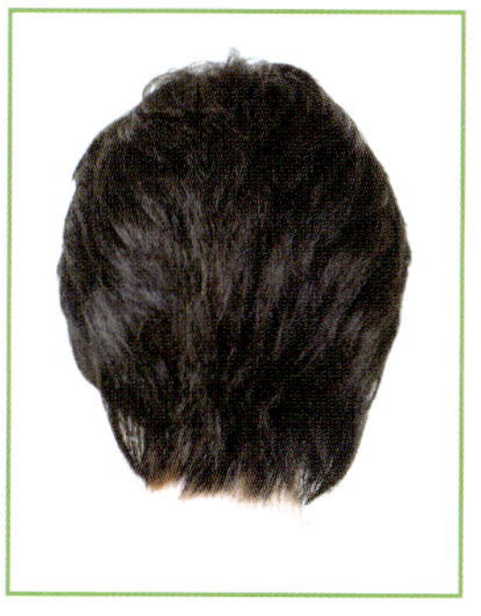

커트 시술 후

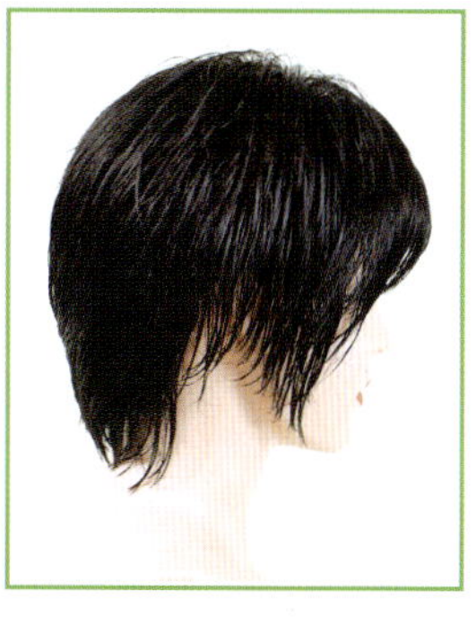
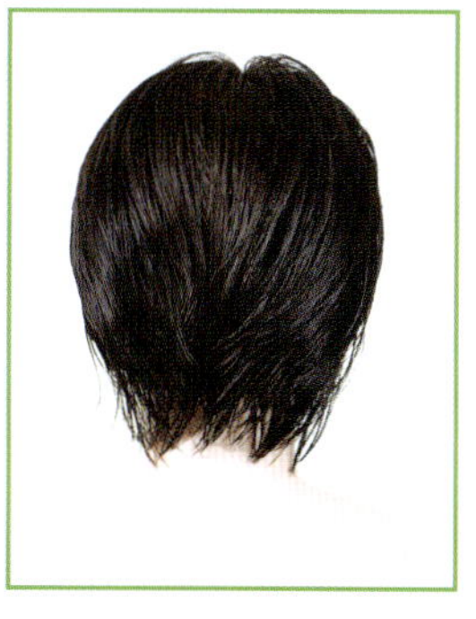

1) 이미지

남성스타일의 대표적인 유니폼레이어커트는 모든 사람에게나 어울리며 커트의 기본스타일이라고 하며 베이직레이어라고도 한다.

2) 시술순서

① 후하부에서 길이가이드를 설정한다.

② 전두부 C.P에서 시작하여 양쪽에서 2cm씩 4cm 판넬을 뜬다. 길이가이드를 빗으로 설정하여(10cm) G.P까지 일반시술각 90°로 시술한다(U라인 영역은 모두다 일반시술각 90°).

③ 후중부의 B.P에서 G.P까지는 일반시술각 90°로 온더베이스로 시술하고 후중부 양면은 사선베이스로 뜨고 C.L쪽으로 사이드 베이스로 시술한다

④ 후하부에는 곡면의 경사도가 심하기 때문에 E.B.P에서 나누어 시술한 후 E.B.P와 B.P를 연결하면서 커트 한다

⑤ 고객에게 맞게 드라이 한 것처럼 질감처리 한다.

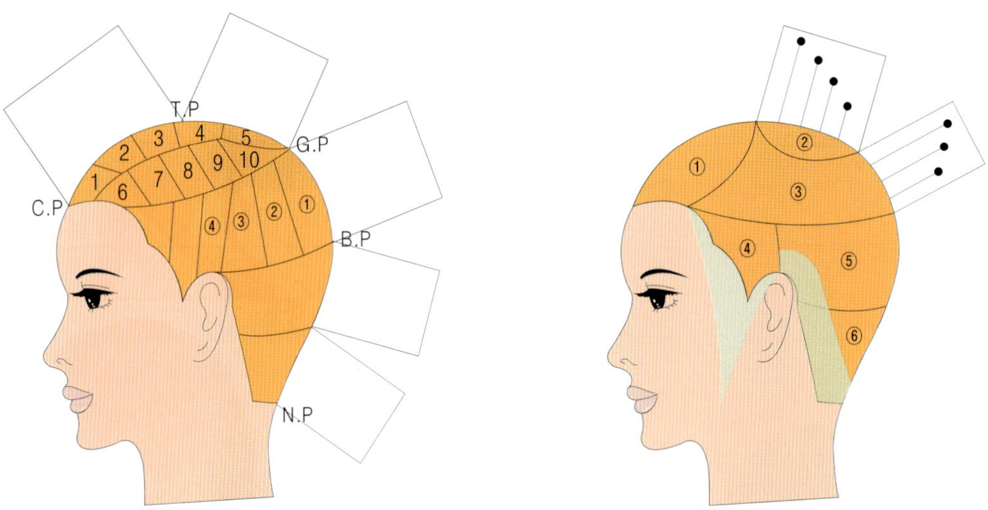

질감처리방법

가. 앞머리 표정만들기

나. 볼륨을 주기 위해서 그라데이션 틴닝

다. 볼륨을 주기 위해서 그라데이션 틴닝

라. 옆선 만들기

마. 모량제거와 모류보정, 골격보정을 위해 루트틴닝과 이너틴닝

바. 선을 다시 한 번 확인 하면서 마무리한다.

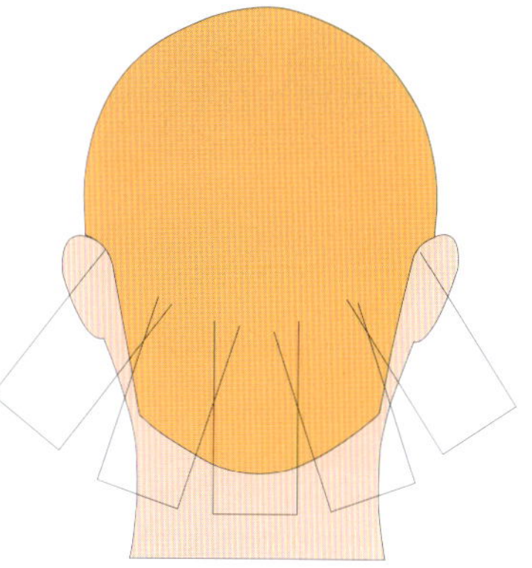

1. 후하부에서 빗질하여 길이가이드를 설정한다.
2. 곡면에 밀착하면서 빗질한다.
3~5. 곡면에 밀착하여 빗질하고 길이 가이드를 설정한다.
6. 가르마를 중심으로 양쪽에서 2cm씩 떠서 4cm의 모발의 판넬을 뜬다.
7. 전두부 첫번째 판넬을 일반시술각 90°로 들어서 빗으로 길이가이드 10cm를 설정한다.
8, 7.에서 설정한 판넬을 일반시술각 90° 커트한다.
9, 10. 전두부에서 후상부까지 일반시술각 90°로 이동해 가면서 동일한 방법으로 시술한다.

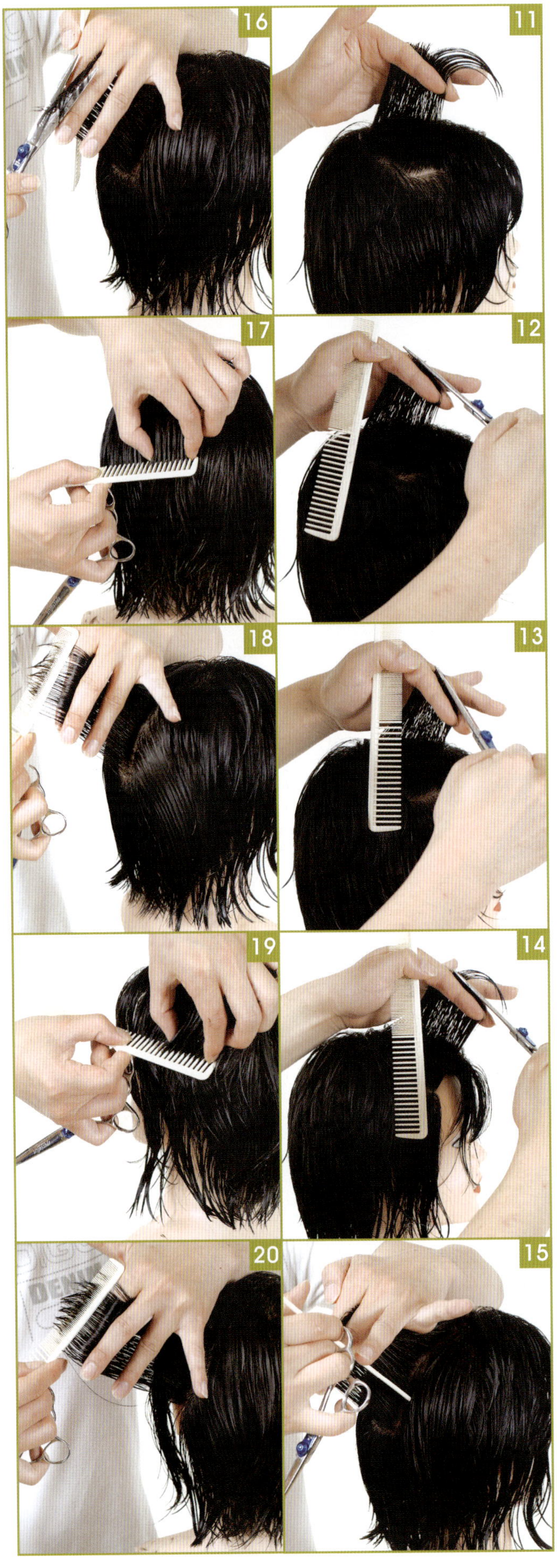

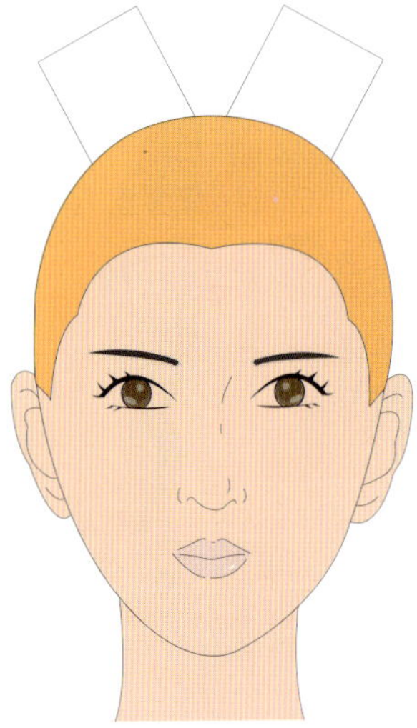

11, 12. C.L에서 시술한 판넬을 본래의 가르마대로 모발을 빗질한 후 U라인 영역까지 C.L에서 가져온 모발 길이에 맞추어 일반시술각 90° 로 시술한다.

13, 14. U라인 영역의 모든 모발을 위와 같은 방법으로 연결시켜 가면서 시술한다.

15, 16. G.P에서나온 모발의 가이드에 맞추어서 G.P~B.P까지 일반시술각 90° 로 시술한다.

17, 18. 후중부의 중심부는 세로로 판넬을 떠서 베이스는 온더베이스로, 시술각은 일반시술각 90° 로 시술한다.

19, 20. 다음 판넬로 이동해서 시술한다. 후중부 양면 두상이 함몰된 부분은 사선으로 판넬을 뜨고, 밑모발이 조금 길어지게 커트하는 것이 밑선이 잘리지 않는다.

모발이 없는 영역은 밑모발이 길게 커트해야 한다.

21. 두상이 함몰된 부분은 사선으로 섹션을 뜬다.
22. 이 영역은 귀가 있는 부분에 모발이 없기 때문에 일반시술각 90° 보다 밑 모발이 조금 더 길어지게 인크리스 레이어 상태로 모발의 판넬을 잡는다.
23~25. 두상이 함몰된 부분은 사선으로 판넬을 떠서 커트 선의 흐름대로 시술하는 것이 좋다.
26. 후하부에 U라인을 시술하기위해 E.B.P~E.B.P까지 파팅을 나눈 후 제일 중심부에서 4cm 판넬을 떠서 밑길이를 맞추다보면 시술각이 조절된다. 이때 밑길이가 길면 시술각이 높아 판넬이 들어지고, 밑길이가 짧으면 시술각이 낮아져서 판넬을 내려서 시술하게 된다.
27. 왼쪽부분에서 판넬을 뜨고 중심부에 있는 모발의 가이드에 맞추어 시술한다.
28. 오른쪽도 동일한 방법으로 시술 한다.
29. E.B.P와 B.P를 연결하여 시술한다.
30. 양쪽은 사선으로 모발의 판넬을 떠서 길이를 연결하여 시술한다.

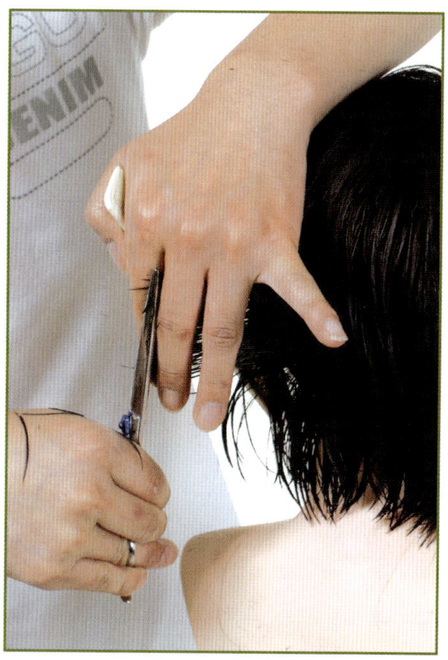

곡면이 들어간 영역은 사선으로 판넬을 떠서 시술해야 한다.

31. 후하부에도 곡면이 들어간 부분은 사선으로 판넬을 뜬다.
32. 후하부의 B.P와 B.N.M.P를 잡고 튀어나온 모발의 길이를 커트 한다.
33. 후하부의 E.P까지는 사선으로 판넬을 떠서 시술한다.
34, 35. 전두부에서 앞머리 표정만들기를 한다. F.S.P에 있는 모발을 가르마 쪽으로 빗어서 파팅과 평행하게 손가락판넬을 잡고 아랫모발부터 윗모발을 향해 낫칭하여 커트한다.
36~38. 모발의 길이를 섞어서 모발의 자연스러움을 만들고 표현하기위해 그래쥬에이션틴닝을 넣고 C커브를 그리면서 6cm 길이부터 세 번에 나누어서 시술한다.
39, 40. 후상부 영역에서도 볼륨을 주기 위해 그래쥬에이션틴닝을 넣고 세 번에 나누어서 C커브를 그리면서 시술한다.

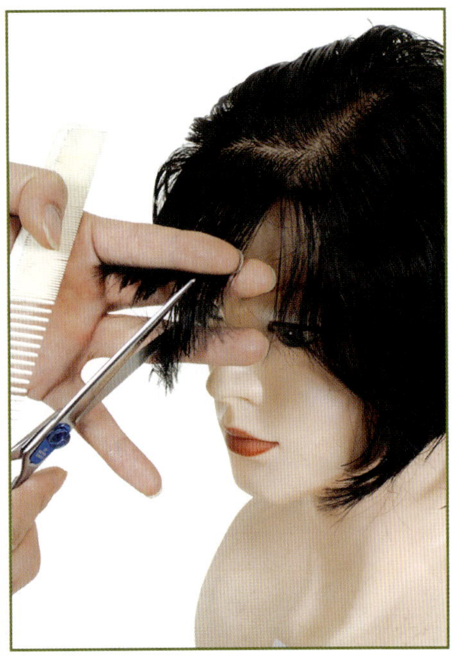

41, 42. 후중부 중심부에 있는 두 판넬 정도만 볼륨형태를 시술하기위해 그래쥬에이션틴닝을 넣고 세 번에 나누어 원을 그리면서 모발이 빠져나와야만 모발의 동일한 길이가 잘리지 않아 틴닝자국도 없이 자연스러움을 연출할 수 있다.

43~48. 측두부에 옆선을 시술하기 위해 귀를 중심으로 2cm, 2cm씩 모발을 나누고 S.C.P와 E.P에서 가이드를 설정한 후 일반시술각 90˚로 연결한 후 E.P와 E.B.P는 두피에 밀착하여 가이드를 연결한다.

49, 50 모발의 자연스러움을 연출하기 위해 선을 제외한 모발은 틴닝가위를 사선으로 넣고 원을 그리면서 세 번에 나누어서 시술 한다.

51~53. 이너틴닝과 루트틴닝을 위해 뒷 모발을 앞쪽으로 당겨서 틴닝가위를 두피에 밀착하여 시술한다.

54, 55 마무리 해 놓은 상태에서 선이 무거우면 틴닝가위를 모발에 사선으로 넣고 세 번에 나누어서 원을 그리면서 모발을 뺀다.

2. 90° 미학(시술각의 변화)

얼굴형이 크고 후상부에 볼륨을 얻고자 할 때 후상부 영역을 자연시술각 90°로 시술한다. 앞머리와 옆선의 머리로 얼굴선을 꾸며주면서 멋스런 샤기를 연출 할 수 있는 스타일이다.

전두부를 자연시술각 90°로 커트한 후 얼굴형에 맞추어 앞머리표정을 연출한다.

1) 이미지

얼굴형이 큰 사람이 얼굴을 머리로 가리고 싶거나 빽 부분에 볼륨을 주고 싶을 때 많이 하는 스타일이고 앞머리 표정과 옆선의 변화로 개성이 풍부한 실루엣을 연출 할 수 있는 헤어스타일이다.

2) 시술방법

(1) 후하부의 N.P에서 길이가이드를 설정 한다.

(2) 전두부는 T.P에서 길이가이드를 설정하여 자연시술각 90°로 시술한다. 중심의 가이드에 맞추어서 양쪽 F.S.P선 까지는 일반시술각 90°로 시술한다.

(3) B.P~G.P까지의 영역은 일반시술각 90°로 시술한다.

(4) B.P~N.P 후하부 영역은 두상의 곡면체의 기울기가 심하므로 2번에 나누어서 시술한다. E.B.P~E.B.P 까지를 파팅을 나눈 후 N.P 길이에 맞추어 시술하고 B.P와 연결하여 커트한다.

(5) 질감처리

① 앞머리표정을 만든 후 틴닝을 사용하여 모발의 길이를 섞어서 자연스러움을 연출한다.

② 볼륨을 만들어 주기위해 그라데이션틴닝을 세 번에 나누어 원을 그리면서 밑모발이 짧고 윗모발이 길어지게 틴닝을 넣어서 자연스러움을 연출한다.

③ 이 영역도 볼륨을 만들어 주기 위해 2번과 동일하게 시술한다.

④ 옆선만들기를 위해 모발을 나눈 후 S.C.P와 E.P 가이드를 연결하고 E.B.P의 길이가이드는 얼굴에 밀착하여 모발을 앞쪽으로 당겨서 커트하여 뒤의 선을 연결한다.

⑤ 모량제거와 골격보정, 모류보정을 위해 모발을 앞쪽으로 당겨서 틴닝가위를 사선으로 두피에 밀착하여 2번에 나누어서 시술한다.

⑥ 선을 다시 한 번 확인하여 무거운 부분은 틴닝으로 원을 그리면서 시술하여 틴닝 자국이 남지 않고 모발의 자연스러움을 연출 하여야한다.

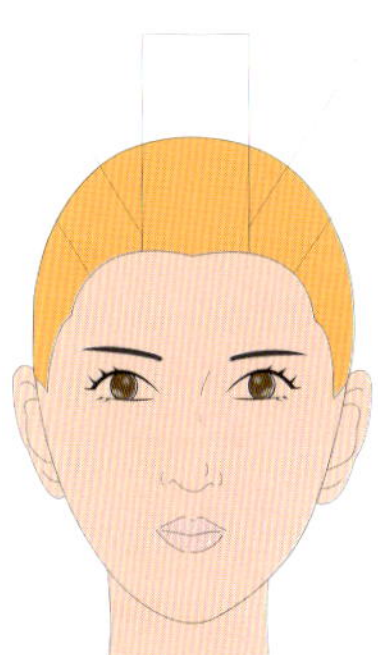

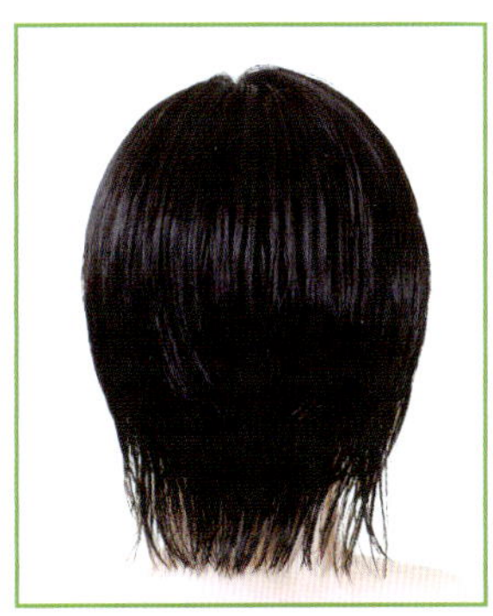

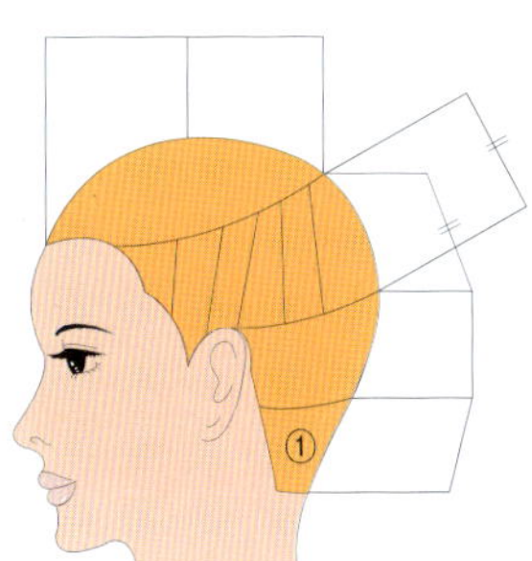

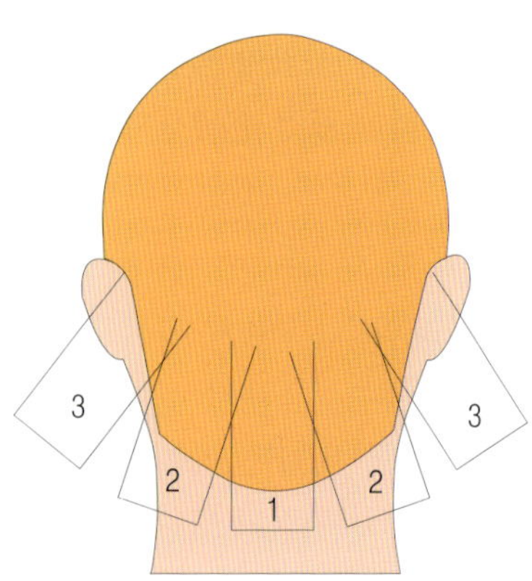

1~4. 후하부에서 길이가이드를 설정한다. 이때 시술은 낫칭으로 시술한다.
5. 빗을 45°로 잡고, 섹션을 타기위한 시술을 한다.
6, 7. 두상이 제일 튀어 나온 부분을 설정한다. 대부분은 얼레살의 길이 9cm에 해당된다. 이곳에 커트를 시술하기 위한 판넬을 뜬다.
8. 튀어나온 부분에서 판넬을 뜬다.
9. 첫 번째 판넬에 원하는 모발의 길이를 설정한다(고운살 빗살의 길이인 10cm를 설정한다).
10. T.P의 길이에 맞추어 C.P 까지 모발의 판넬을 뒤쪽으로 당겨서 자연시술각 90°로 시술한다.

T.P를 향해 모발을 당겨서 수직으로 커트한다.

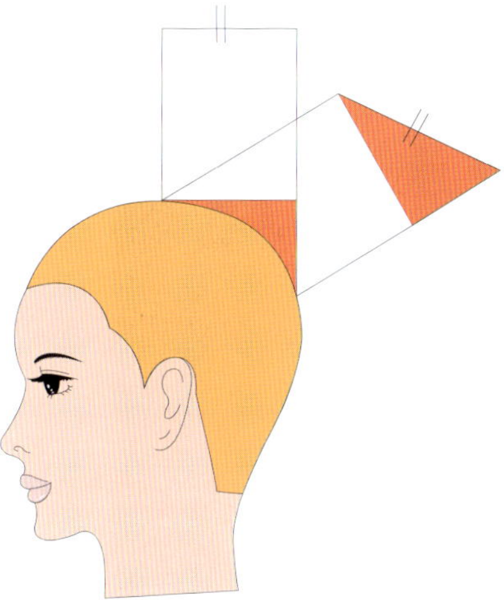

자연시술각 90도 시술시 곡면이 들어간 만큼 모발의 길이가 길어지기 때문에 볼륨을 얻을 수 있다.

11. 전두부중신부에 해당하는 모발을 시술한 후에 본래의 가르마대로 빗질을 해 놓은 상태이다.
12. C.L에서 온가이드에서 판넬을 잡고, U라인 영역까지 판넬을 뜬다.

13~15 C.L의 모발의 길이 가이드에 맞추어서 일반시술각 90˚로 시술한다.

16. 이곳은 모발이 없기 때문에 없는 만큼 베이스를 뒤로 당겨서 시술한다.

17~20. 후상부에 해당하는 부분은 T.P 가이드에 맞추어서 방사형으로 모발을 떠서 자연시술각 90˚로 시술한다.

곡면이 함몰된 만큼 밑모발이 길어질 수 있도록 모발을 자연시술각 90˚로 시술한다.

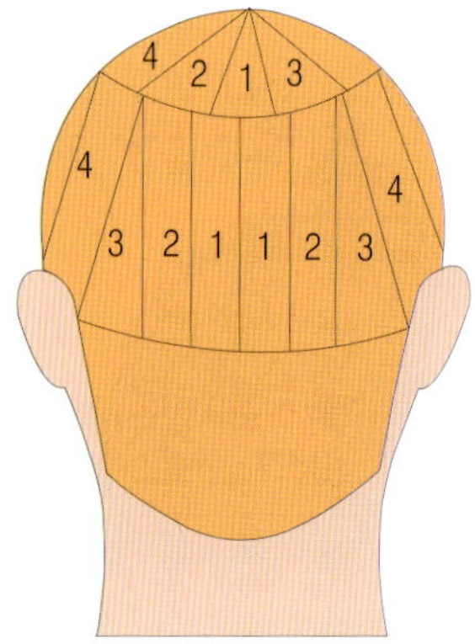

B.P~G.P 베이스는 온더베이스로 시술각은 일반시술각 90˚로 시술한다.

21~28. 후중부 B.P~G.P까지는 일반시술각 90˚로 시술하여 두상곡면대로 층을 연결해가면서 시술한다(이때 후중부의 중심부는 세로섹션으로 모발의 판넬을 뜨지만 후중부의 양면은 두상곡면이 함몰되어 있으므로 사선으로 섹션을 떠서 모발이 없는 것만큼 밑머리를 길게하여 시술한다).

29. 후하부 E.B.P~E.B.P까지를 시술하기 위해 파팅을 나누고 중심부에 모발을 뜬다.

30. N.P의 길이에 맞추어서 시술한다.

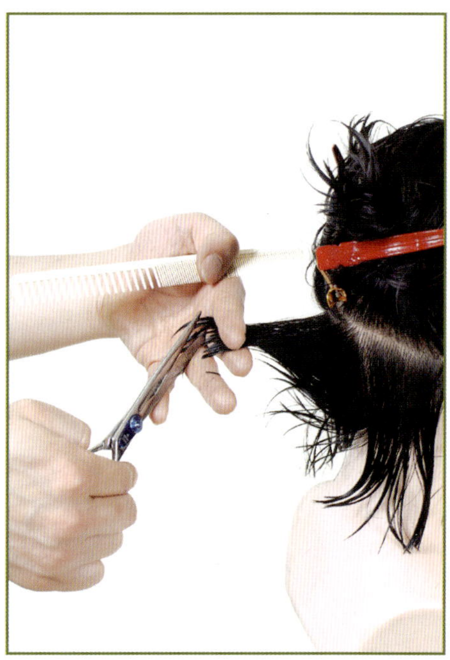

떨어지는 모발의 선은 낫칭으로 시술해야 자연스럽다.

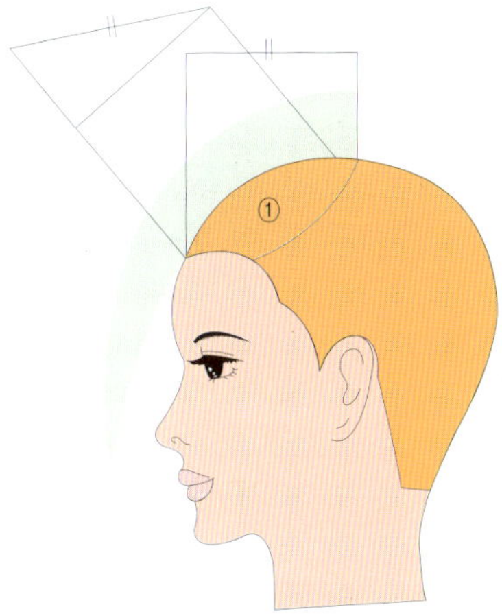

전두부 모발을 두상이 함몰된 만큼 길게 떨어진다. 자연시술각 90°와 일반시술각 UP 45°가 동일하다.

31. 후하부 중심부에 맞추어서 양옆부분도 선을 만들면서 시술한다.
32. B.P와 N.B.M.P를 연결하기 위한 섹션을 뜬다.
33. B.P와 N.B.M.P의 튀어나온 모발을 커트한다.
34~35. 양쪽면은 사선으로 두상 곡면을 따라 사선 파팅을 떠서 연결한다.
36~38. 가르마를 설정하고 가르마 쪽으로 당겨서 원하는 길이만큼 커트한다.
39~40. 앞머리 표정만들기. 앞머리 흐름이 자연스럽게 틴닝으로 C커브를 만들면서 밑머리가 짧고 윗머리가 길어지게 커트한다.

길이를 섞어 주기 위해 틴닝을 사선으로 C커브를 그리면서 모발 길이의 성질이 다르게 시술해야 자연스러움이 표현된다.

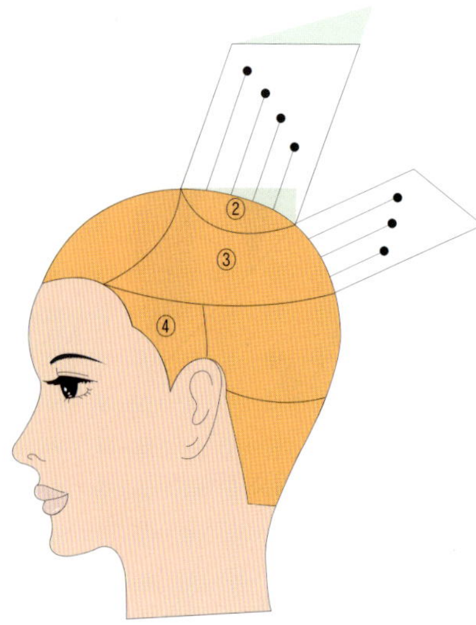

곡면이 들어간 만큼 길게 커트해야만 볼륨을 얻을수 있다.

41~43. 볼륨감 시술하기

②번 영역에 볼륨감을 연출하기위해 그라데이션틴닝을 한 판넬에 3번 나누어서 C컬을 만들면서 밑머리가 짧고 윗머리가 길어지게 시술한다.

44~45. ③영역에 볼륨감을 시술하기위해 그라데이션틴닝을 후중부 중심부에만 시술한다.

46~50. 옆선만들기

④번 영역의 시술을 위해 귀를 중심으로 2cm씩 모발을 나눈 후 S.C.P와 E.P에서 가이드 설정후 일반시술각 90°상태에서 모발을 연결하면서 시술한다. 앞면에 선이 생기고 나면 E.B.P에서 가이드를 가져와서 모발을 두피에 밀착시켜 빗질한 후 연결하여 커트한다. 이때 옆선의 길이는 10~12cm가 C컬이 만들어지면서 자연스런 연출을 얻을수 있다.

선이 결정되는 E.B.P까지 모발의 판넬을 뜬다.

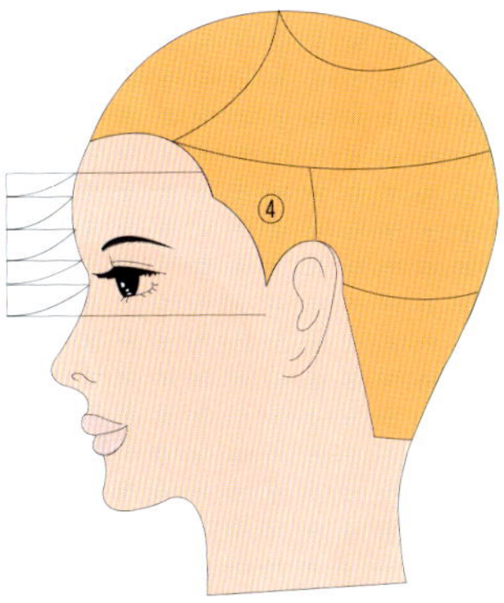

항상 윗모발이 짧아야만 떨어지는 모발이 자연스럽게 옆선이 예쁘다. 3번에 나누어서 시술하면 길이가 섞여 더욱더 옆선이 예쁘다.

51~52. ④영역에서 앞면에 떨어지는 선이 무거우면 2cm의 모발을 앞쪽으로 당겨서 위쪽이 짧고 아래모발이 길게 틴닝을 넣어 원을 그리면서 시술한다.

53~54. 2cm을 남긴 앞쪽의 모발은 뒤쪽으로 모발을 당겨서 틴닝으로 시술한다.

55~56. 떨어지는 모발이 무거우면 시술했던 시술각보다 45°를 UP하여 틴닝으로 시술한다.

57~61. 모류보정, 골격보정, 모량제거를 위해 뒷 모발을 앞쪽으로 당겨서 틴닝 가위가 두피에 수직상태로 시술한다. 모량이 많으면 2cm간격으로 한 번 더 찝어 주고 모량이 적으면 한 번만 시술한다.

62~65. 떨어지는 선이 무거우면 틴닝을 사선으로 잡고 원을 그려주면서 세 번에 나누어서 시술한다. 이렇게 시술해 떨어지는 모발은 선이 자연스럽게 연출된다.

3. 앞머리 표정만들기

앞머리에 무게감을 주고 싶을때.
앞머리 표정만들기에 따라 헤어스타일의 이미지가 달라진다.
얼굴형이 긴 사람이나 뒷모습은 샤기를 표현할때 많이 이용한다.

마무리

손질전

1) 특 징

앞머리는 똑바로 빗질하여 일직선을 만들고 그라데이션틴닝을 넣어 볼륨감이 있는 일직선의 표정을 자연스럽게 연출하고 두상의 다른 영역은 두상 곡면을 따라 일반시술각 90°와 자연시술각을 병행해가면서 시술한 스타일이다.

2) 시술순서

① 후하부 중심부에서부터 길이가이드를 설정한다.
② 전두부 영역을 앞쪽으로 빗질하여 떨어지는 0° 선상에서 일직선을 시술한다.
③ F.S.P~E.P를 자연시술각 90°로 시술한다.
④ 후상부T.P~G.P를 일반시술각 90°로 시술한다.
⑤ 후중부 G.P~B.P를 자연시술각 90°로 시술한다.
⑥ 후하부는 N.P~N.B.P를 먼저 시술한 후 B.P와 N.B.P를 연결한다.
⑦ 질감처리

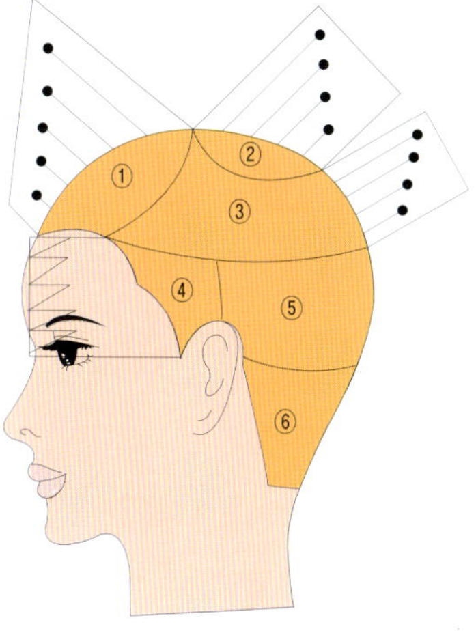

질감처리 방법

가. 모류보정을 위해 모류에 역행하여 모발을 제거하고 윗부분은 그래쥬에이션틴닝을 넣어준다.
나. 볼륨을 주기위해 그래쥬에이션틴닝을 세 번에 나누어서 넣는다.
다. 볼륨을 주기위해 그래쥬에이션틴닝을 세 번에 나누어서 넣는다.
라. 얼굴선에 해당하는 부분은 2cm를 앞쪽으로 당겨서 위가 짧고 아래가 길게 틴닝을 넣는다.
마. 모량제거, 모류보정, 골격보정을 위해 틴닝을 넣는다.
바. 선을 재확인하고 시술한다.

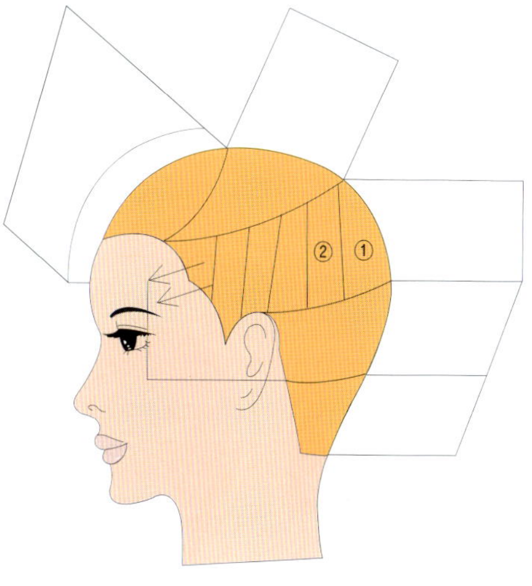

젖은모발

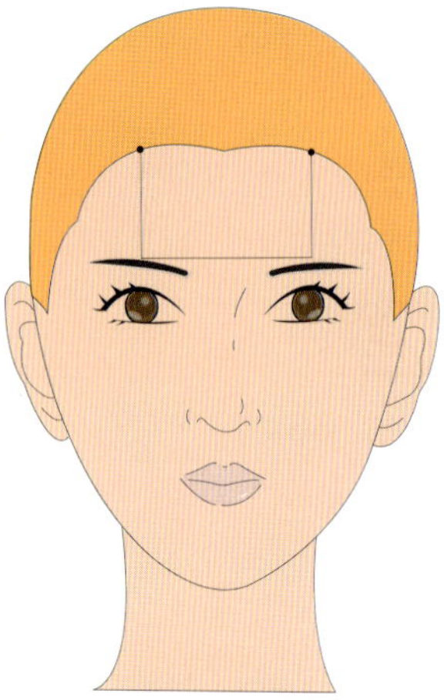

일직선을 시술할때 빗으로 영역을 잡아서 빗질하고 모발끝에서 손으로 판넬을 잡고 모발안쪽에서 일직선을 시술한다.

1~2. 빗질은 두상 곡면에 밀착하면서 길이가이드를 설정한다.
3~5. 후하부의 양면도 곡면에 밀착해서 빗질하고 시술은 C.L의 일직선상에서 시술한다.
6. 두상의 최고 높은 T.P를 설정한다. 이곳에서 모발이 떨어지기 시작한다.
7. 앞머리 폭을 설정(8~10cm) 폭을 설정한 후 앞머리 이미지를 결정할 길이를 빗으로 설정한다.
8. 시술각이 생기지 않도록 판넬 안쪽에서 일직선으로 커트 한다.
9. 길이를 설정해 놓은 상태(이 길이에 따라 앞머리 이미지가 달라진다.). 앞머리 디자인을 표현하고자 할때는 눈을 보아야 하는 이유때문에 이 길이보다 짧아야 하고, 이 길이보다 길어지면 한쪽이 짧아지고 점점 길어지는 앞머리를 표현할 수 밖에 없다.
10. 앞머리 모발을 앞쪽으로 펼쳐서 낫칭을 넣어 자연스런 선을 연출한다.

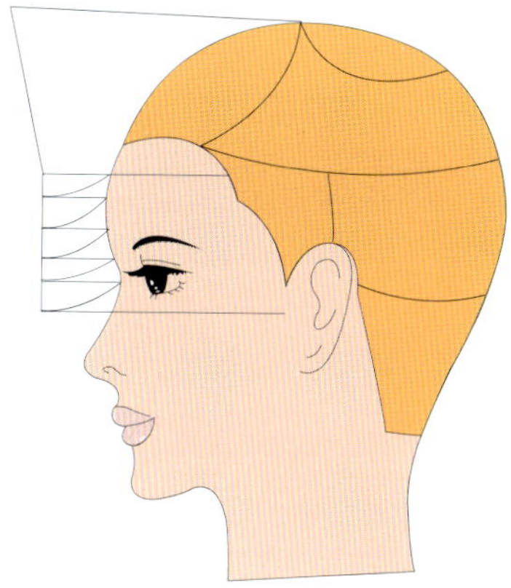

F.S.P 모발을 가이드로 E.P까지 자연시술각 90°로 시술하고 난후 윗모발이 짧아지게 질감처리를 해야만 얼굴선에 떨어지는 모발이 자연스럽다.

11~12. C.P~T.P를 그래쥬에이션으로 판넬을 잡고 길이를 섞기 위해 틴닝을 사선으로 넣고 C커브를 그리면서 밑모발이 짧고 윗모발이 길어지게 시술한다.

13. 측두부 모발을 시술하기 위해 T.P~E.P까지 파팅을 나눈다.

14~16. 앞머리에서 나온 가이드에 맞추어서 E.P 모발을 자연시술각 90°로 끌어내어 윗 모발이 짧게 낫칭 커트로 시술한다.

17~20. 반대편도 동일한 방법으로 시술한다(여기에서 중요한 것은 모발에 윗 길이가 짧게 낫칭이 들어가 있어야만 떨어지는 모발의 선이 예쁘게 연출된다).

가로 일직선과 세로 일직선을 시술해 놓은 상태이다.

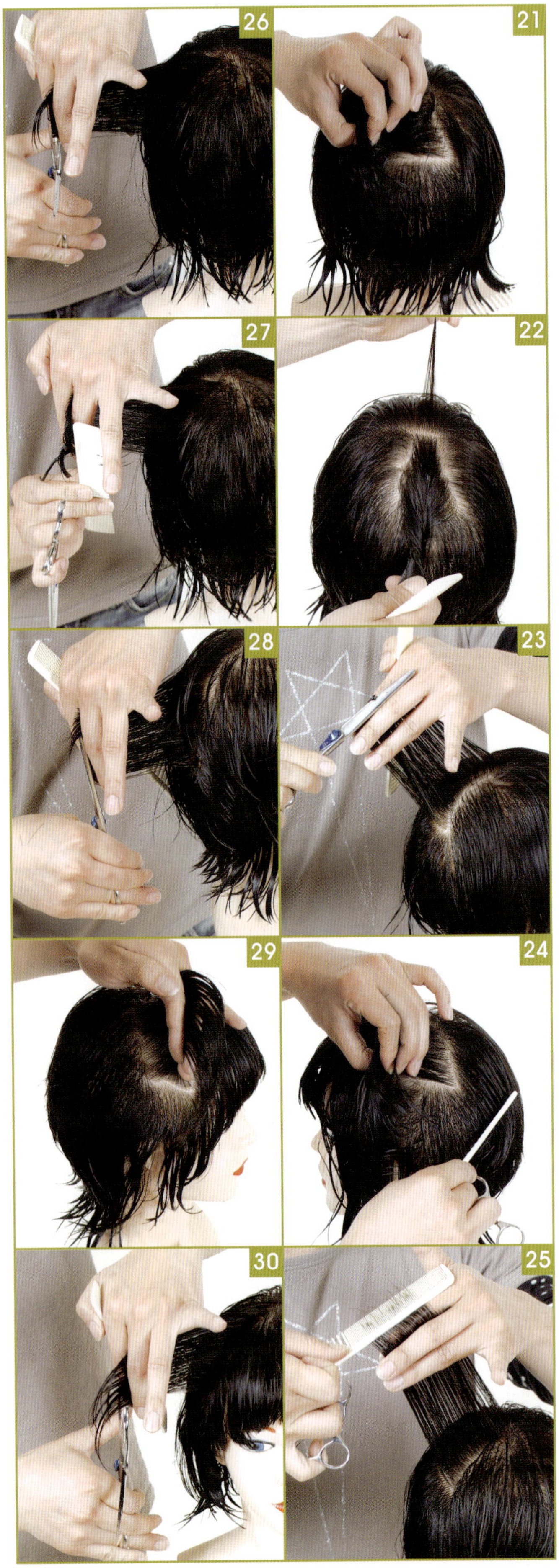

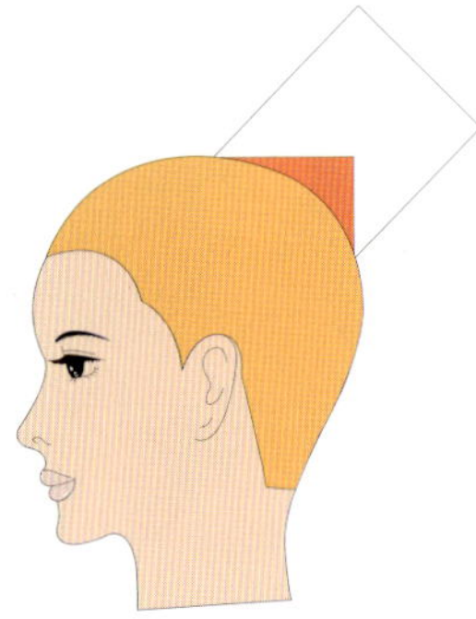

일반시술각 90° 시술시 볼륨은 없고 곡면대로 층이 자연스럽게 연출된다.

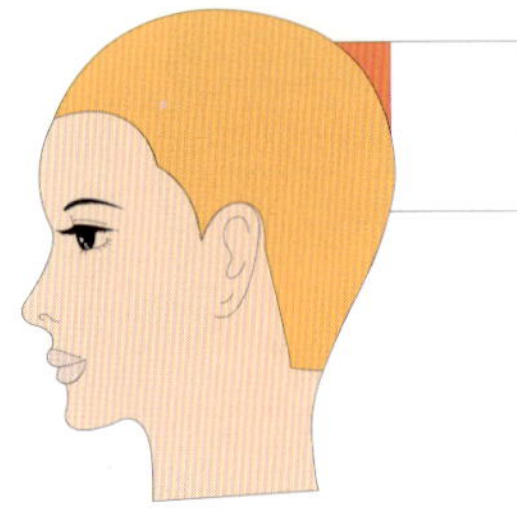

자연시술각 90° 시술시 함몰된 만큼 모발이 길게 커트된다. 볼륨을 얻을 수 있다.

21~25. 후상부 영역은 T.P가이드에 맞추어 G.P까지는 일반시술각 90°로 시술한다.

일반시술각 90° 시술시 후상부영역을 두상의 모양대로 커트가 된다(볼륨은 약하다).

두상은 곡면체이기 때문에 이곳에 시술시 자연시술각 90°, 일반시술각 90°를 잘 생각해서 시술해야한다.

26~30. 후중부 영역은 볼륨을 얻기 위해 자연시술각 90°로 시술한다.

두상이 함몰된 만큼 길어지기 때문에 자연스런 볼륨이 형성된다. 이때 두상이 들어간 후중부 양면을 사선으로 판넬을 뜨고 모발이 없는 만큼 모발길이를 길게 커트 하는 것이 중요하다.

곡면 층이 자연스럽게 표현되도록 일반시술각 90°로 시술한다.

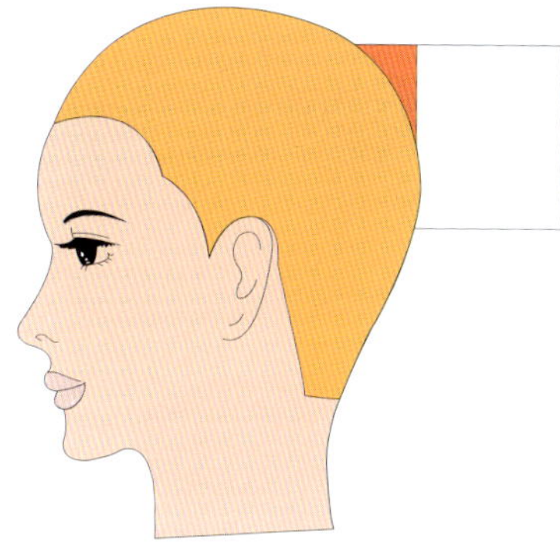

B.P~G.P(후중부) 영역을 자연시술각 90° 시술시 밑길이는 짧아지고 윗길이는 두상곡면이 들어간 만큼 길게 커트된다. 이렇게 시술했을 경우에는 밑모발보다 윗모발이 길게 커트되기 때문에 볼륨을 얻을 수 있다.

31~33. B.P~G.P까지는 자연시술각 90°로 시술한다. 이때 가이드는 제일 밑모발의 가이드를 선택한다.

34~36. E.B.P~E.B.P까지 파팅을 나눈 후 중심부에서 판넬을 떠서 밑길이에 맞추어서 낫칭으로 시술한다.

37. 중심부 가이드에 맞추어서 낫칭으로 선을 만들면서 시술한다.

38. 반대쪽도 동일한 방법으로 시술한다.

39~40. B.P~N.B.P를 연결하여 튀어나온 모발을 제거한다. 중심부는 세로로 판넬을 뜨고, 양쪽은 사선으로 판넬을 뜬다.

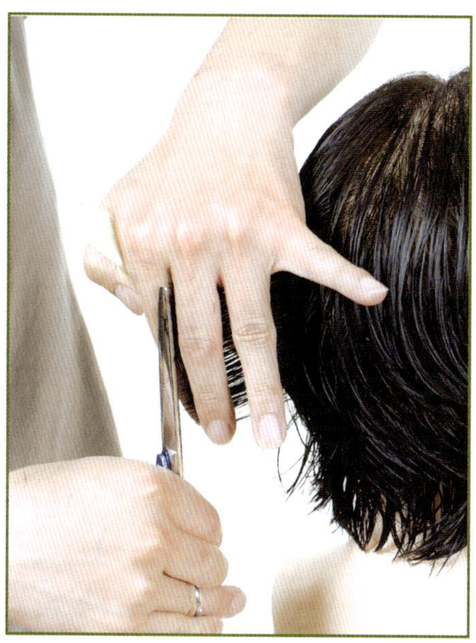

곡면의 함몰된 부분은 사선으로 판넬을 잡고 시술한다.

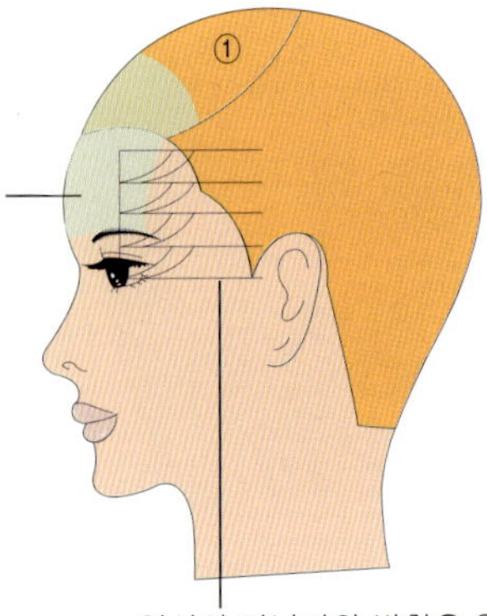

41~45. 앞머리 표정 만들기.
전두부의 모발이 나기 시작하는 부분은 모류가 들떠 있어서 짧은 모발은 모류가 흐르는 반대쪽으로 틴닝을 사선으로 넣어서 C커브를 그리면서 앞머리 전체의 모발을 나누어서 질감처리하고 모류보정을 하면서 흐르는 선을 예쁘게 떨어지게 시술한다.

46~49. 떨어지는 선을 자연스럽게 하기 위해 E.P까지의 모발을 2cm만 앞쪽으로 당겨서 틴닝을 모발이 위가 짧게 사선으로 세 번에 나누어서 시술한다.

50. E.P에 남겨진 모발은 다시 뒤쪽으로 당겨서 틴닝을 넣어준다.

모류가 흐르는 반대쪽으로 틴닝을 사선으로 넣고, C 커브를 그리면서 모발의 길이를 섞는다.

51~55. C.P~T.P까지를 그래쥬에이션 으로 판넬을 잡고 모발의 끝부분 8cm지점부터 세 번에 나누어서 C 커브를 그리면서 틴닝을 넣어준다. 이렇게 함으로써 자연스런 볼륨을 얻을 수 있고 앞머리에 일직선의 느낌을 연출할 수 있다.

56~60. 옆선 만들기

귀를 중심으로 모발이 있는 형태 그대로 2cm씩 떠서 모발을 나눈 후 S.C.P와 E.P가이드 설정 후 일반시술각 90˚로 연결 후 E.B.P모발은 앞쪽으로 두피에 밀착하여 당긴 후 E.P 모발에 맞추어 뒷 모발부터 낫칭으로 커트하여 연결한다.

옆선을 시술하기 위해서 모발이 나는대는 2~3cm씩 모발을 나누어 놓고 옆선을 시술하면 쉽게 연출할 수 있다.

61~63. 선을 연결한 후 모발을 내리면 모발이 접히는 부분은 선에 맞추어서 낫칭 커트한다.

63~65. 반대편도 동일한 방법으로 시술한다.

66~68. 모류보정, 골격보정, 모량제거를 위해 모발을 앞쪽으로 당긴 후 틴닝으로 시술한다.

69. 그 외의 모발은 아웃컬로 틴닝을 넣는다.

70~71. 반대편도 동일한 방법으로 시술한다.

72~75. 빗질하여 무거운 선은 모발을 나눈 후 틴닝을 세 번에 나누어 시술한다.

4. 상고 1

밑머리는 깔끔한 피부색을 윗부분의 모발은 U라인을 만들어주고 모가 나지 않게 그라데이션 색깔로 삼색조화가 잘 이루어지면서 멋진 스타일을 연출할 수 있다.

중년 남성의 남성스러움을 표현한 스타일이기도 하며 입체감과 얼굴형의 U라인의 그대로 표현한 헤어스타일이므로 누구에게나 잘 어울리는 헤어스타일이다.

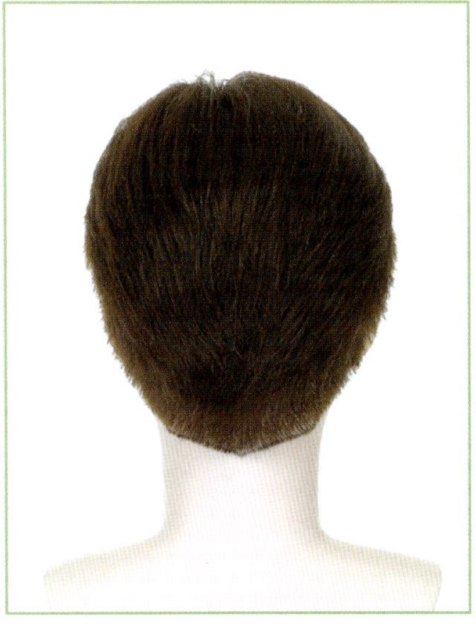

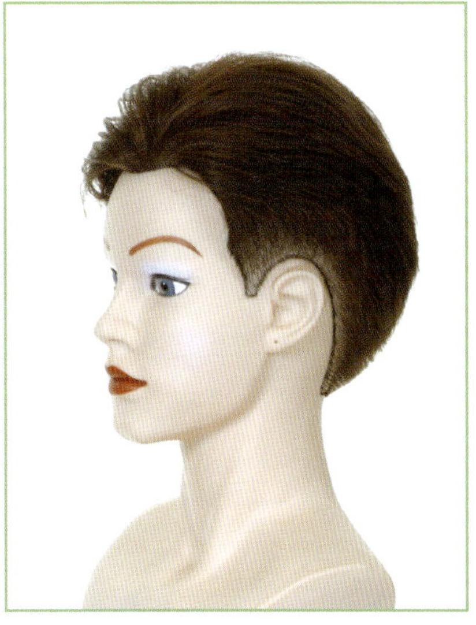

1) 특 징

짧은 모발은 모발의 힘이 다른 길이를 섞어 놓아야만 드라이한 것처럼 외형의 형태가 뭉치지 않고, 자연스러운 커트선을 연출 할 수 있다. 곡면의 영역을 나누어 질감처리 한 후, 모발의 검정색, 머리카락이 전혀보이지 않은 피부색, 피부색과 검정색을 자연스럽게 연결되는 그라데이션된 색깔의 삼색조화를 이루어야만 상고스타일을 잘 연출 했다고 할 수 있다.

2) 시술순서

① 두상영역을 세로존으로 나누어서 틴닝으로 질감 처리한다.
U라인 아래의 영역은 일반시술각 90°로 U라인 영역은 일반시술각 90°로 질감처리를 먼저 시술한다.

② 전두부 C.L부터 시작하여 가이드를 설정한 후 일반시술각 90°로 시술한다.

③ 후중부, 측두부영역은 일반시술각 90°로 시술한다. 이때 곡면이 들어간 부분은 사선으로 판넬을 떠서 시술한다.

④ 측두부 아래와 후하부영역에는 90°로 선을 만들고(U라인) 다음은 빗을 그래쥬에이션 형태로 시술하고 맨 밑 모발(머리카락이 나기시작 점)은 클리퍼로 쳐올리기를 하여 깨끗한 피부색을 만든다.

⑤ 튀어나온 부분이나 선이 불안정한 부분은 체크하여 싱글링으로 마무리한다.

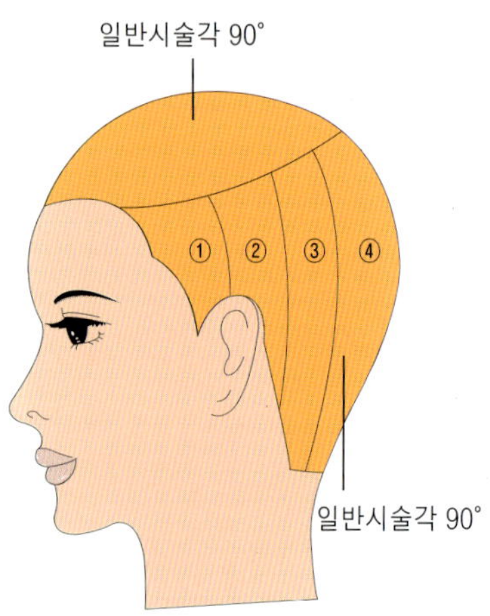

질감처리 할때 세로존으로 나누어서 G.P 아래는 자연시술각 90°, G.P 위는 일반시술각 90°로 시술한다.

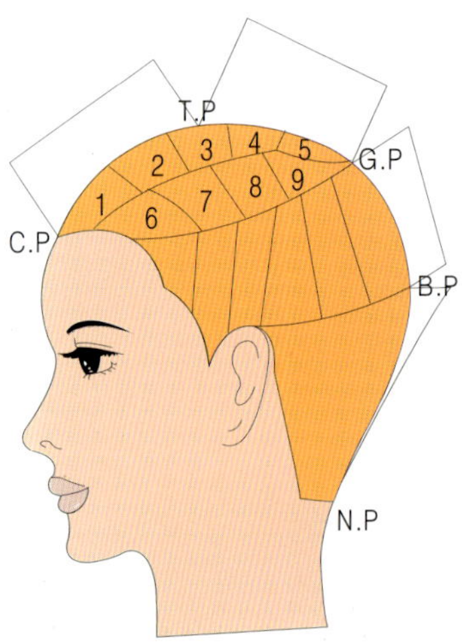

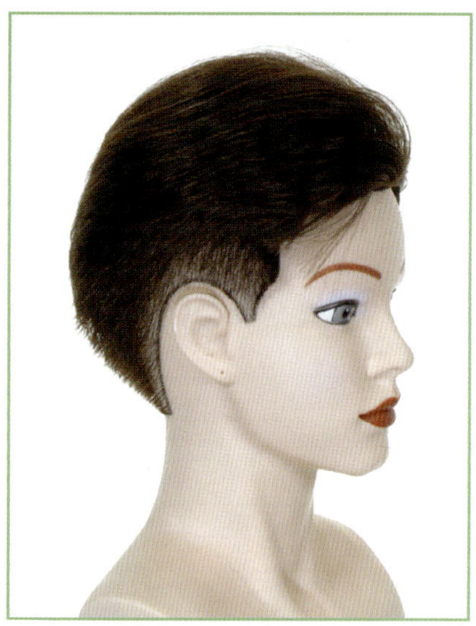

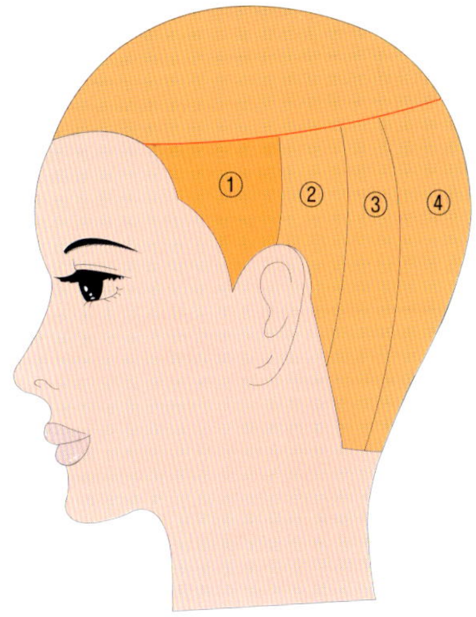

짧은 모발이라도 재커트 시술을 하지 않아야 하므로 두상을 세로존으로 나누어서 정확하게 질감처리해야 한다. 이때 질감처리를 하게되면 길이가 섞이게 되므로 서로의 모발의 융합이 자연스럽다.

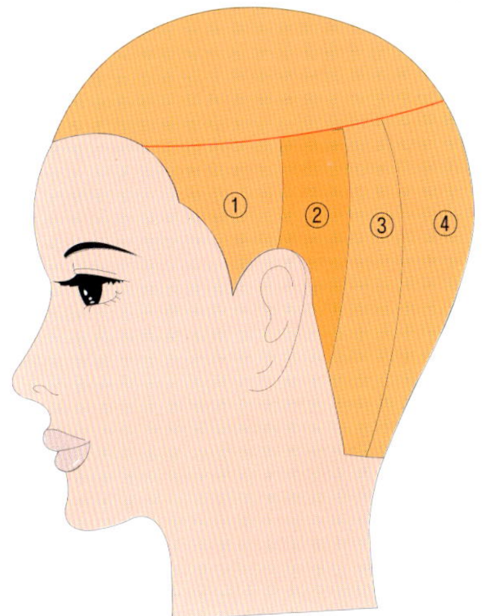

두상이 곡면체이므로 빗을 후대각으로 대고 빗등으로 틴닝가위로 시술한다.

1~5. 두상곡면을 세로존으로 나누어서 ①번 영역만 빗질을 하고 모발을 자연 시술각 90°로 끌어내어 틴닝가위로 1cm씩 간격을 두고 3번 시술한다.

6~10. ②번 영역을 빗질하여 2번 판넬만 떠서 질감처리 한다.
이때 모발의 판넬은 일반시술각 90°로 끌어낸다.

빗의 자세와 시술방법

모발이 길면 손가락이 자가 되지만 길이가 짧았을 경우에 빗을 자로 이용하여 남성 커트를 시술하여야 한다.

두상연장 스퀘어(일반시술각 90°)
(틴닝사용의 경우 무난한 모발)

두상을 자연스럽게 연장하며 제일 많이 활용한다. 선을 만들때 이용하기도 한다.

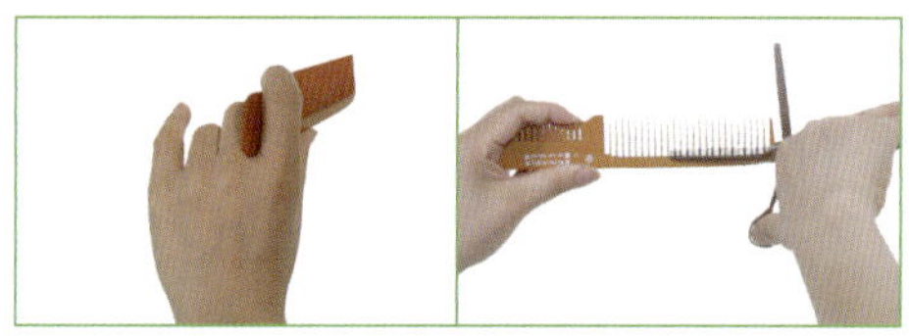

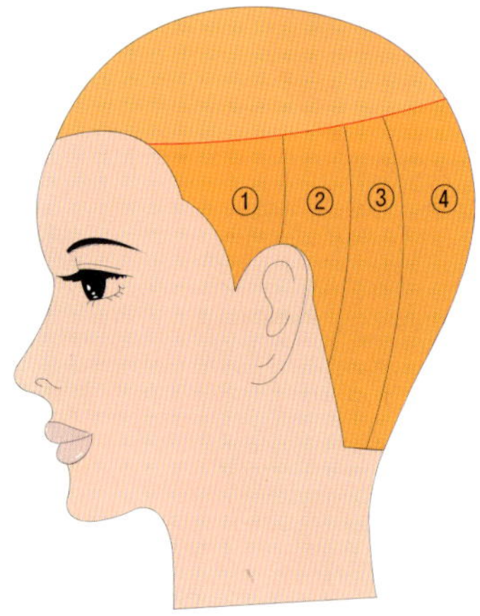

11~12. ③번 영역을 빗질하여 일반시술각 90°로 틴닝처리한다. 리듬을 타면서 빗과 가위로 판넬을 이동시킨다.
13~15. ④번영역을 빗질하여 일반시술각 90°로 틴닝처리한다. 이때 C.L을 잘 잡아서 좌우의 밸런스를 맞춘다.
16~20. 반대쪽도 ①번 영역, ②번 영역, ③번 영역, ④번 영역을 차례로 이동해 가면서 일반시술각 90°로 시술한다.

짧은 모발은 시술이 전두부 영역부터인데 한 판넬의 중심부가 짧게 되므로 가르마에서 2~3cm씩 양쪽에서 모발을 떠서 G.P까지 시술후 본래의 가르마 상태로 보낸후 U라인 영역까지를 중심부 모발에 맞추어서 시술한다.

21. U라인 영역은 가르마에서 2~3cm를 이동하여 한 판넬을 뜬다.
22. 길이를 10cm를 결정하면 그 길이에 반(5cm)부터 틴닝을 넣을 계산을 한다.
23~25. 5cm부터 1cm 간격을 3번에 나누어서 틴닝을 시술한다.
26~28. U라인을 유니폼레이어로 시술한다.
29~30. B.P~G.P 수직섹션에 온더베이스로 일반 시술각 90°로 시술한다.
E.P쪽에서 두상이 기우는 쪽은 사선으로 파팅을 뜬다.

31~34. B.P~G.P 사선과 세로섹션으로 일반 시술각 90° 로 시술한다.
두상이 함몰된 부분은 사선베이스를 뜬다.

35. 빗등과 눈썹선과 나란히 하여 선을 만들 준비를 한다.

36~40. ①번 영역을 후대각 20° 기울기로 빗을 일반 시술각 90° 로 하여 클리퍼를 빗등에 대고 모발을 커트하여 검정선을 만든다.

* 주의사항
선을 만들 때는 빗을 4cm을 이동해 가면서 선을 만들고 더 이상의 모발은 자르지 않는다.

41

42
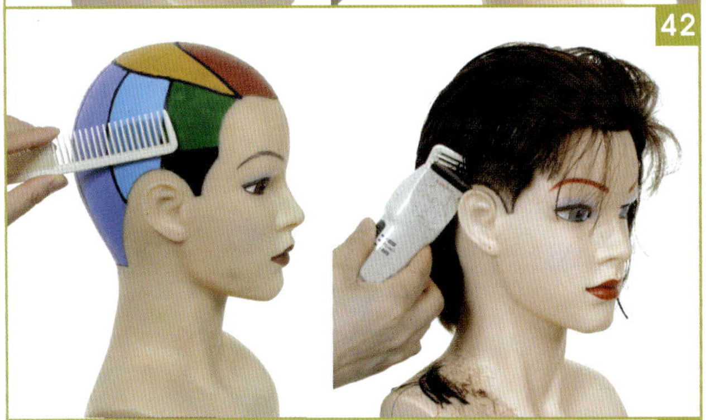

43
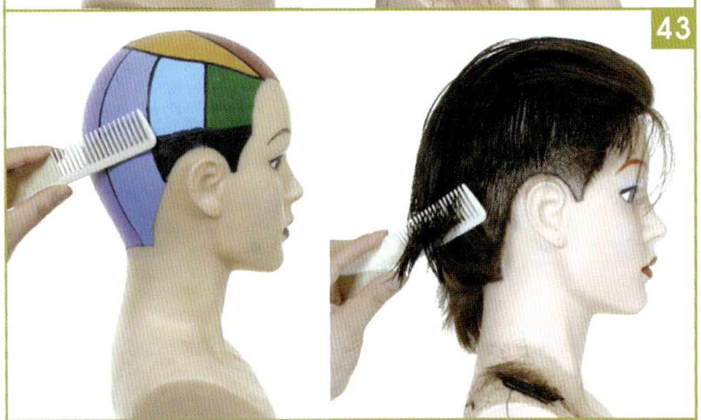

44
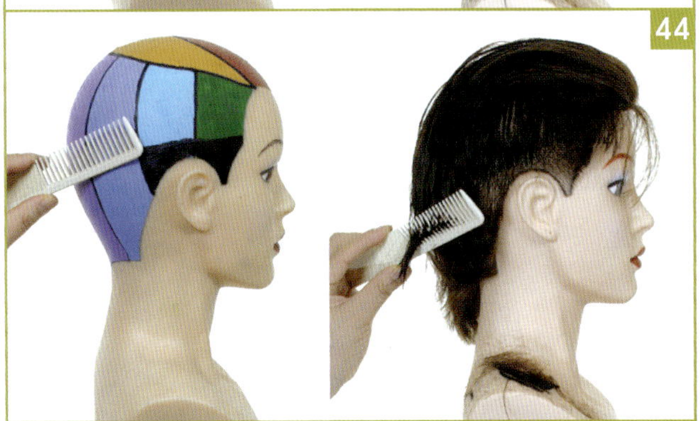

45
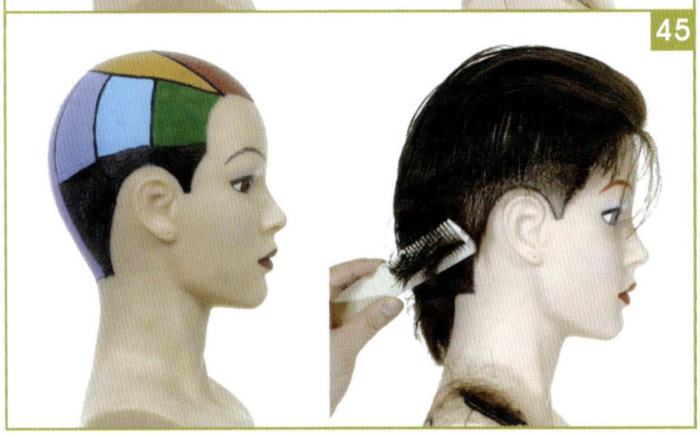

41. ②번 영역에서 일반 시술각 90°로 빗을 대어 선을 만든후 빗을 그래쥬에이션으로 빗을 대어 검정 짧게 시술한다.
42. 머리카락 나기 시작점은 빗으로 시술각을 시술시 빗등길이 만큼은 길어지기 때문에 빗끝을 두피에 대고 클리퍼를 45°로 기울려서 시술한다.
43~44. ②번 영역에서 가이드를 찾아 ③번 영역에서 일반 시술각 90°로 선을 만들고 그래쥬에이션으로 빗을 대어 점점 짧게 시술한다.
선을 만드는 곳부터 시작하여 빗이 점점 그래쥬에이션 형태로 5번 정도 반복하면 모발이 나기 시작점까지 시술하게 된다.

* 클러퍼 시술시
빗등에다 대고 한쪽면만 클리퍼를 사용하여야만 원하는 모발을 커트할 수 있다. 다 사용하게 되면 원하지 않은 모발까지 잘려 나가기 때문에 한쪽면만 사용해야 한다.

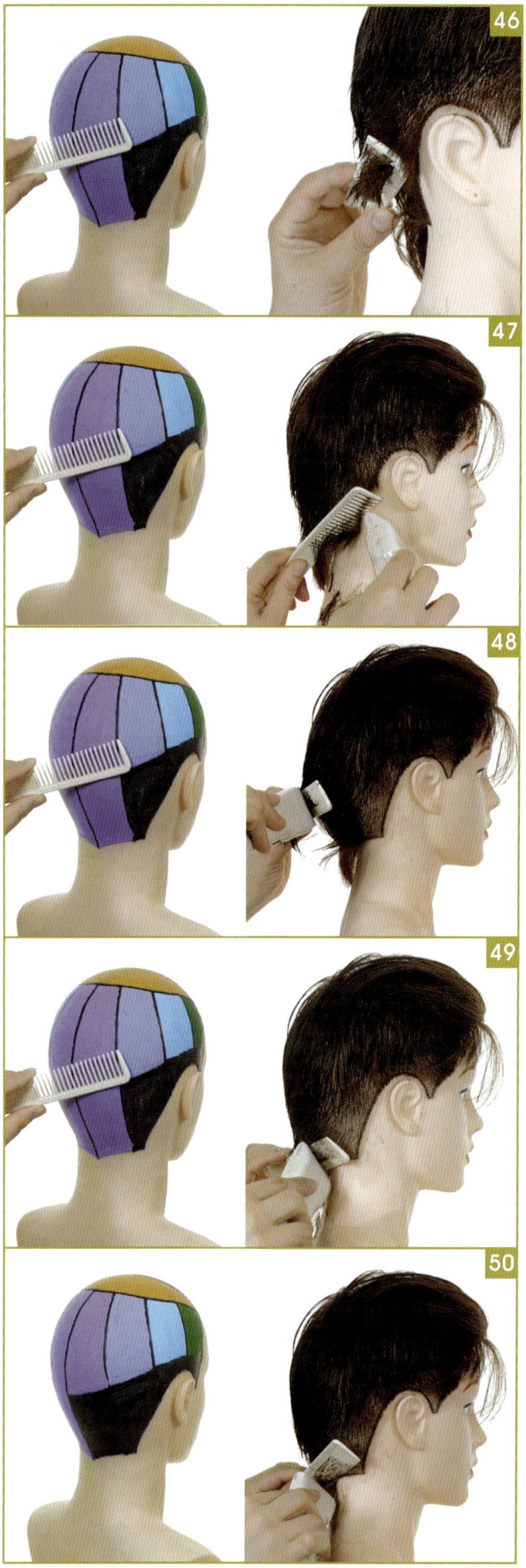

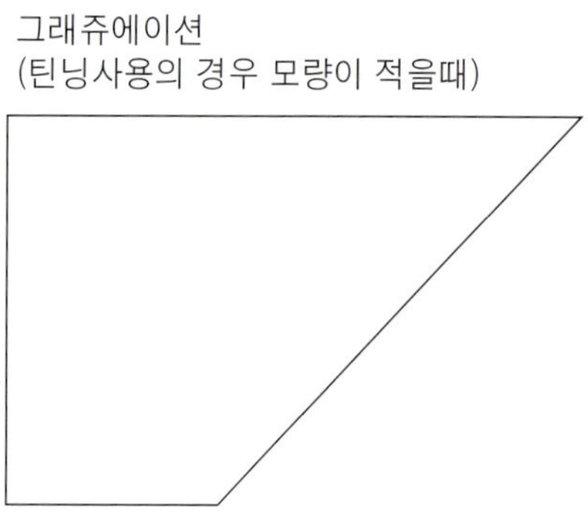

윗머리가 길고 아랫머리가 짧게 컷을 한 형태이다. 볼륨을 주고자 할때 함몰되어 있는 골격을 보정할 때사용된다.

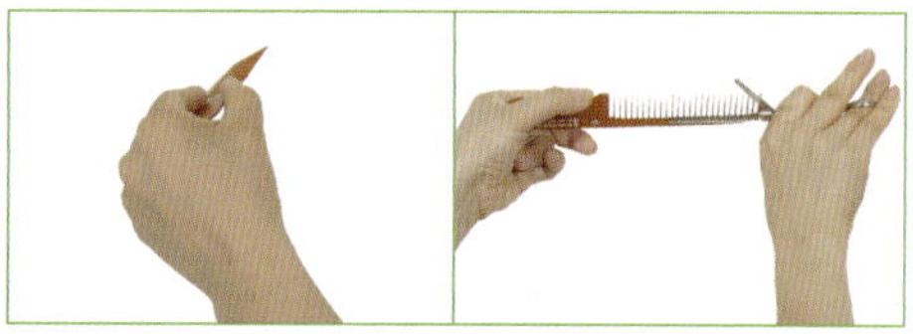

빗을 그래쥬에이션 형태로 잡고 빗등에 고정날을 대고 시술하게 되면 밑모발이 짧고 윗모발이 길어지게 커트한다.

46. 그래쥬에이션 상태로 빗을 댈때 모발이 나기 시작점에서 빗을 대어 주어야 한다.
47. 모발이 나기 시작점은 빗등만큼 잘리지 않으므로 두피면에는 빗살끝을 두피면에 대어 시술각을 조절한다.
48. ③번 영역에서 나온 가이드를 번 영역에서 연결하여 U라인을 만든다.
49~50. 선이 만들어지면 점점 짧아지게 빗을 그래쥬에이션 상태로 연결하여 그라데이션 상태를 만든다.

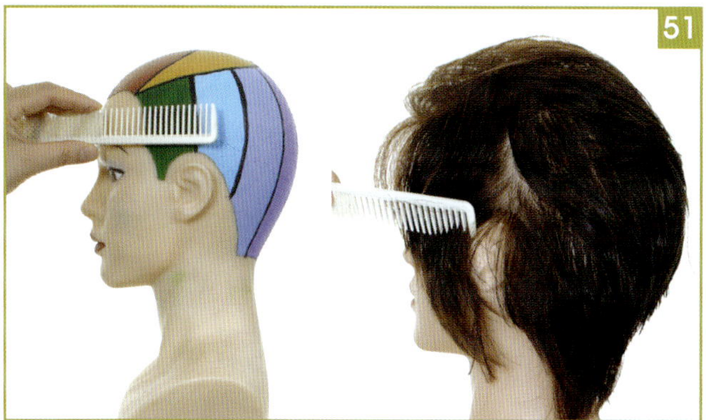

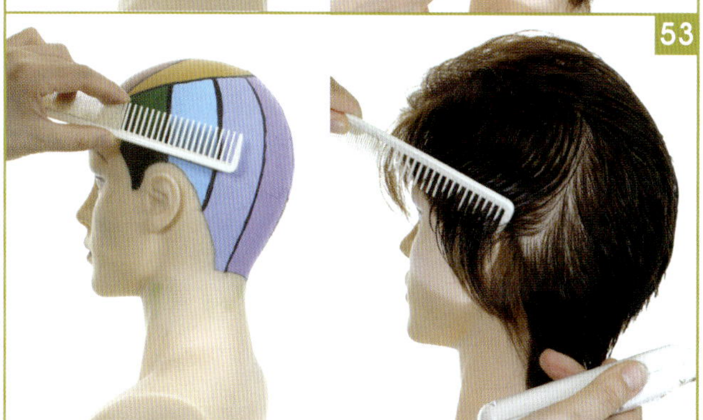

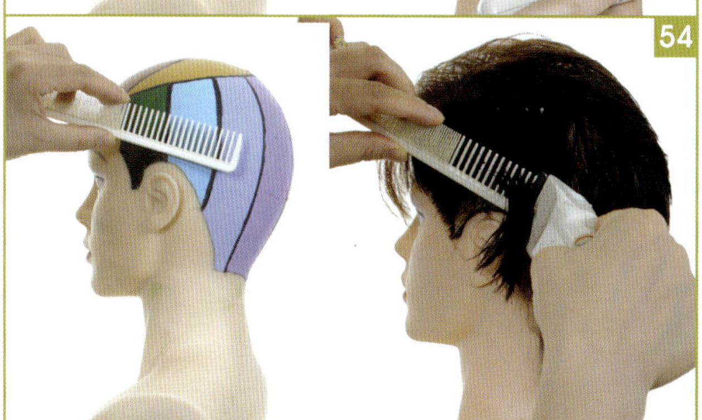

51. ①번 영역까지만 빗질하여 빗을 일반 시술각 90°로 대어 선을 만들기 시작한다.
52. 두피면에서 빗등만큼 길어지기 때문에 빗살끝을 두피면에다 대고 시술각을 조절하여 클리퍼로 시술한다.
53. ②번 영역까지만 빗질한다.
54. ②번 영역을 ①번 영역에서 나온 가이드에 맞추어서 일반 시술각 90°로 선을 만든다.
55. 점점 짧아지게 그래쥬에이션 상태로 빗을 대어 자르고 그라데이션을 시술한다.

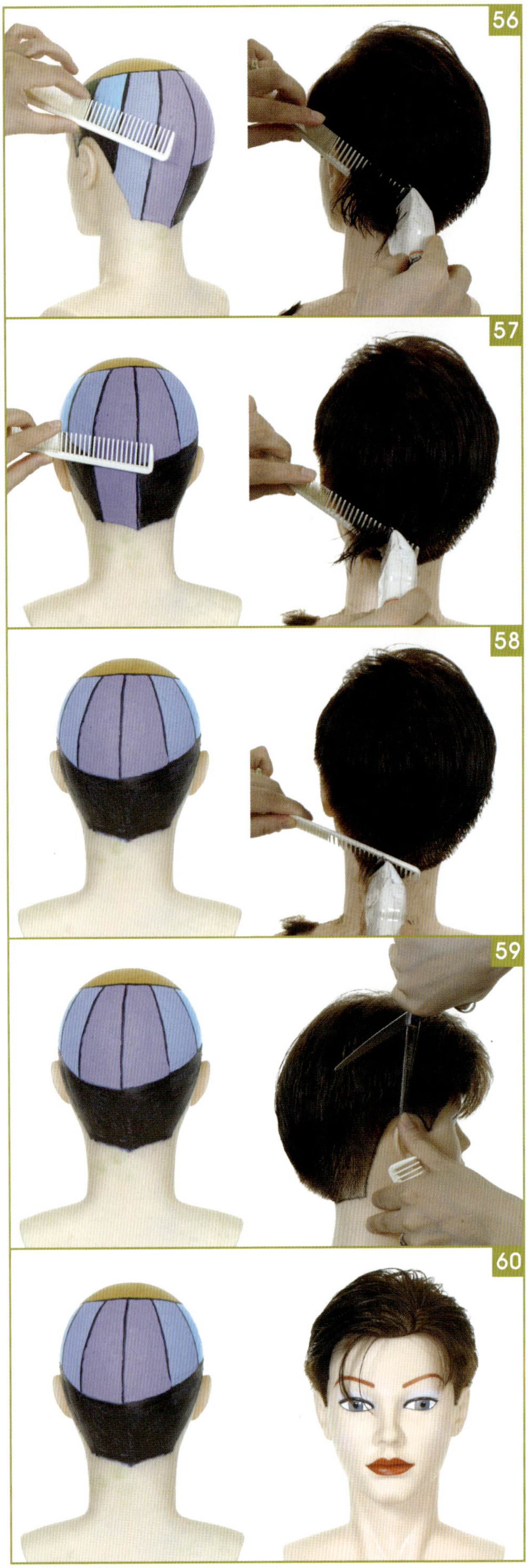

56. ②번 영역에서 가이드를 선택하여 일반 시술각 90°로 ③번 영역에 선을 만든다.
57. 점점 짧게 빗을 그래쥬에이션으로 옮겨가면서 시술한다.
58. 빗등만큼 모발이 길어지므로 두피면에는 빗살끝을 대고 시술각을 조절한다.
59. 가위날을 고정하고 튀어나온 곳은 커트하는 싱글링으로 시술한다.
60. 시술해 놓은 상태이다.

5. 상고변형 2

옆선을 남기면서 연출하며, 옆선과 후하부에 떨어지는 모류가 예쁠 때 시술해주면 멋있는 스타일을 연출할 수 있다. 디자인을 설정한 후 필요한 영역에 모발을 남기고 밑머리가 짧고 윗머리가 길게 커트된 형태이고 가이드와의 사이는 디스커넥션 커트이다.

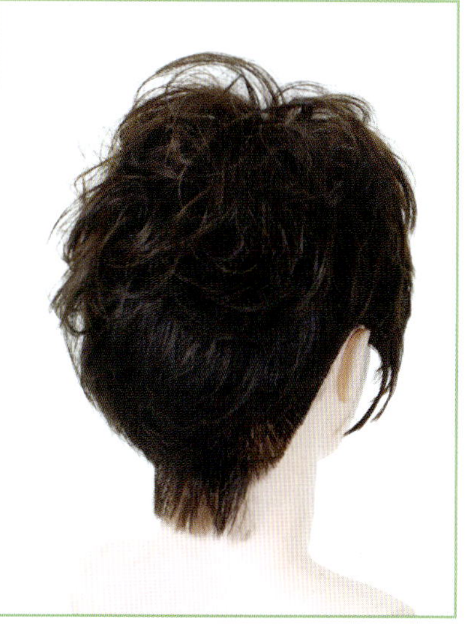

1) 특 징

앞머리 길이를 짧게 하고 시원하게 얼굴을 드러내고 싶을 때 고객이 원하는 만큼의 길이와 옆선과 후중부의 이미지로 약간의 변화를 주면서 시술하여 멋진 마무리로 부드러움을 연출할 수 있다.

2) 시술순서

① T존 영역의 파팅에 모발을 떠서 따로 둔다.
② T존 영역과 B.P를 삼각형 원형을 이루면서 파팅을 뜬다.
③ 파팅을 제외하고 앞머리 폭을(F.S.P~F.S.P) 떠서 일직선의 선을 만든다.
④ 파팅을 제외한 부분을 그래쥬에이션 형태로 윗 모발부터 아랫모발을 짧게 클리퍼로 시술한다.
⑤ 앞머리와 T.P모발을 디스커넥션으로 그래쥬에이션형태로 연결하여 커트한다.
⑥ 후중부에 있는 모발도 파팅선과 디스커넥션 상태로 시술한다.
⑦ 질감 처리한다.

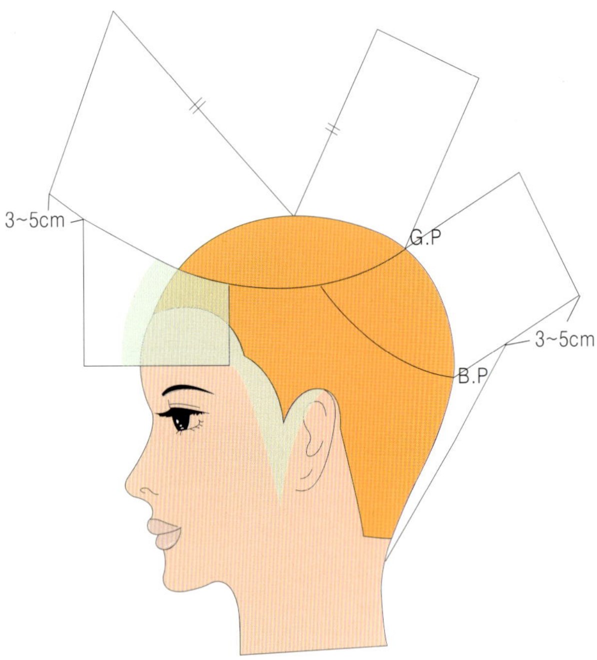

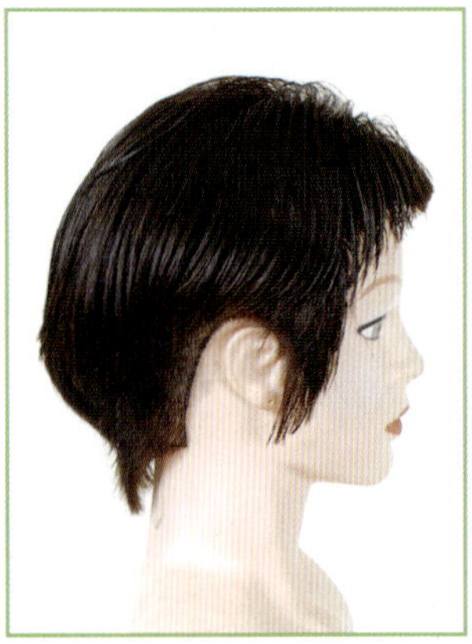

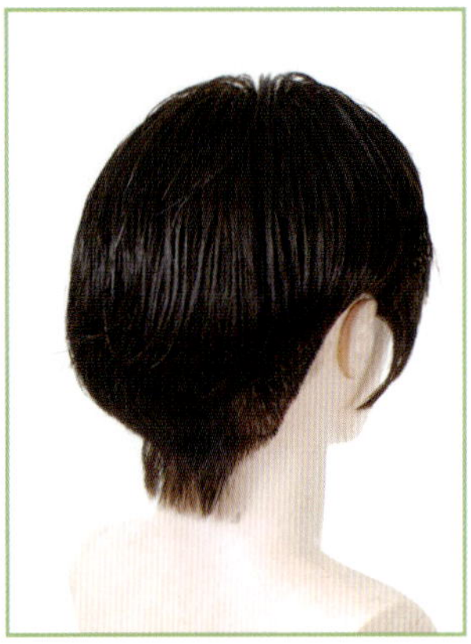

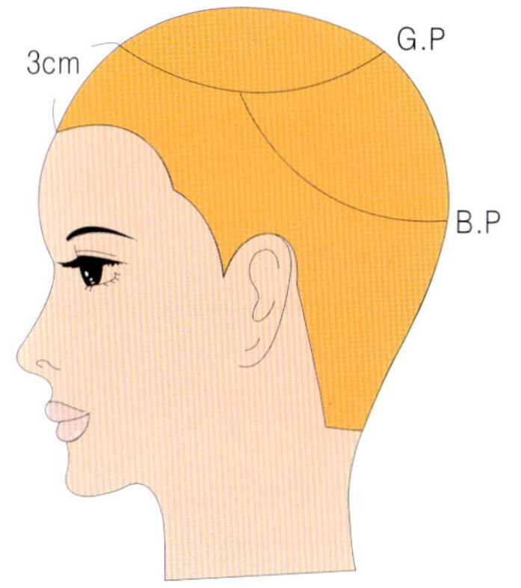

디자인 설정에 따라 길게 표현하고 싶은 부분에는 파팅을 따로 떠 놓는다.

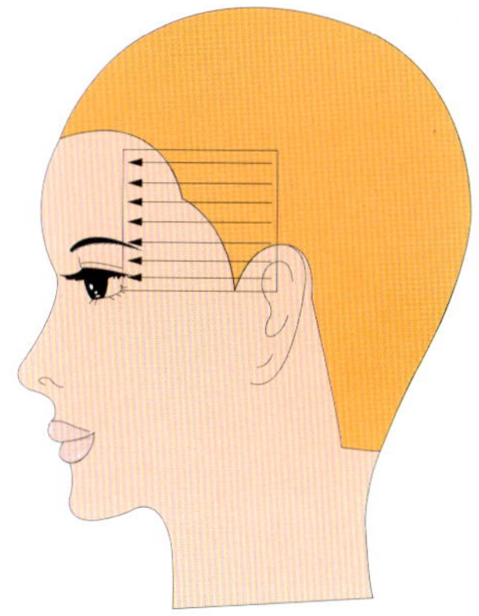

앞머리 가이드에 맞추어서 수직으로 연결한다.

1. T존 영역을 파팅을 뜬다.
2. T존 후상부영역에서 시작하여 B.P까지 삼각형을 그리면서 파팅을 뜬다.
3. 시술이 용이하게 하기위해 모발을 나누어 놓은 상태이다.
4. 앞머리폭(F.S.P~F.S.P)을 설정한 후 일직선으로 시술하기위해 자연시술각 0° 상태로 빗질한다.
5, 6. 시술각이 생기지 않게 하기위해 판넬을 잡은 안쪽으로 가위를 넣어 일직선으로 커트한다.
7~10. 앞머리 가이드에 맞춰 옆머리를 자연시술각 90°로 커트한다.

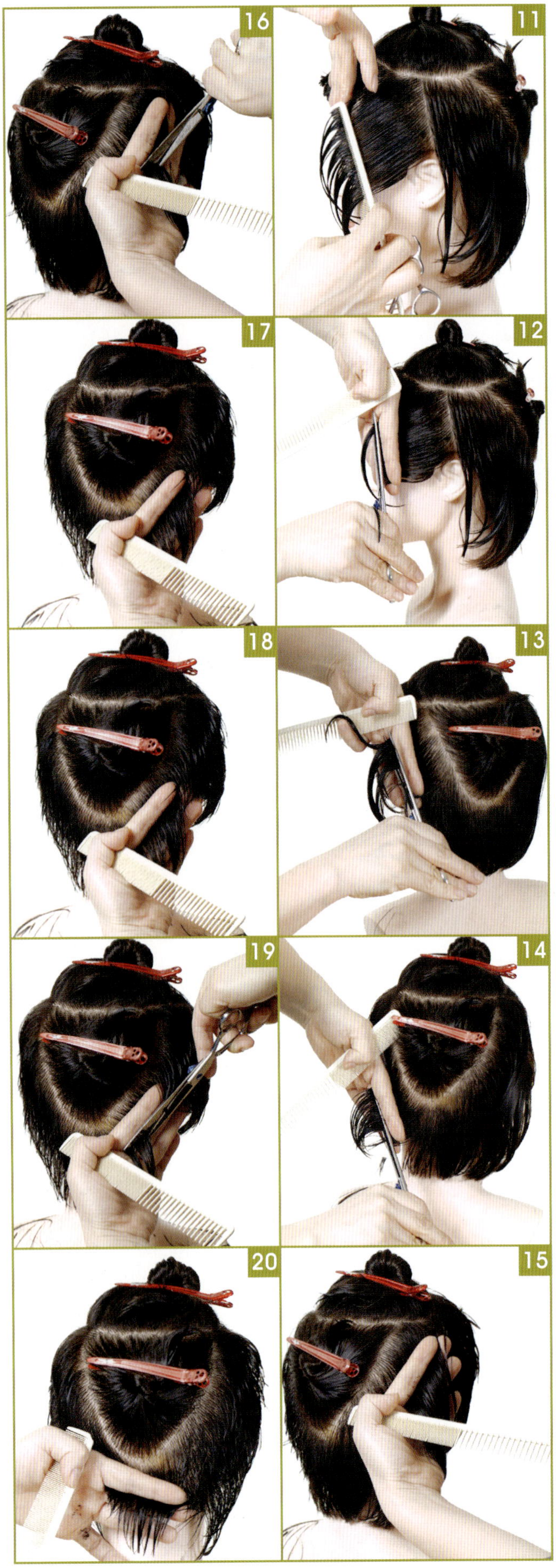

11, 12. 앞으로 모발을 끌어당겨서 시술 후 다시 한 판넬의 중간정도에서 시술한다.

13~20. 파팅을 나눈 것을 그대로 연장하여 파팅하고 손가락과 평행하게 파팅을 따라 시술하면서 밑모발의 파팅의 선을 시술한다.

E.P에서 모발을 앞쪽으로 빗질하여 일직선으로 시술한다. 이때 낫칭으로 시술하면 훨씬 자연스럽다.

22, 23. 밑 부분을 깔끔하게 정리하고 싶으므로 빗을 그라데이션으로 대고 시술한다. 전대각으로 빗을 대고 시술하고 S.C.P의 모발을 남긴다.

24. 빗등만큼 잘리지 않은 모발을 제거하기 위해 빗살을 두피면에 대고 시술한다.

25, 26. 밑모발을 짧게 하기 위해서 빗을 그래쥬에이션 형태로 대고 클리퍼로 시술한다.

27. 빗등만큼 모발이 잘리지 않으므로 빗살을 두피에 45°로 대어 클리퍼로 시술한다.

28~30. 다음 판넬도 옮겨서 빗을 45°로 대고 클리퍼로 시술 후 빗살을 두피에 대고 커트한다.

* 파팅을 따라 선이 정해지면 빗을 그래쥬에이션 형태로 잡고 밑모발이 짧고 윗모발이 길어지게 시술한다. 이때 빗등에 클리퍼 끝은 대고 클리퍼를 사선으로 잡고 튀어나온 모발을 커트하며 된다.

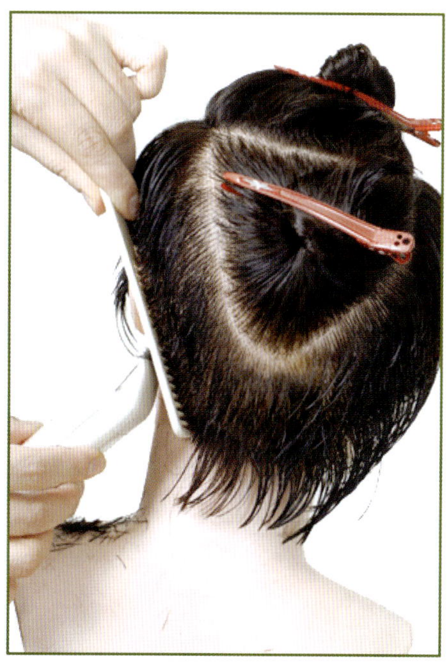

3cm 이하의 모발을 빗이 자가되게 시술하는데 빗등만큼 모발이 잘리지 않으므로 빗살을 두피에 대고 시술각을 조절하여 커트한다.

31, 32. 빗을 전대각으로 대고 시술각은 90°로 커트한다.

33. 빗살을 두피에 대고 잘리지 않은 모발을 클리퍼로 제거한다.

34. 밑모발을 짧게 하기 위해 그래쥬에이션으로 빗을 대고 시술한다.

35, 36. 빗살을 두피에 대고 머리가 나기 시작전의 모발을 제거한다.

37. 클리퍼를 밑에서 위로 C커브를 그리기 위해서 잡는다.

38. 다음 모발을 동일한 방법으로 시술한다.

39, 40. 앞의 모발이 모류가 강하기 때문에 틴닝을 사선으로 잡고 세 번에 나누어서 시술하면 일직선으로 떨어지는 자연스러움을 연출할 수 있다.

모류방향대로 모발이 뜰려고 하는 성질이 있기 때문에 길이를 다르게 하여 성질을 섞어야 하므로 틴닝을 사선으로 대고 사선으로 시술한다.

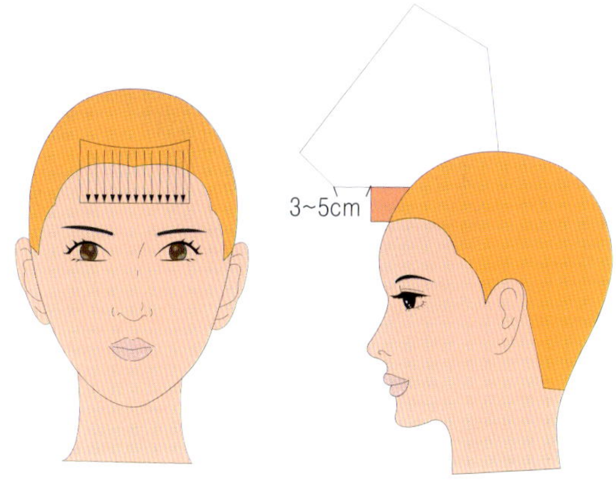

모발의 길이가 짧아지면 모발이 일어서려고 하는 성질이 강해진다. 모발의 나기 시작점의 모류를 보정하고 사선으로 틴닝을 넣어준다.

41~43. 틴닝을 사선으로 대고 모량을 제거하면서 모발의 길이를 섞어 놓는다.

44~50. 앞머리의 길이 가이드와 T.P길이가이드를 연결한다. 앞머리 길이보다 3~5cm길게 디스커넥션 상태에서 T.P와 연결한다(시술순서는 위의 그림과 같다). 길이가이드의 형태를 갖춘 후 6cm보다 짧은 곳에서 그래쥬에이션 틴닝을 세 번에 나누어서 넣어준다.

안으로 자연스런 볼륨을 주기위해 그래쥬에이션 틴닝을 3번에 나누어서 시술한다.

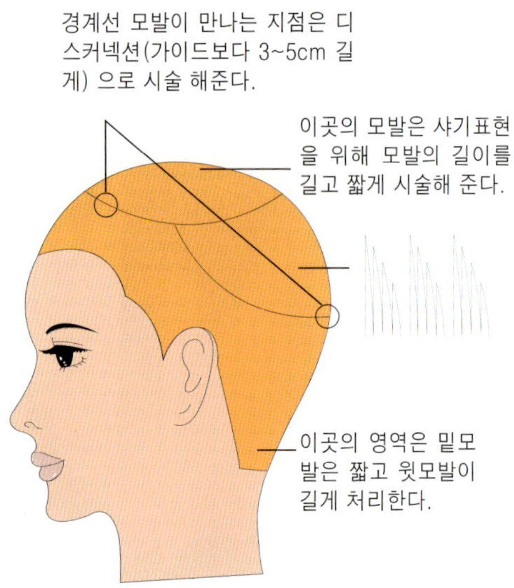

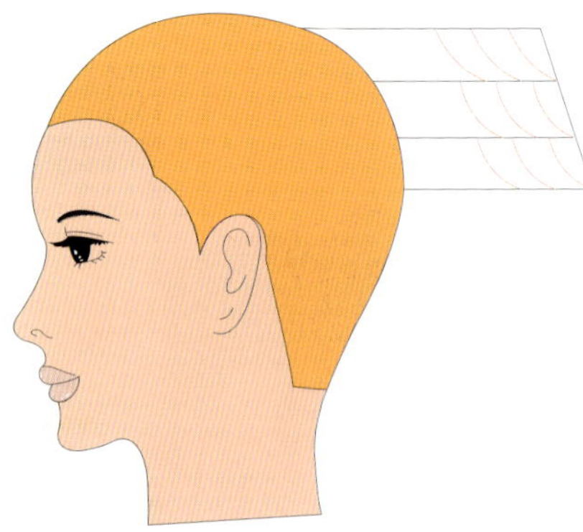

51~53. 골격의 보정을 위해 인크리스레이어 형태의 질감처리를 세 번에 나누어서 시술한다.

54, 55. 선을 벗어난 영역의 모발을 커트한다.

56~58. 골격보정을 위해 레이어 틴닝을 세 번에 나누어서 시술한다.

59, 60. 시술이 종료 된 상태이다.

6. 상고변형 3

옆선을 깔끔하게, 윗 모발은 길게 하고 아래모발은 깔끔하게 하여 원하는 스타일을 얻을 수 있다. 디자인을 설정한 후 필요한 영역에 모발을 남기고 밑머리가 짧고 윗머리가 길게 커트된 깔끔한 형태이고 가이드와 윗모발의 사이는 3~5cm 긴 디스커넥션으로 연결된 헤어스타일이다.

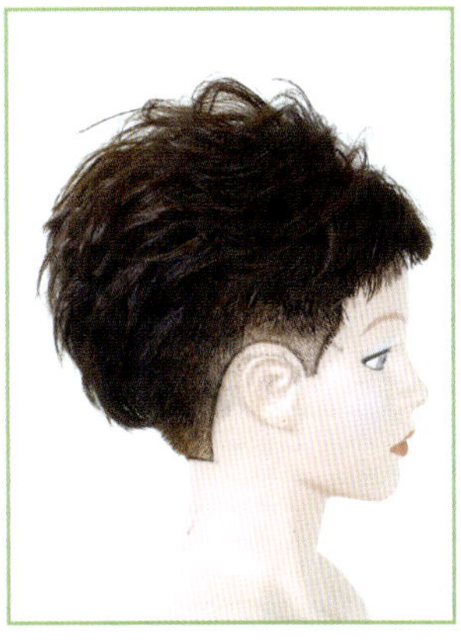
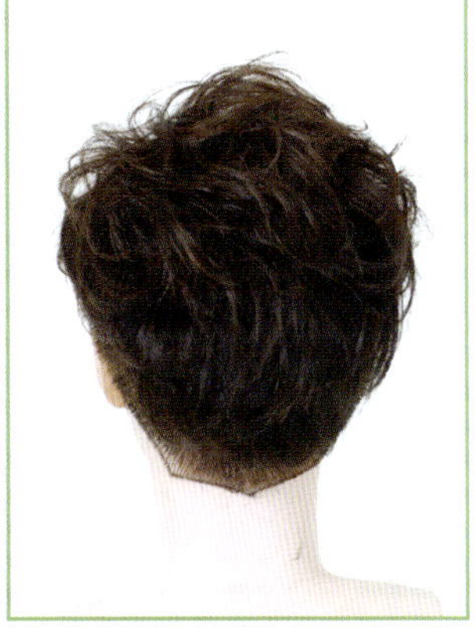

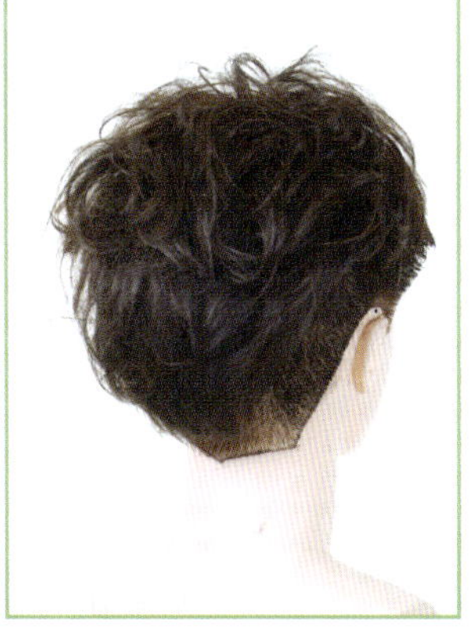

1) 특 징

앞머리 길이를 짧게 하고 시원하게 얼굴을 드러내고 싶을 때 고객이 원하는 만큼의 길이와 옆선과 후중부의 이미지로 약간의 변화를 주면서 시술하여 멋진 마무리로 부드러움을 연출할 수 있다.

2) 시술순서

① T존 영역의 파팅에 모발을 떠서 따로 둔다.
② T존 영역과 B.P를 삼각형 원형을 이루면서 파팅을 뜬다.
③ 파팅을 제외하고 앞머리 폭을(F.S.P~F.S.P) 떠서 일직선의 선을 만든다.
④ 파팅을 제외한 부분을 그래쥬에이션 형태로 윗 모발부터 아랫모발을 짧고 깔끔하게 클리퍼로 시술한다.
⑤ 앞머리와 T.P모발을 디스커넥션으로 그래쥬에이션형태로 연결하여 커트한다.
⑥ 후 중부에 있는 모발도 파팅선과 디스커넥션 상태로 시술한다.
⑦ 질감 처리한다.

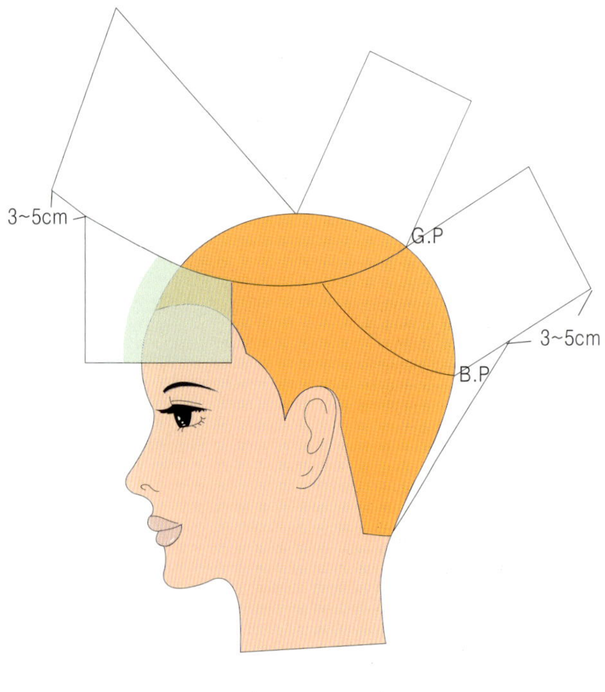

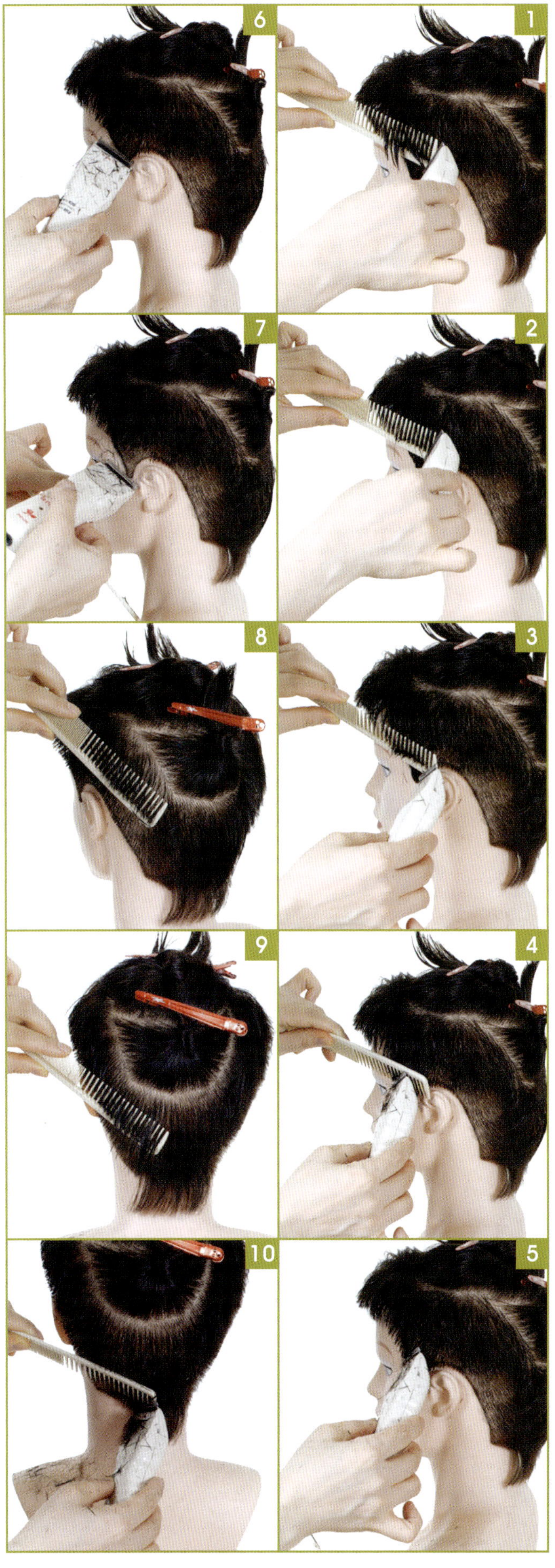

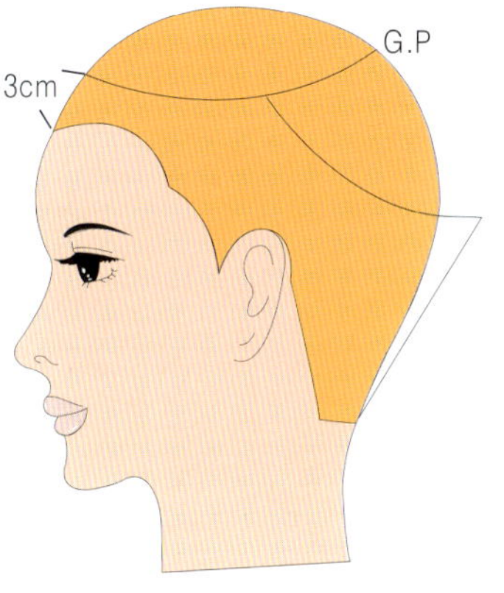

디자인 설정에 따라 길게 표현하고 싶은 부분은 따로 파팅을 나누어 놓은후 나머지 부분은 그라데이션 형태로 밑머리가 짧고 윗머리가 길어지게 시술한다.

1. 귀밑모발을 남기고 싶지 않을 때는 빗을 그래쥬에이션 상태로 대고 밑 모발을 클리퍼로 시술한다.
2, 3. 윗 가이드에 맞추어 다음도 그래쥬에이션 형태로 시술한다.
4. 빗등만큼 모발이 잘리지 않기 때문에 빗살을 두피에 대고 밑 모발을 깔끔하게 정리한다.
5, 6. 밑 모발이 잘리지 않는 부분은 클리퍼로 시술각을 조절하면서 깔끔하게 도려낸다.
7. 쳐올리기 테크닉으로 마무리, 깨끗한 피부색을 만든다.
8~10. 파팅선에 맞추어 밑머리가 짧게 그래쥬에이션 형태로 빗을 대고 클리퍼로 시술한다.

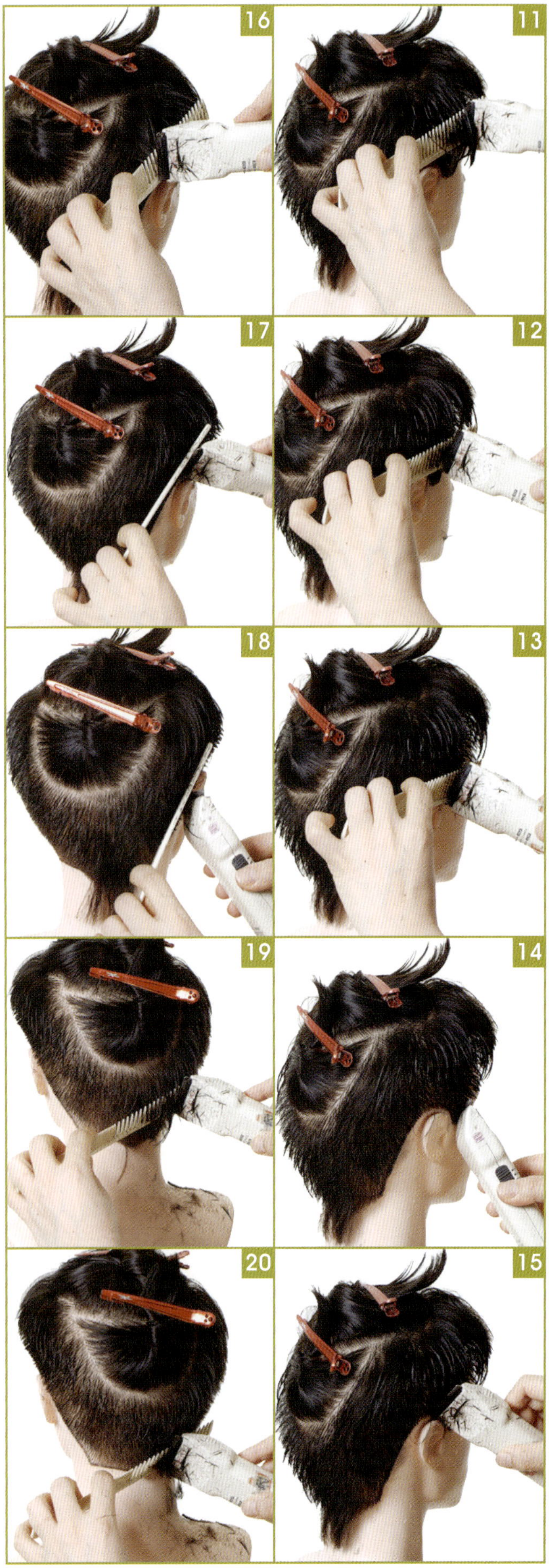

그래쥬에이션
(틴닝사용의 경우 모량이 적을때)

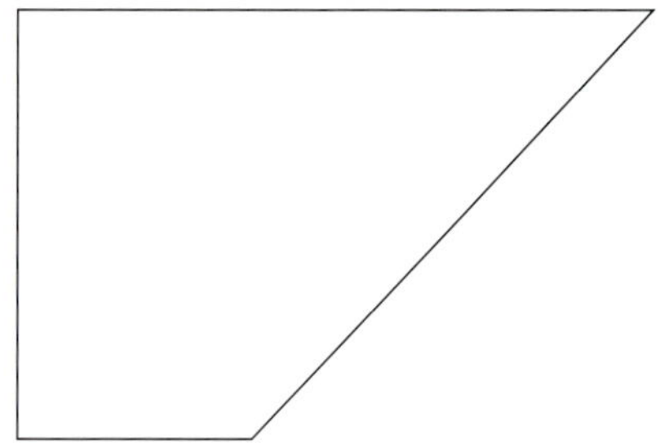

윗머리가 길고 아랫머리가 짧게 컷을 한 형태이다. 볼륨을 주고자 할때 함몰되어 있는 골격을 보정할 때사용된다.

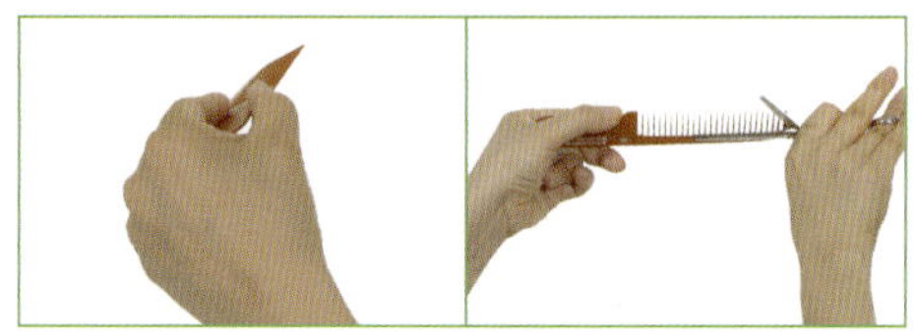

빗등에 고정날을 대고 유동날로 모발을 자른다.

11~13. 반대쪽도 동일한 방법으로 시술한다.

14, 15. 클리퍼로 C커브를 그리면서 시술각을 조절하고 모발을 도려낸다.

16~20. 파팅선에 맞추어서 밑머리가 짧게 그래쥬에이션 형태로 빗을 대고 클리퍼로 시술한다.

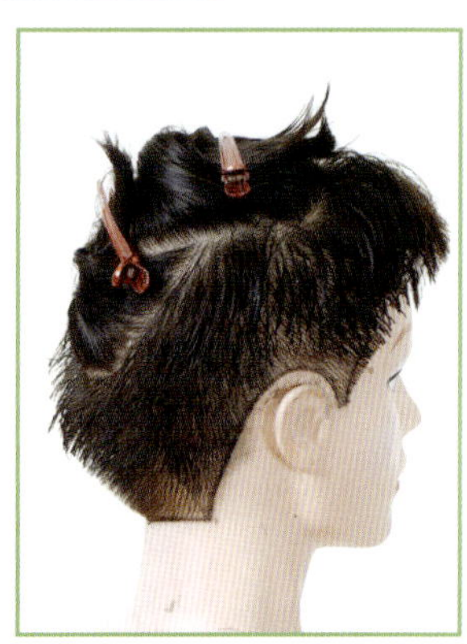

7. 스포츠(Square cut)

군인을 연상시키는 짧은 스타일이기 때문에 강하고 자신감이 있는 표현을 하는 스타일이다.

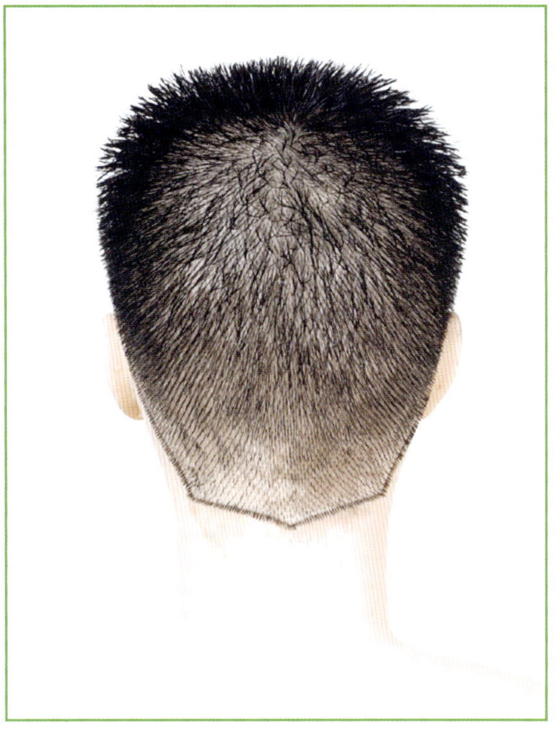

1) 특 징

하나의 박스형태(스퀘어)를 이루면서 두상곡면에 동일한 짧은 길이를 연결하고 후하부 영역은 그래쥬에이션 형태로 깔끔한 피부색을 만든다.

2) 시술순서

① U라인 영역에 후상부는 일반시술각 90°로 시술하고 전두부 영역은 자연시술각 90°로 빗을 이용하여 시술각을 조절하여 커트한다.
② F.S.P선 가이드에 빗을 자연시술각 90°로 대고 아래로 내려오면서 클리퍼로 시술한다.
③ U라인과 F.S.P 코너 사이드를 다시 한 번 일반시술각 90°로 연결한다.
④ 측두부의 중간 길이를 가이드로 설정하면 후 중부를 일반시술각 90°로 시술한다.
⑤ 후하부는 그래쥬에이션형태로 차츰 길이가 짧아지면서 깔끔한 피부색을 만든다.
⑥ 튀어나온 모발은 싱글링 테크닉으로 처리한다.

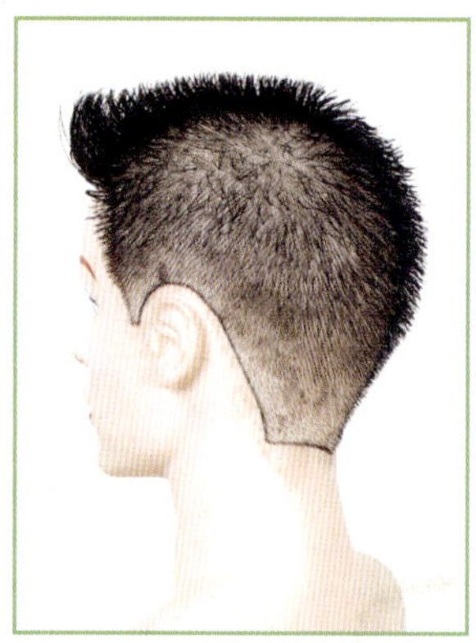

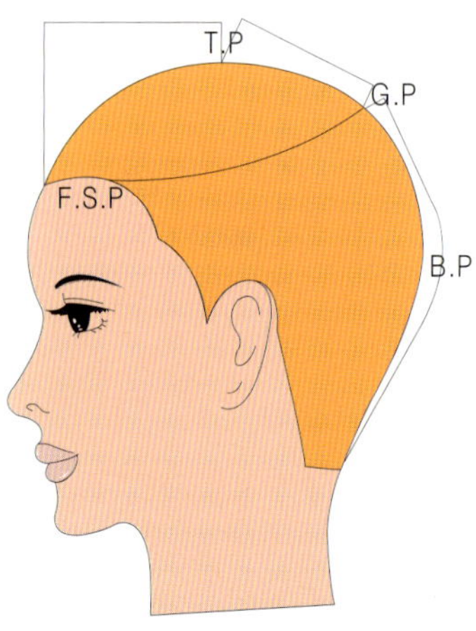

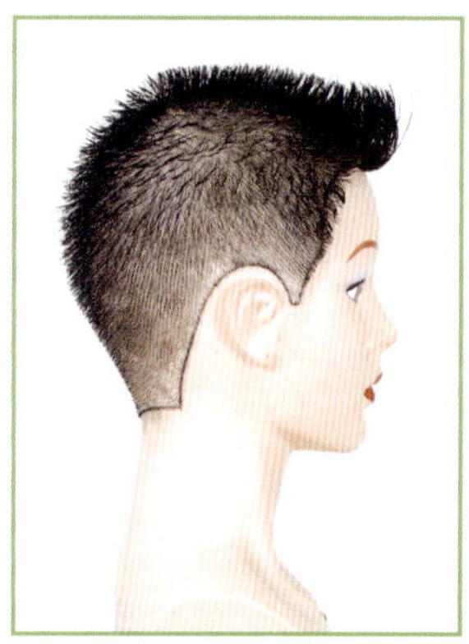

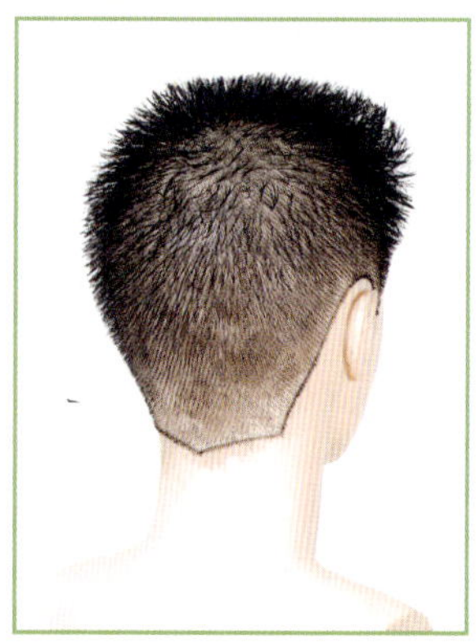

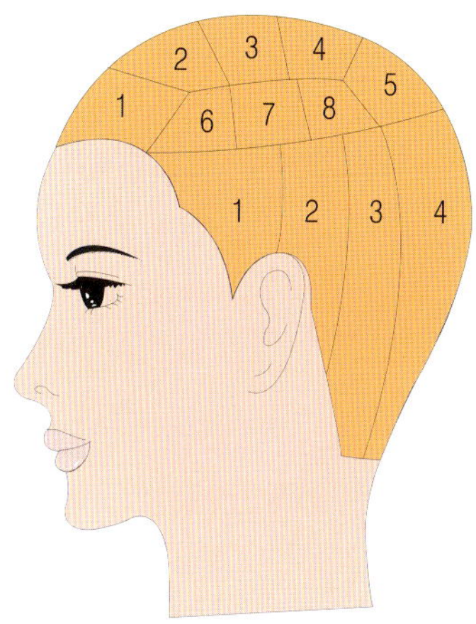

남성커트는 시술전에 틴닝을 먼저 넣어야 하는데 세로존으로 영역을 나누어서 빗등에 고정날을 고정시켜 주고 유동날을 움직여 가면서 시술한다.

1. 시술전
2. 두상을 세로존 영역으로 나누고 ①번 영역부터 자연시술각 90° 틴닝으로 질감처리한다.
3, 4. 세로존 ①번 영역을 빗등에다 고정날을 가위를 대고 유동날을 움직여서 틴닝으로 질감처리한다.
5~7. 세로존 ②, ③, ④번도 동일한 방법으로 모발을 빗질하여 자연시술각 90°로 밑모발부터 윗모발을 향해 틴닝으로 질감처리한다.
8, 9. 모발이 길면 빗으로 모발을 댈 수 없으므로 손가락으로 판넬을 잡고 긴 모발을 잘라낸다.
10. U라인 영역은 일반시술각 90°로 빗을 대고 틴닝으로 질감처리한다.

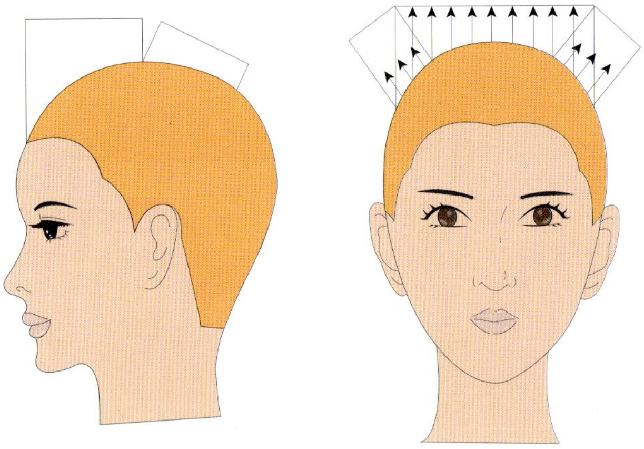

짧은모발은 두상이 제일 튀어나온 부분부터 모발이 떨어지기 시작하므로 이곳에서 가이드를 설정하여 시작한다.

11~15. G.P~T.P 사이는 가이드를 설정하여 빗을 일반시술각 90°로 대고 시술한 후 T.P부터 시작하여 U라인 영역을 자연시술각 90°로 일직선으로 빗을대고 클리퍼를 빗등에 사선을 댄후 모발을 커트한다.

16, 18. U라인 아래영역은 빗이 수직으로 시술하고 밑모발을 깔끔하게 피부색을 시술한다.

19. 깨끗한 피부색을 만들기 위해 클리퍼는 쳐올리기 테크닉으로 시술한다.

20. 모류를 다시한번 앞쪽으로 클리퍼를 시술한다.

21~25. U라인 아래영역과 아래영역의 코너부분을 제거하기 위해 일반시술각 90°로 시술한다.

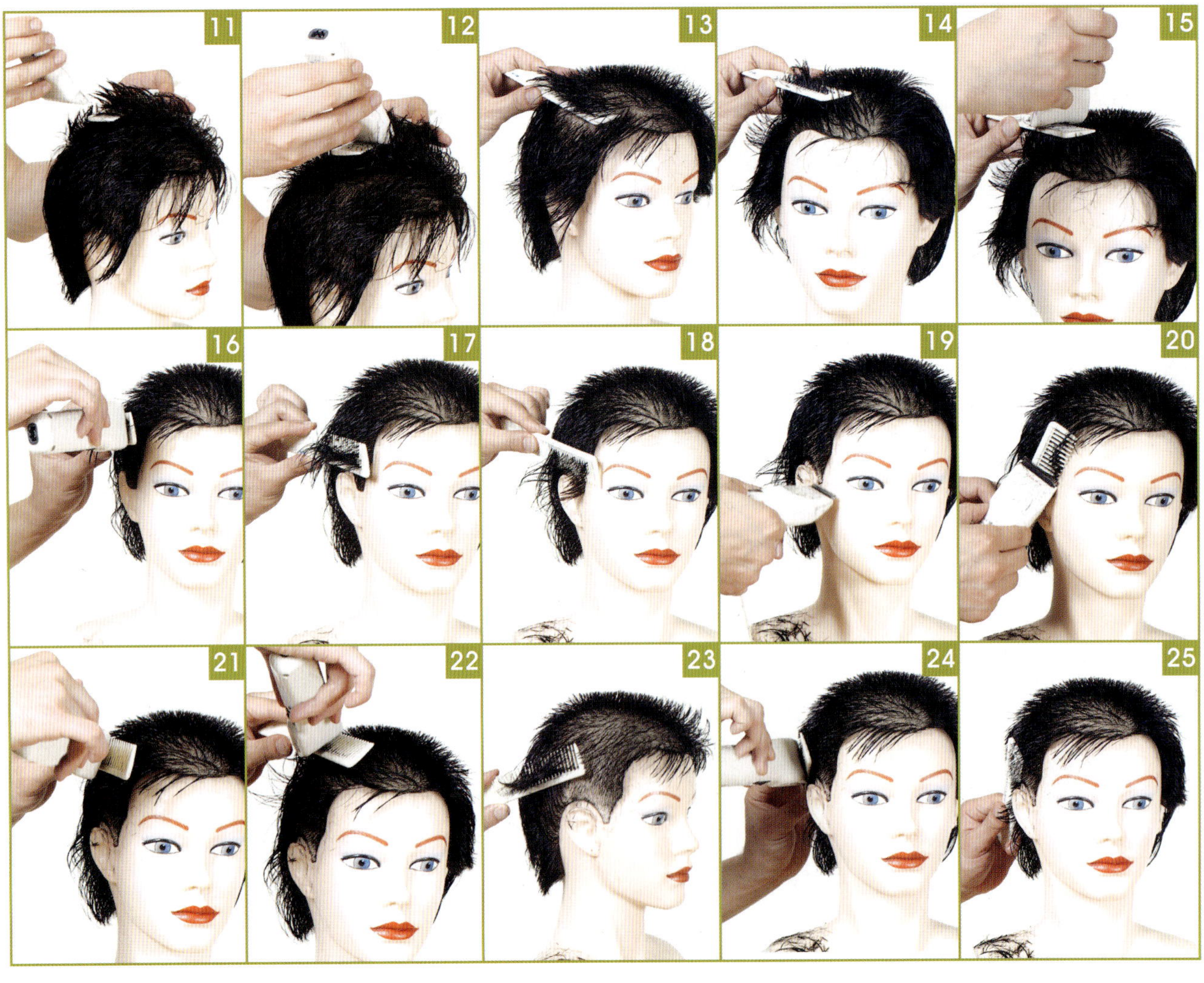

*빗이 자역할을 하고 빗등에 클리퍼 한 쪽을 대고 클리퍼를 사선 기울기로 시작하여 모발을 커트해 가면 원하는 시술각을 얻을 수 있다.

26, 27. 밑모발부터 위모발을 향해 다시 한번 시술각을 확인하면서 시술한다.

28, 29. 세로존 ③번 영역도 일반시술각 90°로 시술하고 B.P 아래는 그래쥬에이션 형태로 연결한다.

30, 31. 빗등만큼 모발이 잘리지 않으므로 빗살을 두피면에 대고 시술각을 조절하면서 클리퍼로 시술한다.

32. 깨끗한 피부색을 시술하기 위해 쳐올리기 테크닉으로 시술한다.

33~35. 세로존 ④번 영역을 위와 동일한 방법으로 시술한다.

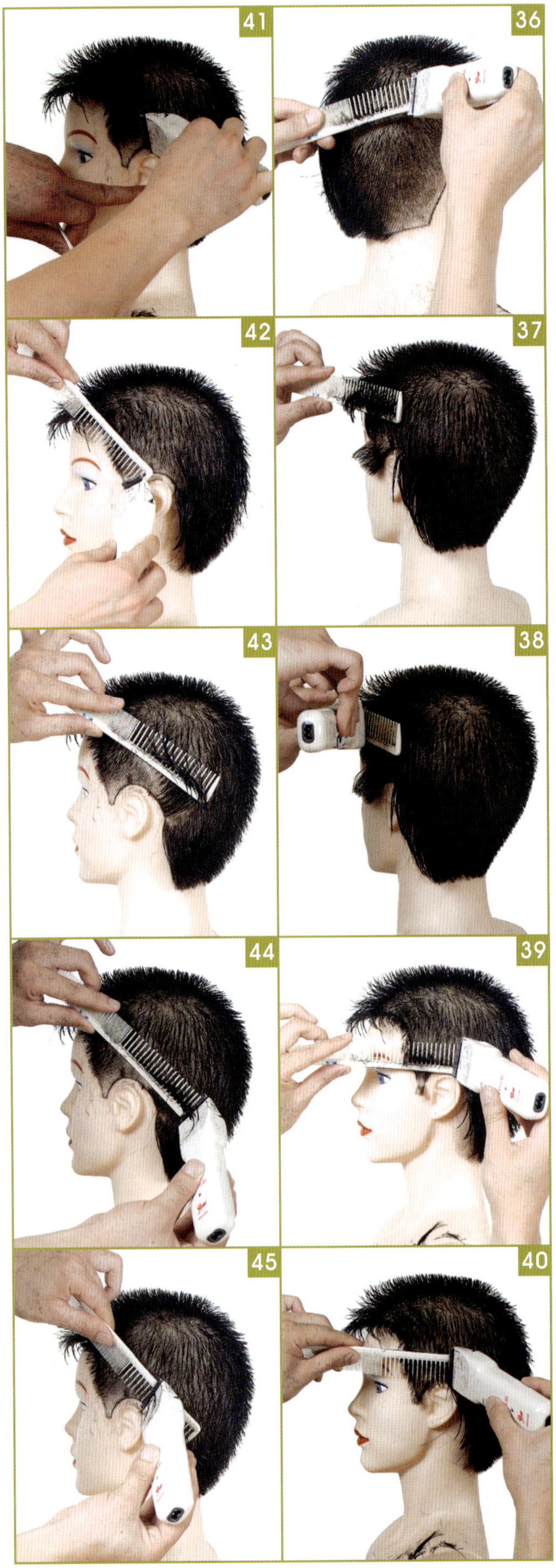

36. 밑모발부터 윗모발을 향해 다시한번 체크하면서 시술한다.
37. 다른쪽 세로존 ①번 영역을 자연시술각 90°로 빗을 댄다.
38. 세로존 ①번 영역을 자연시술각 90°로 빗을댄 모발에 클리퍼를 빗등에 대고 모발을 잘라낸다.
39. 윗모발의 가이드에 맞추어 아랫모발도 자연시술각 90°로 시술한다.
40. 두피면에다 빗살을 대고 깨끗한 피부색을 시술한다.
41. 클리퍼를 한쪽면을 두피에 밀착하여 C커브를 그리면서 깨끗한 피부색을 시술한다.
42. 모류가 뒤쪽으로 역행하여 잘리지 않는 모발은 앞쪽으로 두피면에 빗살을 대고 깨끗한 피부색을 시술한다.
43. 세로존 ②번 영역을 일반시술각 90°로 시술한다.
44, 45. 윗모발의 가이드에 맞추어서 아랫모발로 시술하고 그라데잇연 처리를 하면 맨 아랫모발은 깨끗한 피부색을 시술한다.

46. 윗모발에서 가이드를 찾아서 아랫모발까지 시술한다.
47~48. 밑모발은 빗살을 두피면에 대고 시술각을 조절하고 클리퍼를 C커브를 그리면서 깨끗한 피부색을 시술한다.
49~52. 세로존 ④번 영역도 세로존 ③번 영역과 동일한 방법으로 시술한다.
53. 시술이 완성된 상태이다. 앞모습, T.P부분은 모발의 길이가 짧아 세워지지만 두상이 함몰된 부분은 모발이 4~7cm 길이이기 때문에 모발이 모류방향대로 누워버린다.
54. 옆모습
55. 완성된 상태의 뒷모습

8. 모히간 스타일 1(Mohegan)

북미인디언의 한 종족인 모히간족의 머리 스타일이다. 닭 벼슬 모양의 이미지를 연출하여 용맹한 전사를 표현한 스타일이다.

위로

아래로

1) 특 징

측두부의 모발은 짧게 자르고 후상부의 모발은 길게 커트하여 닭 벼슬 모양의 이미지를 연출해 용맹한 전사를 표현한 스타일이다. 길게 커트 하고자 하는 부분은 파팅을 나누어 남겨놓고 남은 모발을 짧게 자른 후 시술을 하면 쉽게 연출할 수 있다.

2) 시술방법

① 길이 가이드 선정
② 브록킹을 탄다.
③ 후하부를 제외한 브록킹을 타서 남겨놓은 모발을 제외하고는 모두 짧게 틴닝을 이용하여 반복해서 짧게 자른다.
④ 전두부의 모발을 길게 커트한다(코에서 입술선사이). 양면을 짧게 처리한다.
⑤ 전두부 모발을 다시 들어서 인크리스레이어 형태로 낫칭 커트한다.
⑥ 후상부에 있는 모발을 자연시술각 90°로 시술한다.
⑦ 후중부에 있는 모발을 그래쥬에이션 형태로 시술한다.
⑧ 후하부에 있는 모발을 선을 만들면서 질감 처리한다.

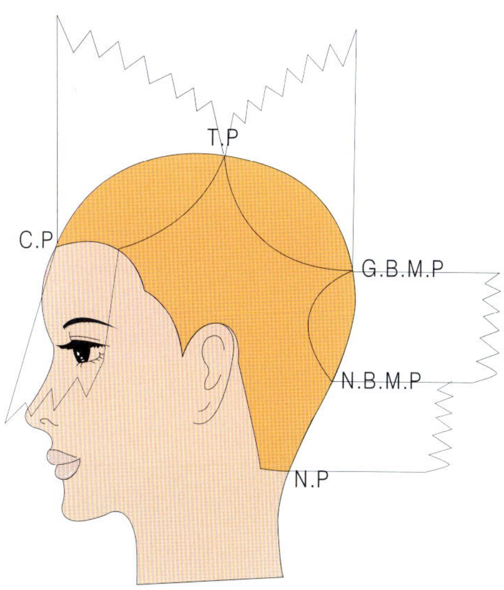

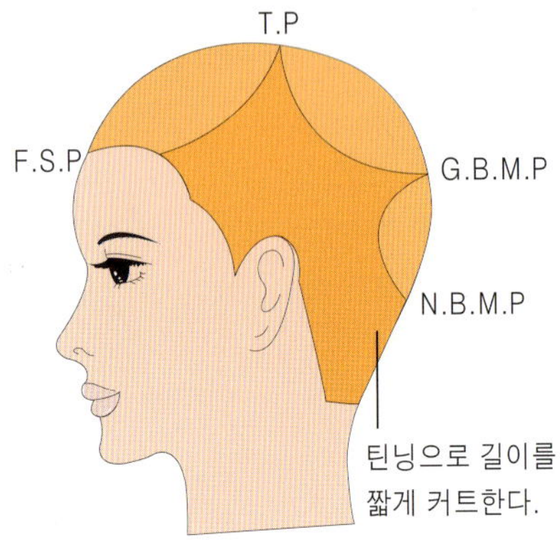

1~5. 후하부에서 중심부분을 시작으로 하여 길이 가이드를 설정해 U라인 선을 시술한다.

6, 7. 모발을 파팅해 정리해놓는다.

8~10. 빗을 일반시술각 90°로 하여 시술하면서 길이를 섞어서 시술한다.

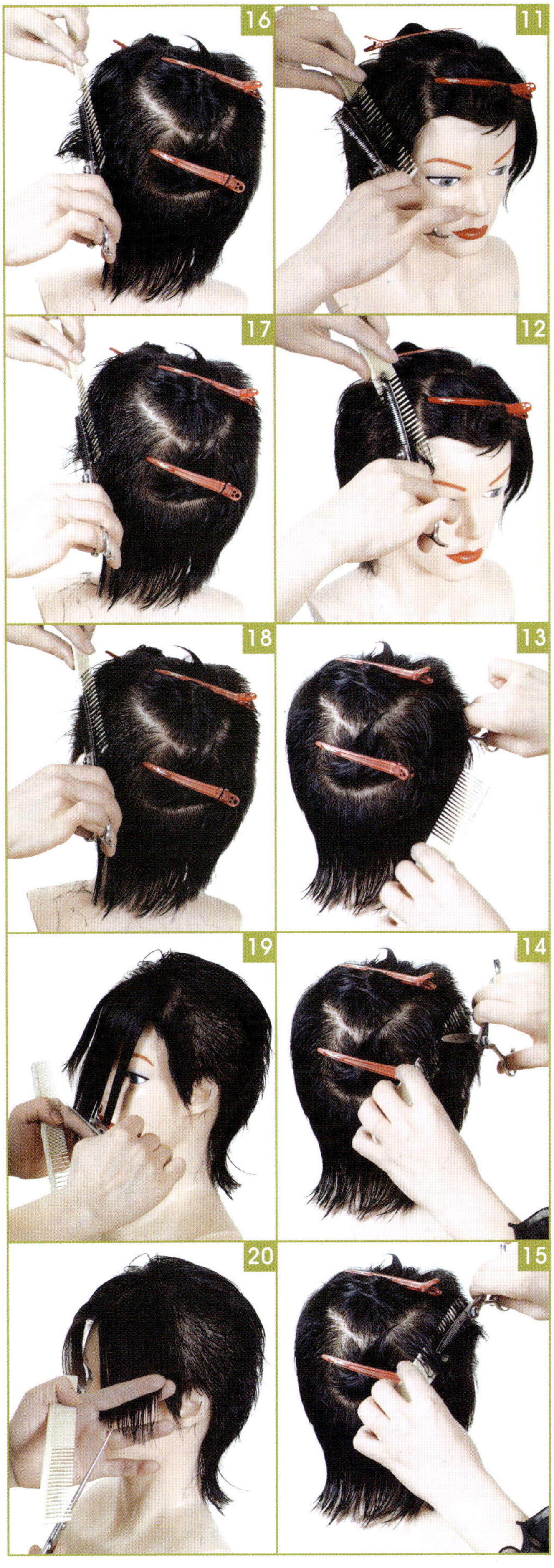

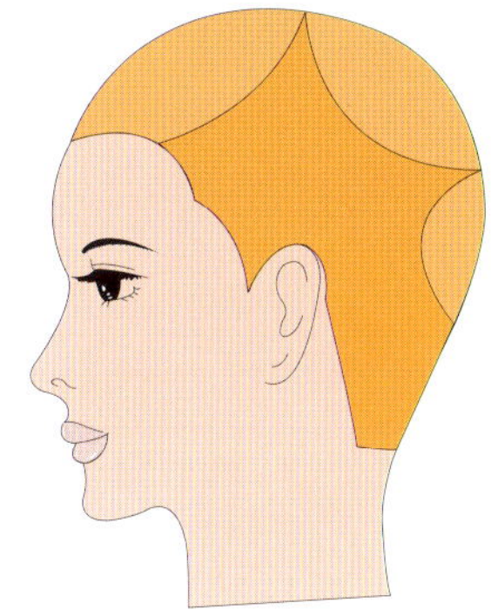

빗을 일반시술각 90°로 대고 틴닝가위 고정날을 빗등에 대고 유동날을 움직여 가면서 모발의 길이를 커트한다. 이때 틴닝가위로 길이를 짧게 하는 이유는 자연스럽게 짧게 커트된 모발이 떨어지기 위함이다.

11~15. 빗을 일반시술각 90°로 하여 틴닝 가위로 반복해가면서 시술한다.

16~18. 뒷부분도 파팅을 제외한 모발을 틴닝 가위로 반복해가면서 길이가 짧아질 때까지 시술한다.

19. 앞머리의 길이가이드를 입술선에 맞추어 시술한다.

20. 한쪽으로 끌어당겨서 F.S.P선이 짧게 낫칭으로 시술한다.

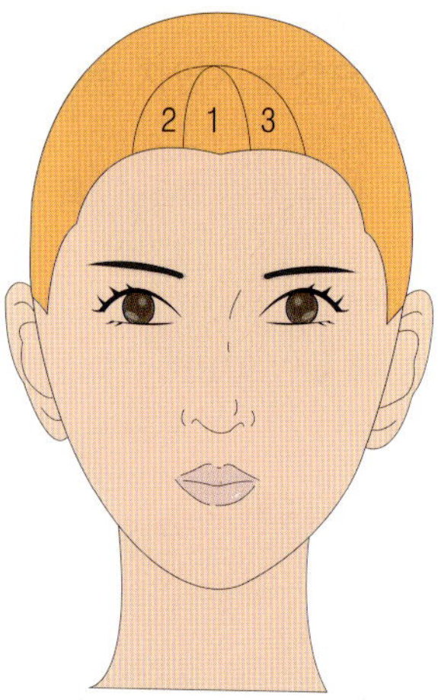

앞머리와 T.P 모발을 연결시킬때는 모발의 판넬을 방사형으로 시술하면 곡면에 자연스럽게 모발이 떨어진다.

21~23. 반대쪽으로 끌어당겨서 F.S.P 쪽이 짧게 시술한다.

23~27. 앞머리가 길고 T.P가 짧은 인크리스레이어 형태로 판넬을 잡고 낫칭 커트한다.

28. 빗을 전대각으로 대고 선을 만들기 위해 시술한다.

29. 빗을 그래쥬에이션 형태로 대고 밑 모발을 짧게 시술한다.

30. 빗을 대고 고정된 상태에서 낫칭으로 시술한다.

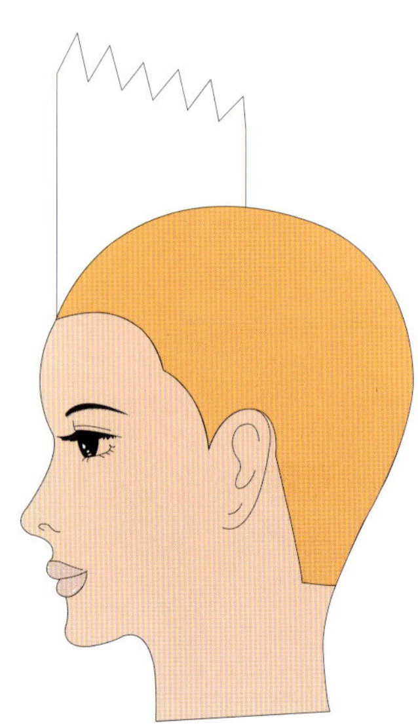

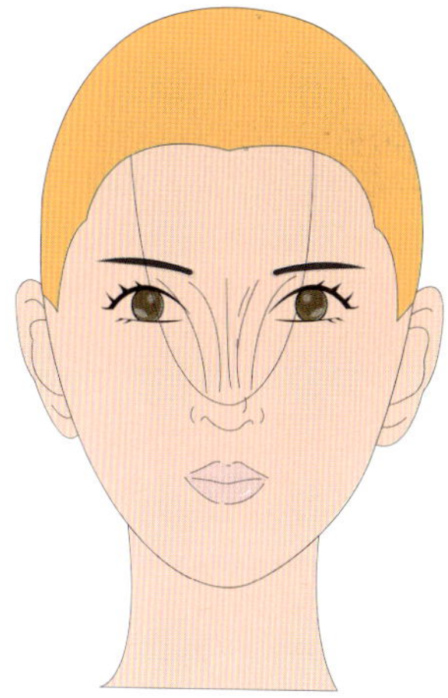

양쪽에 모발의 양이 적게하기 위해 사선으로 틴닝을 시술한다.

31~34. 전두부의 중심이 길고 양쪽의 길이가 짧게 하기 위해 틴닝을 사선으로 잡고 C커브를 그리면서 3번에 나누어 질감 처리한다.

35. 반대쪽도 동일한 방법으로 시술한다.

36~39. 레이어 판넬로 잡고 앞 모발이 길고 윗 모발이 짧게 틴닝을 넣어 C커브를 그리면서 세 번에 나누어 시술하여 앞 모발에 가벼움을 연출한다.

모발을 모류방향대로 떨어트린 후 틴닝을 사선으로 넣고 모발을 원하는 만큼 C커브를 그리면서 시술한다.

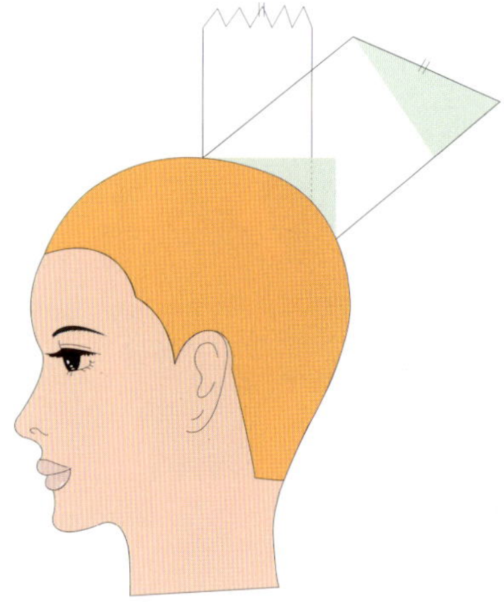

일반시술각 up 45°의 도해도와 자연시술각 90°의 도해도의 시술각도는 동일하다.

41~43. 후상부 T.P~G.P까지는 자연시술각 90°로 잡고 낫칭으로 시술한다. 이때 가위의 방향을 윗 모발이 짧은 것에 주의하여야 한다.

44. 남아있는 모발을 그래쥬에이션형태로 잡고 낫칭으로 시술하여 볼륨감을 만들어 준다.

45~48. 후하부의 모발을 E.B.P~E.B.P으로 나누어 중심부에 모발을 떠서 파팅과 나란히 하여 낫칭으로 시술한다.

49, 50. E.P쪽으로 모발을 당겨서 밑에서부터 가위를 넣어 낫칭으로 시술한다.

가위 방향을 그래쥬에이션 형태로 낫칭 커트한다.

51~53. 반대쪽도 동일한 방법으로 시술 한다.

54, 55. 선의 가벼움을 위해 위에서 아래로 모발을 잡고 틴닝도 위에서 아래로 하여 사선으로 넣어서 세 번에 나누어 시술한다.

56, 57. 선이 무거운 부분은 미리 모발 다발을 나누어 놓고 틴닝을 넣어서 세 번에 나누어 시술해주면 자연스런 선을 얻을 수 있다.

58. 떨어지는 모발이 뭉치는 곳이 있으면 다시 시술각보다 45° UP하여서 틴닝으로 질감 처리 해준다.

59, 60. 빗을 이용하여 모발을 시술각보다 들어 올려 틴닝을 사선으로 넣어서 시술 해준다.

윗모발이 짧고 아랫모발이 길게 틴닝가위를 대고 사선으로 그리면서 시술한다.

9. 모히간 스타일 2(Mohegan)

옆으로

올백

1) 특 징

측두부에 모발은 짧게 커트하고 전두부와 후상부는 유니폼레이어(12~15cm 길이) 커트하여 닭벼슬 모양으로 두상을 그대로 연장하여 샤기를 넣어 용맹한 전사를 표현한 스타일이다. 길게 하고자 하는 부분은 남겨놓고 짧게 시술하면 쉽게 연출할 수 있다

2) 시술방법

① 후하부에서 길이가이드를 설정한다(U선을 시술하면서).
② 전두부와 후상부 후하부를 연결하여 원을 만들면서 브록킹을 탄다.
③ 측두부에 해당하는 부분은 빗을 전대각으로 대고 짧게 시술한다.
④ 라운드 브록킹을 제외한 부분을 레자로 인크리스레이어로 라운드 방향대로 연결한다.
⑤ T.P에서 가이드 설정(12~15cm)(후중부, 후상부 시술)
T.P~G.P까지 그래쥬에이션 70° 시술하며 G.P~B.P까지 일반시술각 90°로 시술한다.
⑥ 전두부를 시술한다.
T.P~C.P까지 일반시술각 90°로 시술한다.
⑦ 질감처리 한다.

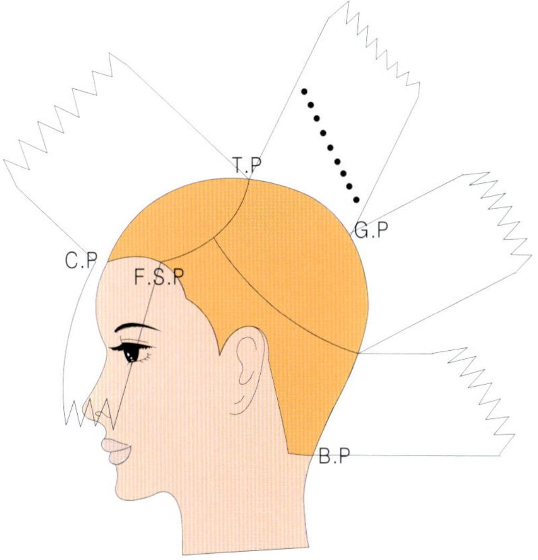

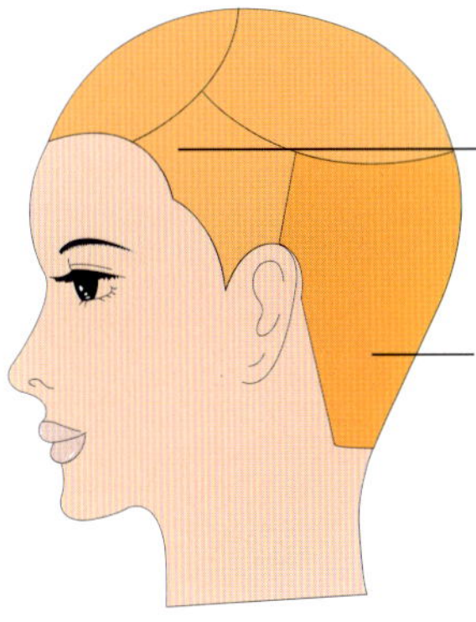

질감처리 방법

① 앞머리를 자연스럽게 하기 위해 F.S.P쪽을 가볍게 틴닝가위를 사선으로 넣어 C커브를 그리면서 시술한다.
② 볼륨을 주기위해 그래쥬에이션 틴닝을 넣어서 C커브를 그리면서 3번에 나누어서 C커브를 그리면서 시술한다.
③ 모량제거와 모발의 섞임을 위해 레이어 틴닝을 속 부분에 넣는다.
④ 자연스런 선을 시술하기 위해 위에서 아래로 모발을 잡고 모발 한 줄기를 세 번에 나누어서 시술한다.

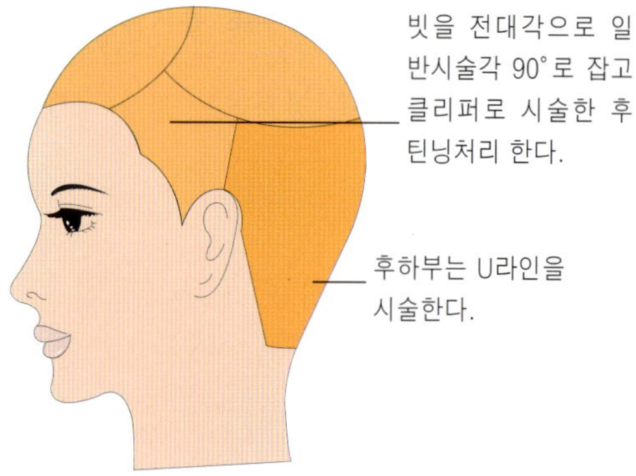

1. 시술전 모발의 상태
2, 3. N.P에서 길이 가이드를 설정하여 U라인 선을 시술한다.
4. 디자인을 설정하고 시술하기 편리하게 블로킹을 탄다.
5. F.S.P~T.P~F.S.P를 연결하여 곡면을 타서 블로킹을 탄 후 다시 B.P까지 원형으로 블로킹을 탄다.
6~10. 앞머리는 전대각 블로킹이 탄 파팅으로 빗을 대고 자연시술각 90°로 빗등에다 고정날을 대고 유동날을 움직여 가면서 모발을 잘라낸다.

빗을 전대각으로 대고 틴닝가위를 빗등에다 가이드를 맞추면서 시술한다.

11. 장가위로 귀주변에 모발을 깔끔하게 정리를 하면서 제거한다.
12~15. 반대편도 전대각으로 일반시술각 90° 빗을대고 빗등에다 고정날을 고정 시켜주고 유동날을 움직여가면서 모발을 제거한다.
16. 귀를 보호하면서 귀주변의 모발을 깔끔하게 정리한다.
17. 위 모발에 길이가이드를 설정하고 후하부의 N.P의 모발과 연결을 위해 레쟈를 업스트록으로 시술한다.
18, 19. 자연스런 모발의 연결을 위해 업스트록으로 시술한다.
20. U라인 블로킹을 탄 형태대로 연결하면서 시술한다.

떨어지는 선의 자연스러움을 위해 레자로 연결한다.

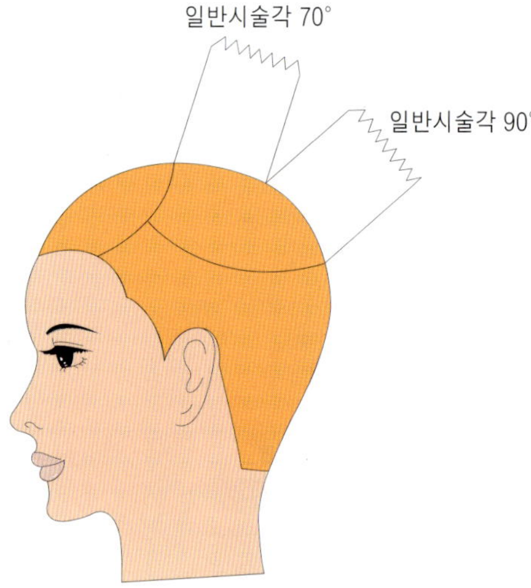

21~24. 반대편도 왼쪽과 동일한 방법으로 시술한다.

25. T.P에서 길이가이드를 설정한다.

26, 27. T.P~G.P까지 일반시술각 90°로 시술한다.

28~30. G.P에서 시작하여 B.P까지 일반시술각 90°로 시술한다. 이때 이미 B.P 아래에 시술했던 모발의 길이는 무시한다. 이미 시술했던 길이가이드와 윗모발에서 자연시술각으로 연결한 길이는 3~5cm 차이가 난다.

일반시술각 90°로 모발의 판넬을 잡고 밑모발이 길어지도록 시술한다.

31, 32. T.P의 길이가이드와 앞머리의 길이를 결정한 후 방사형으로 모발을 연결한다.

33. 연결한 시술각은 일반시술각 90°가 된다.

34, 35. 나머지 부분도 T.P 가이드와 앞머리에 길이를 설정한 모발과 연결한다.

36. 전두부 앞부분에서 함몰된 부분 2~3cm만 모발을 내린다.

37. 옆으로 C커브를 만들기 위해 틴닝을 사선으로 잡고 윗모발이 짧아지게 시술한다.

38, 39. 틴닝을 뺄때는 원을 그려주면서 가위를 빼면 모발의 길이가 섞여져서 틴닝자국이 보이지 않는다.

40. 반대편돈 가위를 사선으로 대고 시술한다.

모발의 방향을 주고자 하는 대로 틴닝을 사선으로 대고 시술한다.

41~43. 틴닝을 사선으로 대고 C커브를 그리면서 시술하면 모발으 ㅣ길이가 섞이면서 틴닝자국이 나지않고 드라이한 것처럼 모발이 자연스럽게 C컬이 만들어진다.

44. 모발 한판넬을 잡고 끝부분에 C컬의 자연스러움을 주기위해 12cm의 반 6cm부터 시술할 준비를 한다.

45. 윗모발이 길고 아랫모발이 짧게 커트되기 위한 이너그라데이션틴닝으로 시술한다.

46~50. 한 판넬을 3번에 나누어서 틴닝을 이너그라데이션으로 3번씩 시술해준다.

51~55. 모발의 길이를 짧게하여 언이븐 샤기를 주기위해 틴닝을 사선으로 모발 길이 3cm부터 시술한다.

56~58. 선의 뭉침을 없애기 위해 위가 짧고 아래가 길게 틴닝을 대고 3번에 나누어서 시술한다.

59, 60. 반대편도 동일한 방법으로 시술한다.

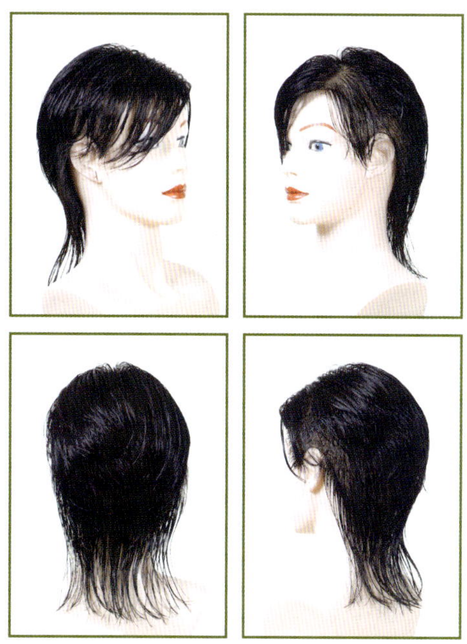

10. 매니쉬 스타일(Mannish)

성 대비 스타일이다.

여성은 강한느낌을 표현해서 야성적인 이미지를 남성은 부드럽고 여성스러움을 표현해서 여성적인 이미지를 표현한 스타일이다.

1) 특 징

부드럽고 여성스러움을 표현한 남성 스타일로서 원하는 만큼의 모발을 블로킹 타놓고 시술을 하면 쉽게 연출할 수 가 있다.

2) 시술방법

① 디자인 설정후 블로킹을 탄다.
② 후하부에서 길이 가이드를 설정한다.
③ 후중부 블로킹을 탄 C.L에서 가이드를 설정하여 파팅 방향대로 판넬을 그려서 유니폼레이어로 커트한다.
④ 3번의 가이드에 맞추어서 후중부의 하부는 그래쥬에이션으로 커트한다. 여기에서 후하부 양옆과 측두부 영역은 계속해서 인크리스레이어로 시술한다.
⑤ 하부 영역과 후중부 하부를 연결한다.
⑥ 전두부를 자연시술각 0°로 빗질하여 F.S.P선에 짧고 C.L쪽이 길게 레자커트를 시술한다.
⑦ 질감 처리한다.

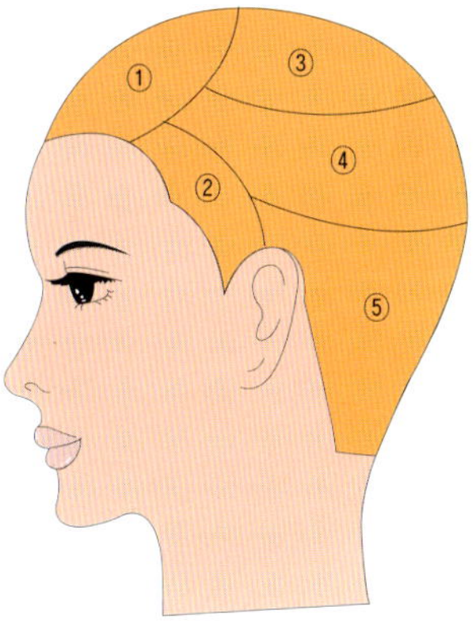

① 레자로 질감처리를 한다.
② F.S.P 선가이드와 E.P를 앞쪽으로 모발을 당겨서 자연시술각 90°로 레자를 시술한다. 무거운 부분은 펜슬테크닉으로 길고 짧고를 모발에 섞는다.
③ 볼륨을 주기위해 그래쥬에이션 틴닝을 틴닝가위로 3번에 나누어 C컬을 그리면서 시술한다.
④ 볼륨을 주기위해 그래쥬에이션 틴닝을 시술한다.
⑤ 선의 자연스러움을 위해 레자로 다시한번 마무리한다.

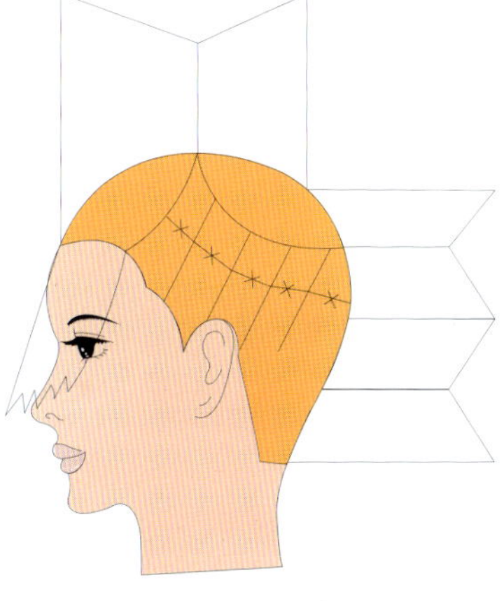

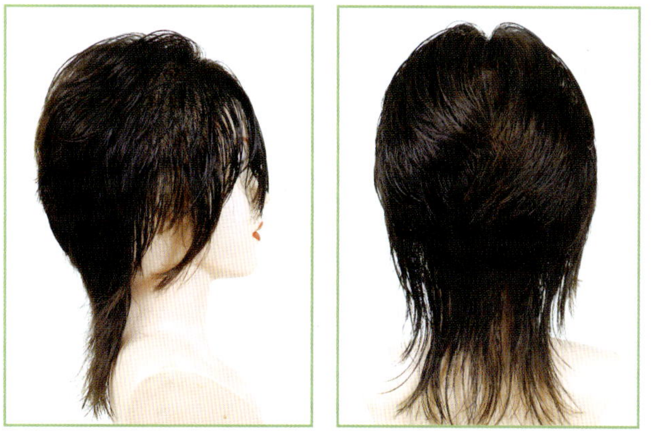

1. 후상부, 후중부에 블로킹을 탄 상태이다.
2. 전두부에 블로킹을 탄 상태이다.
3. 후하부에서 길이가이드를 중심부에서 시작한다.
4, 5. 길이가이드를 설정하면서 U라인을 시술한다.
6. 길이가이드를 설정한다(6~8cm).
7, 8. 길이가이드에 맞추어 유니폼레이어로 시술한다.
9, 10. 파팅과 평행하게 판넬을 떠서 두상곡면을 그대로 연장한다.

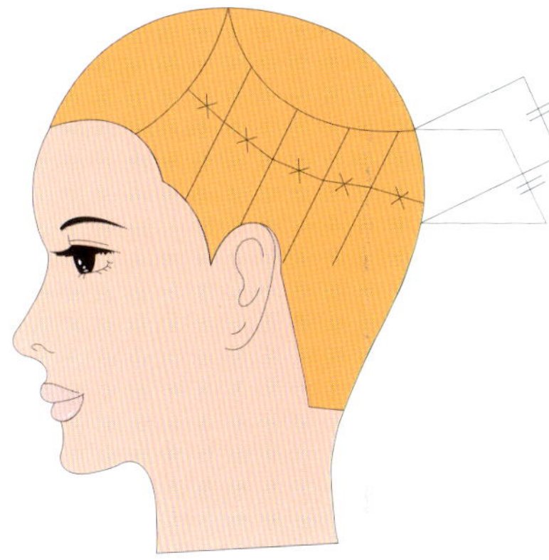

11~15. 블로킹을 탄 파팅과 평행하게 판넬을 떠서 두상곡면대로 모발을 연장한 유니폼레이어로 시술한다.

16~20. 측두부 영역도 사선으로 판넬을 떠서 밑 모발이 조금씩 길어지게 시술한다.

블로킹을 탄 후 블로킹과 평행하게 판넬을 뜬 후 시술한다.

21~24. 반대쪽도 동일한 방법으로 시술한다.

26, 27. 윗 모발에서 가져온 가이드를 잡고 그래쥬에이션 형태로 시술한다.

28~30. 두상곡면이 들어간 부분, 귀있는 부분에 모발이 없는 영역은 선이 잘릴 위험이 있으므로 밑 모발을 길게 빼주어야 선이 망가지지 않는다.

사선으로 판넬을 떠서 시술한다.

31. 이곳의 모발은 한 베이스를 뜨면 없는 곳이 많다. 이곳에서 실수가 많다.
32~34. 이곳의 모발은 밑 모발이 잘리지 않도록 길게 빼주면서 윗 모발에 가이드를 놓치지 않으면서 시술한다.
35. 반대쪽 중심부에는 윗 모발의 가이드를 잡고, 그래쥬에이션 형태로 시술한다.
36~40. 이곳에 모발은 밑 모발이 잘리지 않도록 길게 빼주면서 윗 모발에 가이드를 놓치지 않으면서 시술한다.

다음 판넬을 인크리스레이어로 시술한다.

41. T.P에서 모발의 길이를 설정한다.
42, 43. G.P 윗 부분은 인크리스레이어로 시술한다.
44, 45. G.P 아래 부분은 그래쥬에이션 형태로 시술한다.
46. 시술을 해 놓은 상태이다.
47~53. 윗 모발에서 나온 가이드와 후하부의 맨 밑 모발을 연결하기 위해 슬라이싱으로 시술한다.
54. 이 부분은 사선으로 파팅을 떠서 시술한다.
55. 슬라이싱으로 연결하여 시술한다.

56. 전두부에 모발을 자연시술각 0° 상태로 빗질하여 입술선에서 길이가이드를 설정한다.
57. C.L을 중심으로 좌우를 나눈다.
58. F.S.P선 쪽으로 빗질하여 짧게 낫칭 캇트한다.
59. 반대쪽도 동일한 방법으로 시술한다.
60. T.P가이드와 C.P가이드를 찾는다.
61~67. 앞으로 모발을 당겨서 레자의 펜슬 테크닉으로 F.S.P쪽이 항상 짧게 레자를 넣으면서 시술한다.

앞머리에서 설정해 놓은 가이드와 뒷모발과 연결하면서 낫칭으로 시술한다.

68~70. F.S.P 가이드와 E.P의 모발을 앞쪽으로 당겨서 자연시술각 90˚를 레자커트로 연결한다.

71, 72. 반대쪽도 동일한 방법으로 시술한다.

73~75. 펜슬테크닉으로 윗 모발이 짧고 아랫 모발이 길게 C커브를 그리면서 한 판넬에 세 번 정도를 반복하면서 시술해서 떨어지는 선을 자연스럽게 연출한다.

76. 후상부에 볼륨을 주기위해 그래쥬에이션 틴닝을 넣는다.

77. 후중부에 볼륨을 넣기위해 그래쥬에이션 틴닝을 넣는다.

78. 선을 다시 한 번 정리한다.

79. 무거운 모발을 모아서 틴닝을 시술한다.

80. 무거운 부분은 시술각보다 45˚ 올려서 틴닝 처리한다.

제 7 장 … 모델에게 직접시술(응용스타일)

1. 스포츠 1

군인을 연상시키는 짧은 머리이기 때문에 자신감이 있고 강인한 이미지가 표현된다.

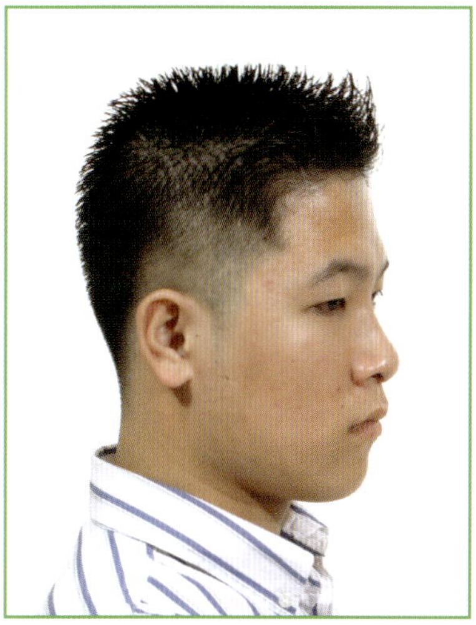

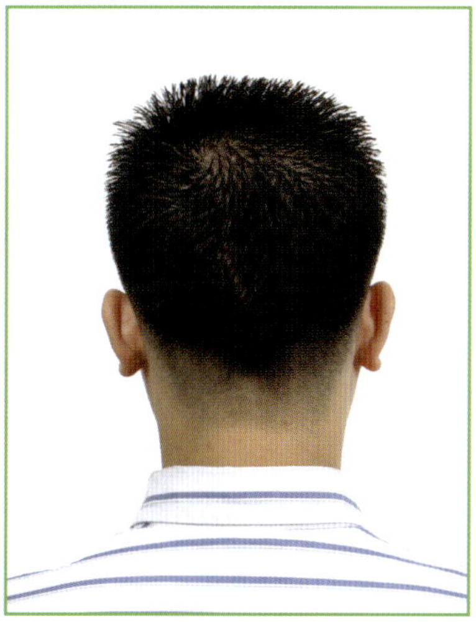

1) 특 징

전두부 영역은 T.P에서 스퀘어 형태로 시술하고 후상부는 두상을 그대로 연장한 일반 시술각 90°로 시술을 하고 후하부는 그래쥬에이션 형태가 깔끔한 피부색에 연결되어야 한다.

2) 시술순서

① 질감처리를 먼저 시술한다(두상영역을 나누어서).
② 긴 모발은 빗을 대고 시술각을 조절할 수 있는 만큼 커트한다.
③ 전두부에 빗을 일직선으로 대고 클리퍼로 시술한다(F.S.P~T.P~F.S.P).
④ 측두부를 F.S.P선에서 나온 가이드에 맞추어서 일직선으로 시술한다.
⑤ 후중부를 일반시술각 90°로 빗을 대고 클리퍼로 시술한다.
⑥ 후중부 가이드와 후상부를 일반시술각 90°로 연결하면서 시술한다.
⑦ 후하부를 그래쥬에이션 형태로 시술하고 맨밑 모발은 모발이 보이지 않게 깨끗한 피부색을 시술한다.
⑧ 튀어나온 모발은 싱글링으로 시술하면서 마무리 한다.

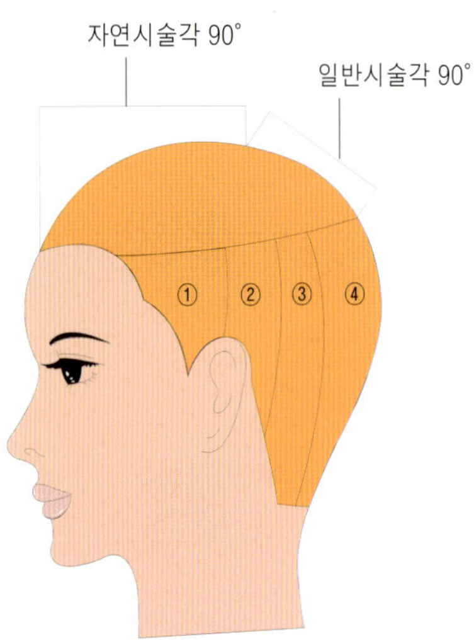

틴닝은 두상을 세로존으로 나누어서 질감처리한다.

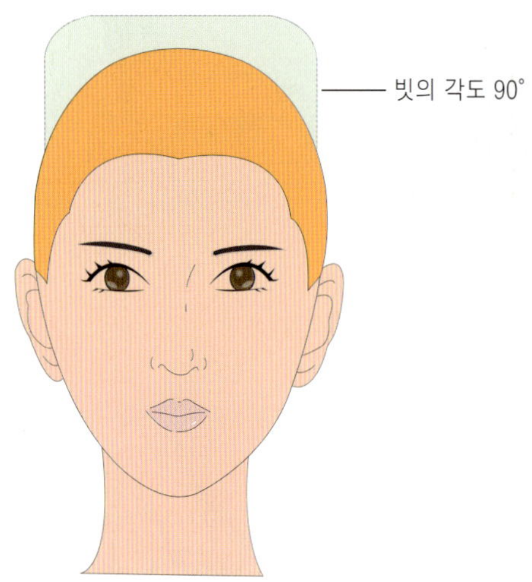

얼굴형에 모류가 흐르는 반대방향으로 빗을 대어 클리퍼로 스퀘어 형태로 시술한다. 그리고 코너부분을 일반시술각 90°로 하여 원모양으로 제거한다.

1. 인크리스 레이어로 빗을 댄다.
2. 틴닝가위로 리듬을 타면서 2/3 지점부터 커팅한다.
3. 시술각을 들어 윗 모발이 짧게 아랫 모발이 길게 질감처리를 한다.
4. 손가락 대신 가위가 판넬을 뜨면서 시술한다.
5. 한 판넬은 4cm씩만 자른다.
6. 빗과 가위가 리듬을 타며 빠르게 시술한다.
7. 긴모발은 먼저 손가락 판넬로 길이를 조절한다.
8. T.P에서 수평으로 빗을 대고 가이드 설정한다.
9. 앞부분이 약간 길어지게 판넬을 댄다.
10. U라인을 C.L쪽으로 끌어당겨 수평 일자로 시술한다.

이곳에는 빗을 사선으로 대고 시술한다.

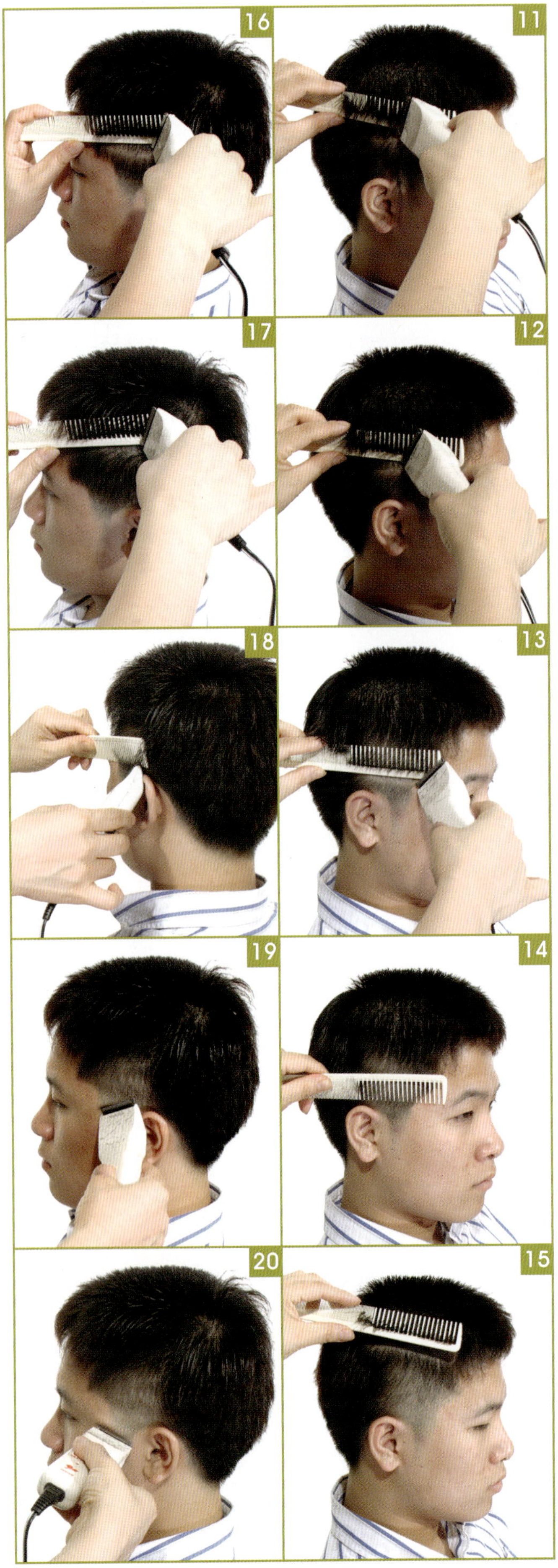

11. 일직선 스퀘어레이어로 시술한다.
12. 빗살이 1.5cm밖에 없으므로 그 밑으로 다시 판넬을 대고 스퀘어레이어로 시술한다.
13. 다시 그 밑으로 가이드를 맞추어 시술한다.
14. 빗등만큼은 잘리지 않으므로 빗살을 두피에 대고 짧게 시술한다.
15. 4cm 이후에 또 한 번 판넬을 대고 시술을 하는데 빗은 약간 후대각으로 대고 시술한다.
16. 빗이 처음 잘리는 것은 1.5cm정도만 가이드가 되기 때문에 그 가이드에 빗을 맞추어 스퀘어레이어로 시술한다.
17. 다시 빗을 가이드에 맞추어 스퀘어레이어로 시술한다.
18. 빗등은 잘리지 않으므로 반대로 판넬을 대고 시술한다.
19. 클리퍼로 시술각을 조절하여 깨끗한 피부색을 만든다.
20. 연결되지 못한 부분은 클리퍼로 조절하여 쳐올리기로 시술한다.

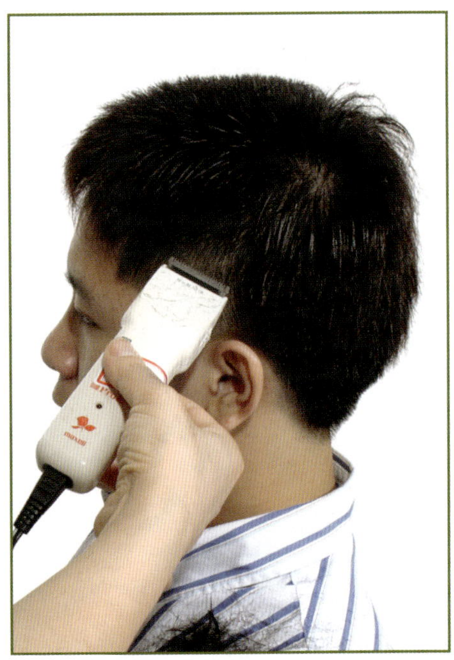

밑모발이 깔끔하게 클리퍼로 쳐올리기 테크닉으로 시술한다.

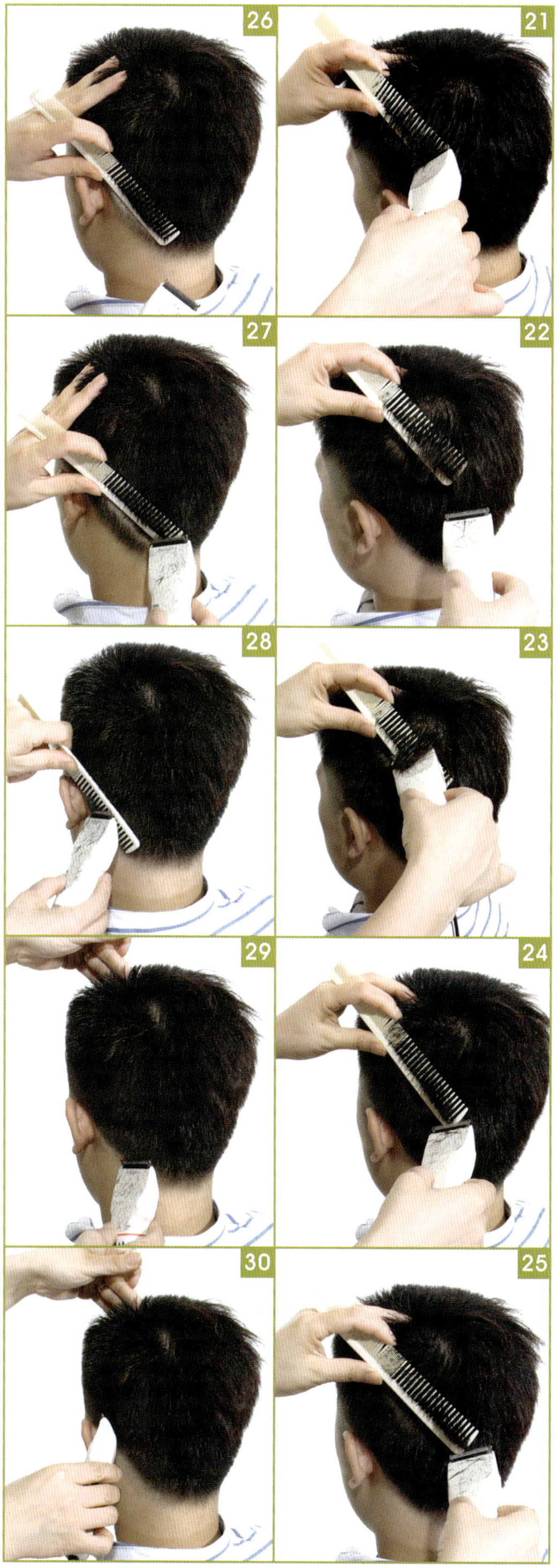

21. E.P쪽에서 가이드를 찾아 후대각으로 판넬을 잡고 유니폼레이어로 시술한다.
22. 빗의 흔들림을 막기 위해 약지와 소지로 지지대를 삼는다.
23. 빗이 잘리는 길이는 1.5.cm 밖에 되지 않기 때문에 가이드에 맞춰 판넬을 내려가며 시술한다.
24. 짧은 모발이라도 항상 가이드에 맞추어 시술한다.
25. B.P윗부분까지는 두상을 연결하는 유니폼레이어로 4cm씩 시술한다.
26. 윗 판넬보다 좀더 짧게 커트한다.
27. 4cm씩만 이동하면서 커트한다.
28. 빗등만큼은 머리가 잘리지 않기 때문에 빗살을 두피에 대고 시술한다.
29. 깨끗한 피부색을 만들어야 하기 때문에 클리퍼로 시술각을 조절하면서 커트한다.
30. 클리퍼는 위쪽이든 아래 쪽이든 한 쪽만으로 시술각을 조절하여 커트한다.

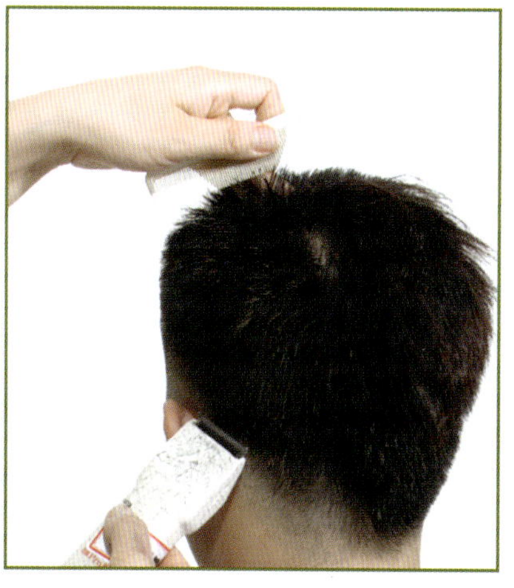

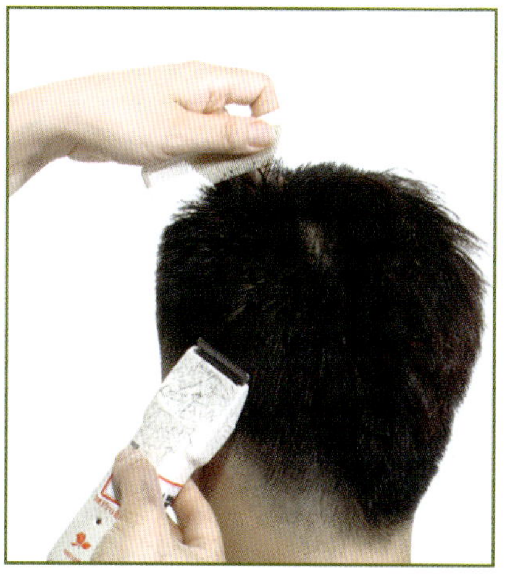

이때 두상이 곡면이므로 클리퍼도 사선으로 대고 쳐올리기를 시술한다.

31. B.P와 G.P사이를 일반시술각 90˚로 시술한다.
32. B.P~G.P사이를 점점 그래쥬에이션 처리로 4cm씩 시술한다.
33. G.P~B.P일반각도 90˚로 시술한다.
34. 점점 시술각을 낮추면서 길이 가이드를 찾아 시술한다.
35. 빗등 길이만큼 길어지기 때문에 빗살을 두피에 대고 시술한다.
36~38. 힘을 골고루 분배하기 위해 밑에서 위로 완만한 커브를 그리면서 깨끗한 피부색을 만든다.
39. 클리퍼로 시술각을 조절하는 훈련이 필요하다.
40. 깨끗한 피부색을 만들기 위해 순간을 이용 C커브를 그리며 그래쥬에이션 처리로 시술한다.
41~43. G.P.M.P~T.P까지 빗을 사선으로 누운후 빗등에 튀어나온 부분만 클리퍼로 시술한다.
44. 튀어나온 부분은 싱글링으로 처리한다.
45. 싱글링을 할 때에는 자기자리에서 빨리 하며 진행은 천천히 하여 시술한다.

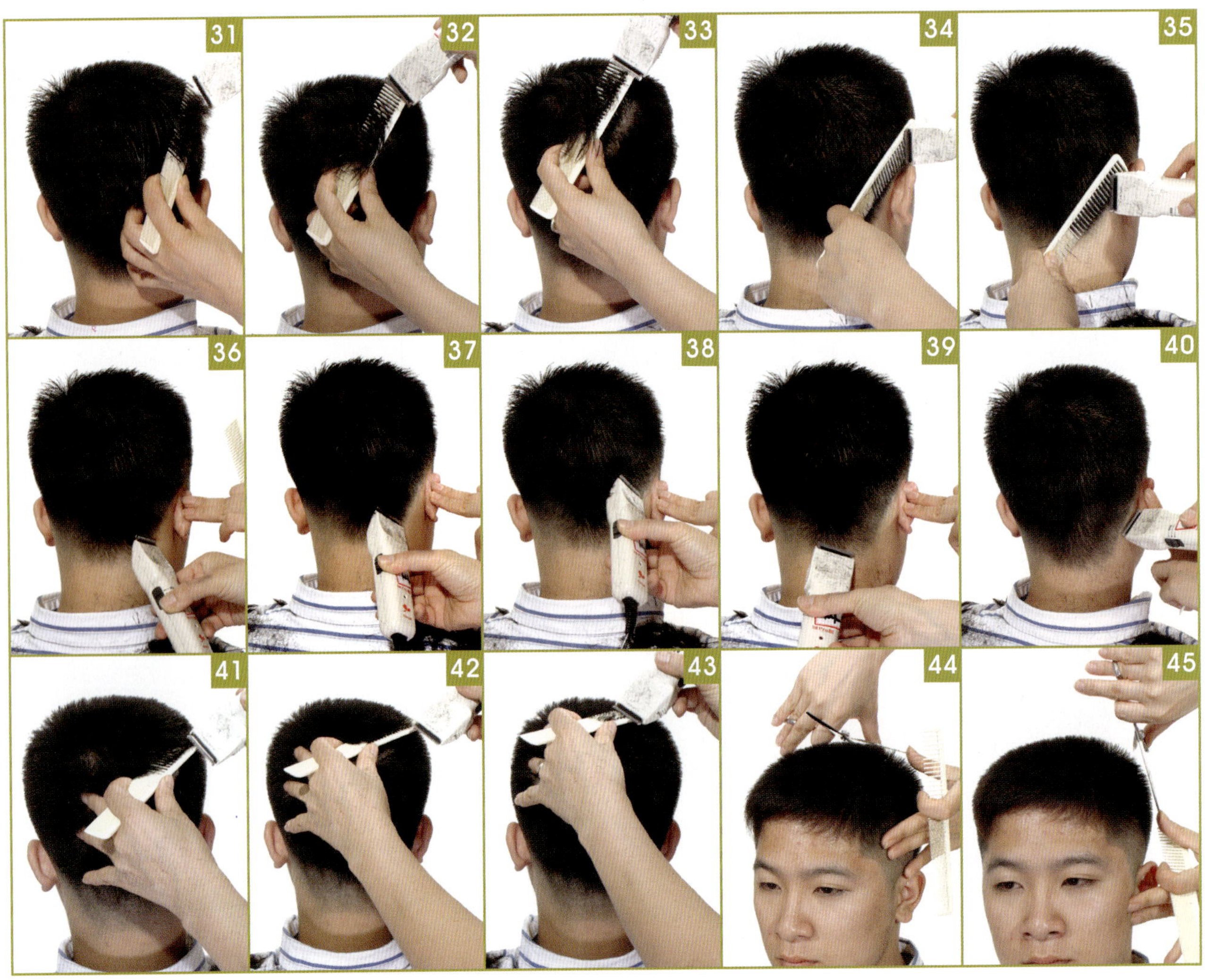

2. 스포츠 2

자신감있는 남성스러움을 강조한 스타일이며 오버섹션의 영역을 직각으로 연결하느냐 둥글게 연결하느냐에 따라 이미지가 다르게 표현된다.

1) 특 징

전두부 영역은 T.P에서 스퀘어 형태로 시술하고 후상부는 두상을 그대로 연장한 일반 시술각 90°로 시술을 하고 후하부는 그래쥬에이션 형태가 깔끔한 피부색에 연결되어야 한다.

2) 시술순서

① 질감처리를 먼저 시술한다(두상영역을 나누어서).
② 긴 모발은 빗을 대고 시술각을 조절할 수 있는 만큼 커트한다.
③ 전두부에 빗을 일직선으로 대고 클리퍼로 시술한다(F.S.P~T.P~F.S.P).
④ 측두부를 F.S.P선에서 나온 가이드에 맞추어서 일직선으로 시술한다.
⑤ 후중부를 일반시술각 90°로 빗을 대고 클리퍼로 시술한다.
⑥ 후중부 가이드와 후상부를 일반시술각 90°로 연결하면서 시술한다.
⑦ 후하부를 그래쥬에이션 형태로 시술하고 맨밑 모발은 모발이 보이지 않게 깨끗한 피부색을 시술한다.
⑧ 튀어나온 모발은 싱글링으로 시술하면서 마무리 한다.

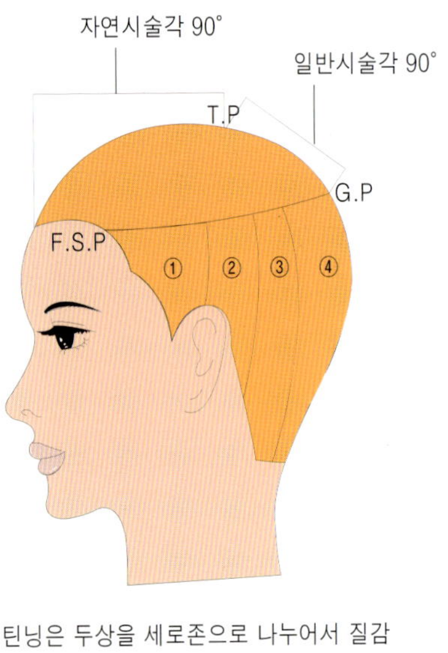

틴닝은 두상을 세로존으로 나누어서 질감처리한다.

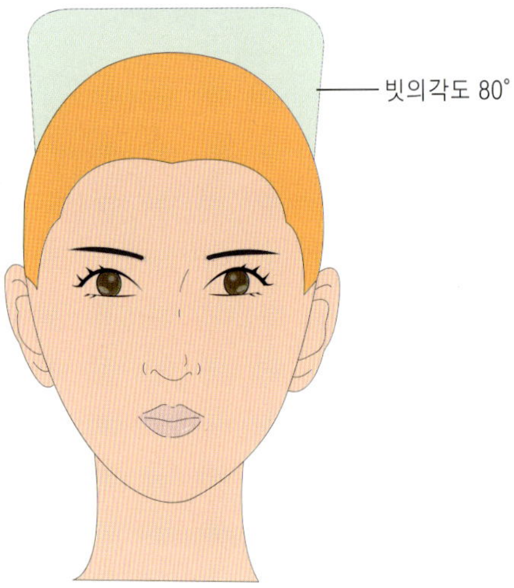

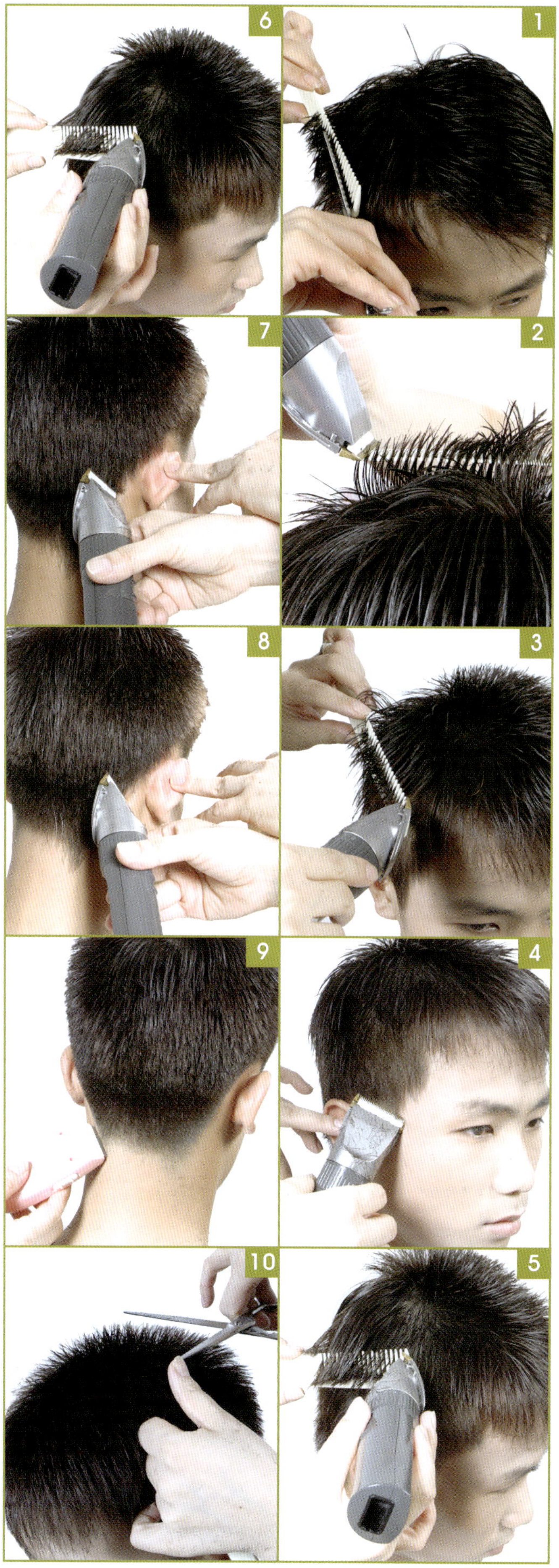

1. 시술이 용의하게 하기위해 틴닝으로 질감 처리한다.
2. T.P에서 가이드 설정하여 U라인 일직선으로 커트한다.
3. U라인에 떨어진 가이드에 맞추어 F.S.P선에서 자연시술각 90°로 클리퍼를 이용하여 시술한다.
4. 클리퍼로 시술각을 조절하여 C커브를 그리면서 하얀색 만들기로 커트한다.
5. G.B.MP까지 빗을 45° 기울기로 4cm씩 이동하면서 자연스런 U라인 만들기한다.
6. 유니폼 레이어로 자연스런 U라인 선 만들기를 한다.
7. 클리퍼로 시술각을 조절하여 C커브를 그리면서 하얀색 U만들기를 한다.
8. 머리카락 난 곳에서 시작하여 45° C커브를 그리면서 뒷선을 두르고 밑에서 위로 C커브를 그리면서 그래쥬에이션 커트한다.
9. 목선을 계란모양으로 만들며 깔끔하게 정리한다.
10. 가위를 일자로 유지하며 튀어나온 부분을 자른다.

3. 높은 상고

남성스러움을 강조한 스타일이기도하며 큰 두상을 깔끔하게 모발을 정리할 수 있어 남성들이 선호하고 뒤통수가 튀어나온 짱구 형태의 두상에 더욱더 어울린다.

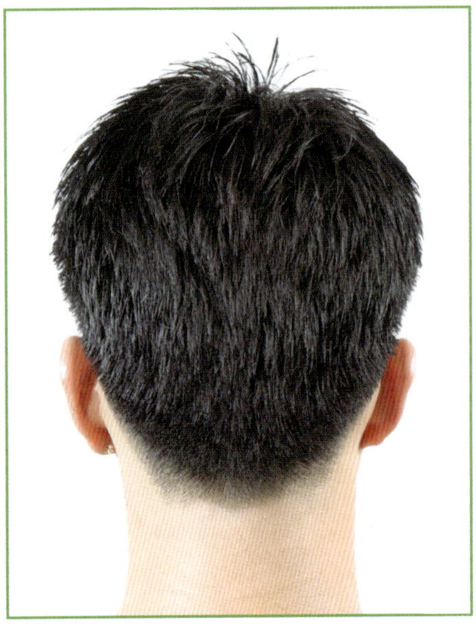

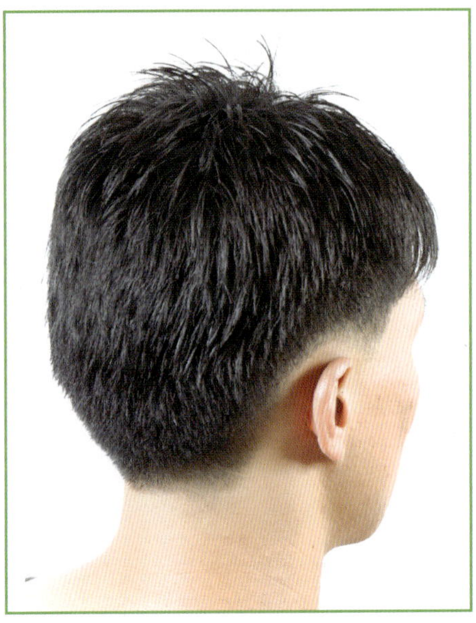

1) 특 징

짧은 모발은 모발의 힘이 다른 길이를 섞어 놓아야만 드라이한 것처럼 외형의 형태가 뭉치지 않고, 자연스러운 커트선을 연출 할 수 있다. 곡면의 영역을 나누어 질감처리 한 후, 모발의 검정색, 머리카락이 전혀보이지 않은 피부색, 피부색과 검정색을 자연스럽게 연결되는 그라데이션된 색깔의 삼색조화를 이루어야만 상고스타일을 잘 연출 했다고 할 수 있다.

2) 시술순서

① 두상영역을 세로존으로 나누어서 틴닝으로 질감 처리한다.
U라인 아래의 영역은 자연시술각 90°로 U라인 영역은 일반시술각 90°로 질감처리를 먼저 시술한다.

② 두부 C.L부터 시작하여 가이드를 설정한 후 일반시술각 90°로 시술한다.

③ 후중부, 측두부영역은 일반시술각 90°로 시술한다. 이때 곡면이 들어간 부분은 시선으로 판넬을 떠서 시술한다.

④ 측두부 아래와 후하부영역에는 90°로 선을 만들고(U라인) 다음은 빗을 그래쥬에이션 형태로 시술하고 맨 밑 모발(머리카락이 나기시작 점)은 클리퍼로 쳐올리기를 하여 깨끗한 피부색을 만든다.

⑤ 튀어나온 부분이나 선이 불안정한 부분은 체크하여 마무리한다.

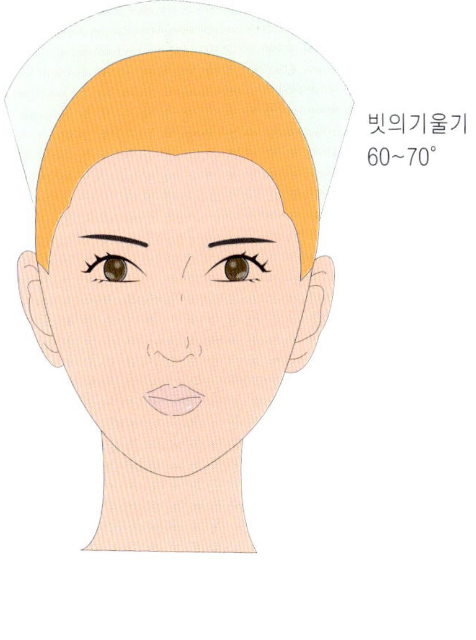

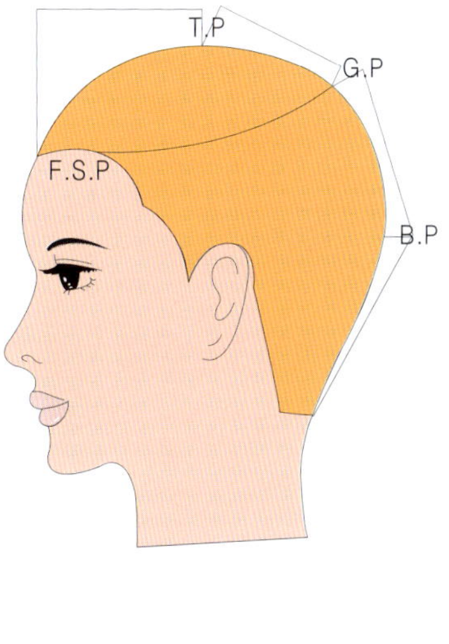

1. 언더섹션은 자연시술각으로 틴닝한다.
2. 시술을 용의하게 하기위해 질감처리한다.
3. 앞머리의 길이가이드를 빗으로 선정 8cm 정도 커트한다.
4. 오버섹션은 C.L의 가이드에 맞추어 유니폼레이어로 연결하여 커트한다.
5. 머리카락이 없는 것 만큼 베이스를 뒤쪽으로 당겨서 커트한다.
6. U라인에 떨어진 가이드에 맞추어 B.P까지 일반시술각 90° 로 커트한다.
7. 검정선 만들기, 빗등과 눈썹산을 나란히 맞춘 후 1cm up시켜 빗기울기(20~30° 후대각)로 맞춘다.
8. 빗가이드에 맞추어 앞머리 부분을 4cm만 커트한다.
9. 뒷부분 검정선을 맞춘다. 빗을 45° 기울기로 4cm씩 이동하여 U라인 검정선 만들기를 한다.
10. 하얀색만들기, 머리카락이 나기 시작한다. 클리퍼로 시술각을 조절하면서 하얀색 만들기를 한다.

가위 고정날을 튀어나온 모발을 찾고 유동날을 움직여가면서 시술한다.

4. 상고 1

귀엽고 깜찍하게 하는 커트가 남성스런 분위기를 연출한다.

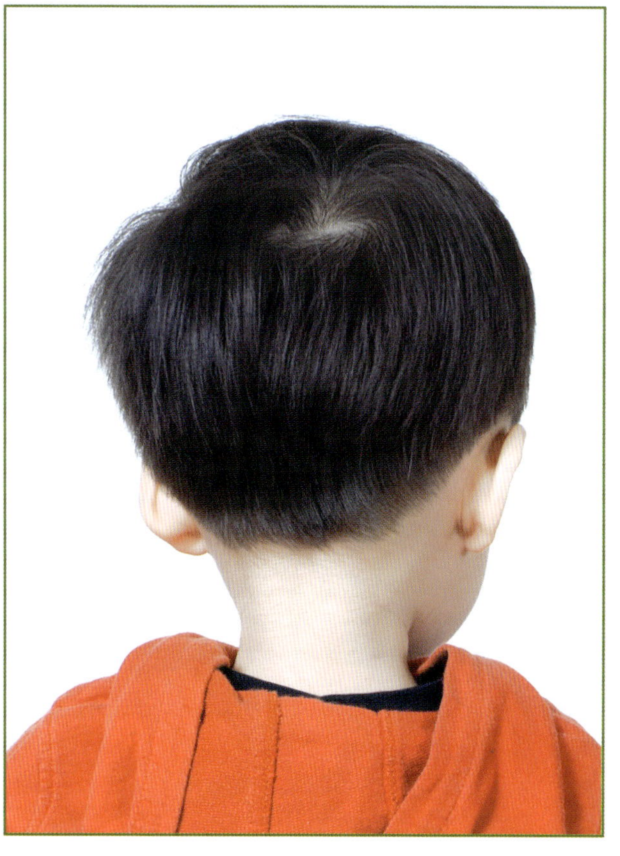

1) 특 징

어린아이의 솜털같은 모발은 물을 분무하고 커트하게 되면 모발이 두피에 달라붙어 버려 시술하기가 어렵다. 이런 경우에는 모발이 마른 상태로 시술하는 것이 좋다.

2) 시술방법

① 두상영역을 세로존1번 영역부터 시작하여 4번까지 일반시술각 90°로 빗을 대고 시술한다.
② U라인 영역은 일반시술각 90°로 원하는 길이 반에서부터 질감처리 한다.
③ U라인 영역은 가로로 판넬을 잡고 차례차례로 일반시술각 90°로 시술한다.
④ 두상영역 세로존 1번영역부터 시작하여 빗의 기울기가 20~30°로 후대각으로 대면서 시술각은 일반시술각 90°로 시작하여 점점 그래쥬에이션으로 시술하여 밑 모발을 깔끔하게 정리한다.
⑤ 혹시라도 튀어나온 모발은 다시 한번 선을 확인하고 마무리한다.

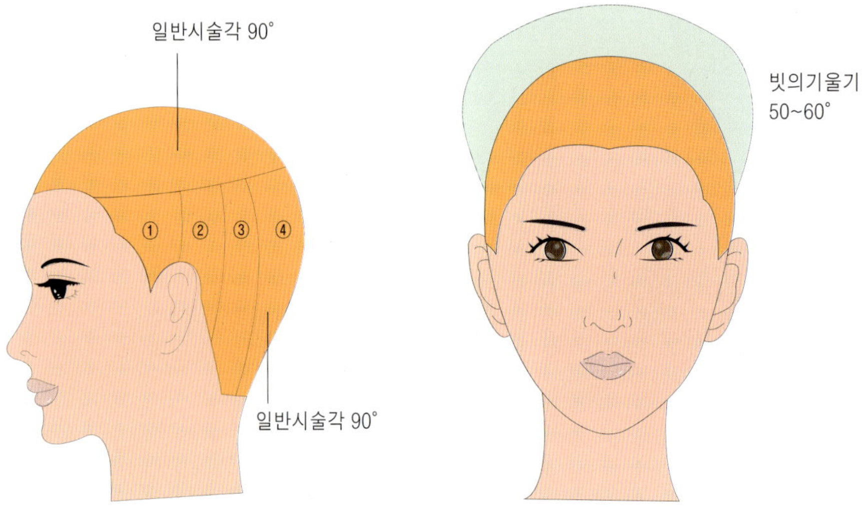

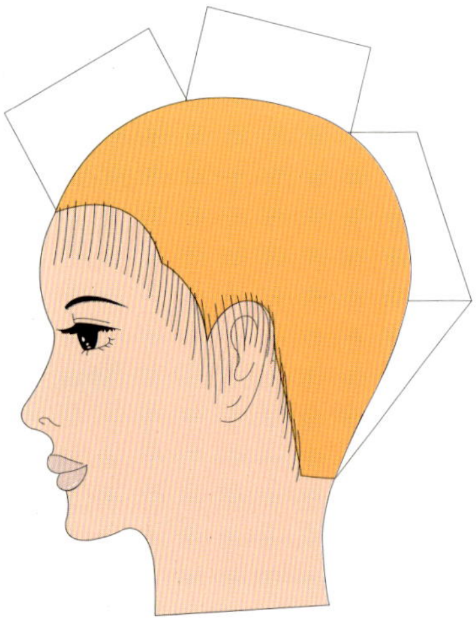

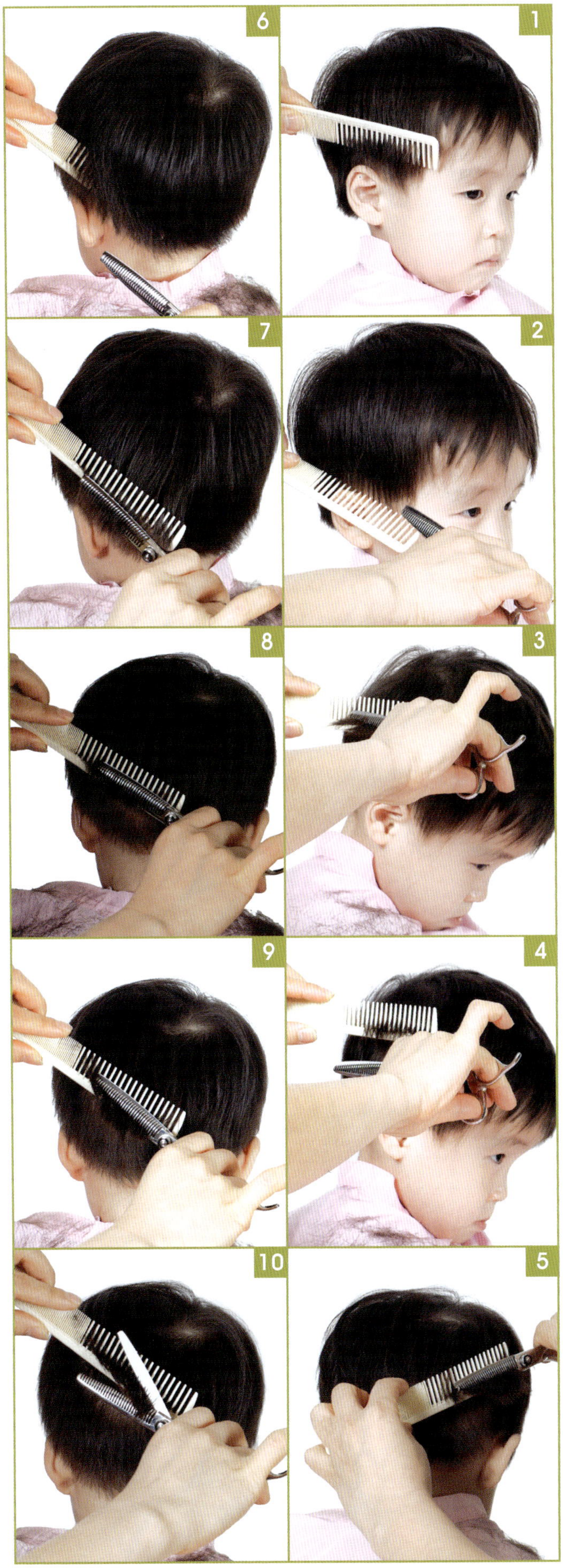

시술전

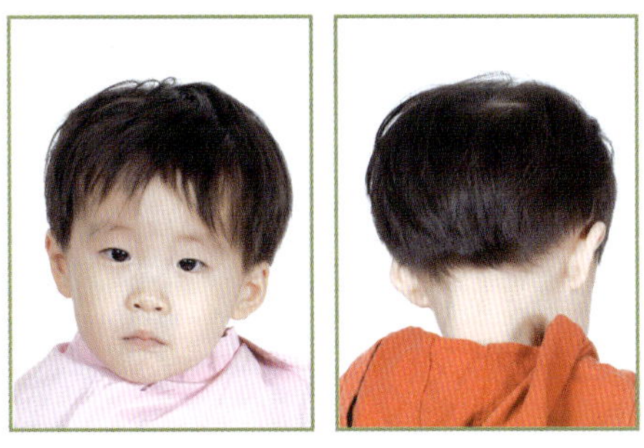

1~5. 두상영역을 세로존으로 나누어 1번 영역부터 4번영역까지 빗을 일반시술각 90°로 대고 밑 모발부터 윗 모발로 진행하면서 빗등에다 틴닝으로 시술한다.

6~10. 반대쪽도 위와 동일한 방법으로 시술한다.

11~16. U라인 영역을 일반시술각 90°로 하여 틴닝으로 시술하고 튀어나온 모발은 가위로 다시 한번 시술한다.

17~20. 빗을 일반시술각 90°로 대고 시술한다. 다시 빗을 그래쥬에이션 45°로 대고 윗 모발보다 점점 아랫모발이 짧아지게 시술하면서 맨 밑모발은 깔끔한 피부색을 만들면서 시술한다.

21. 20까지에서 계속 진행해서 시술한다. 혹시 정리가 되지 않은 부분은 다시정리한다.
22. 클리퍼가 위에서 아래로 오게 되면 힘이 많이 들어가서 모발이 잘려질 염려가 있으므로 한 손은 귀를 보호하기 위해 귀를 눌러주고 남은 한손은 밑에서 위로 C커브를 그리면서 시술한다.
23. 깔끔하게 정리되지 않은 모발은 쳐올리기로 시술한다.
24~30. 반대쪽도 위와 동일한 방법으로 시술한다.

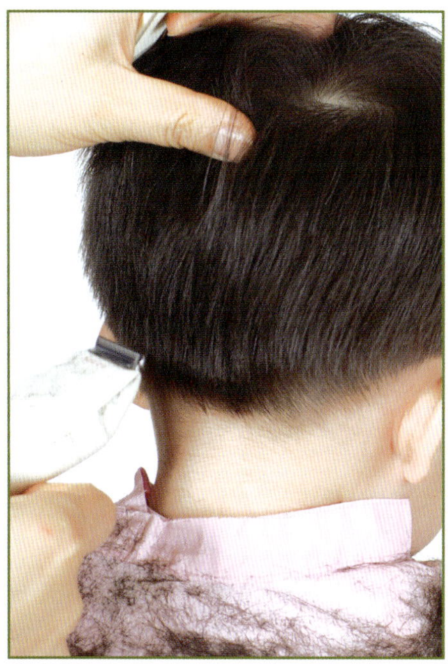

5. 상고 2

남성스타일의 대표적인 스타일로 길이와 시술각의 변화에 따라 남성스러운 분위기를 좌우할 수 있다.

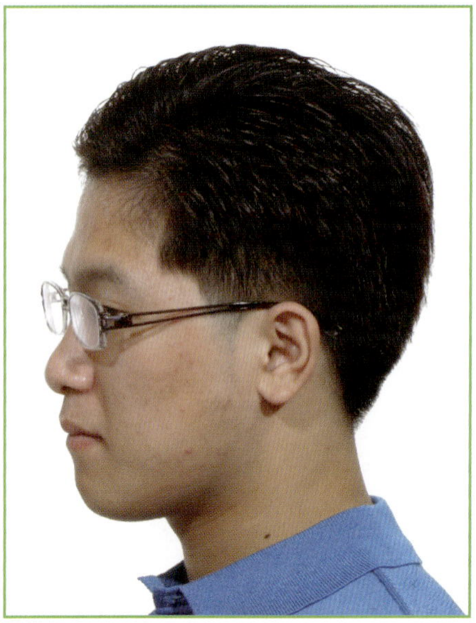

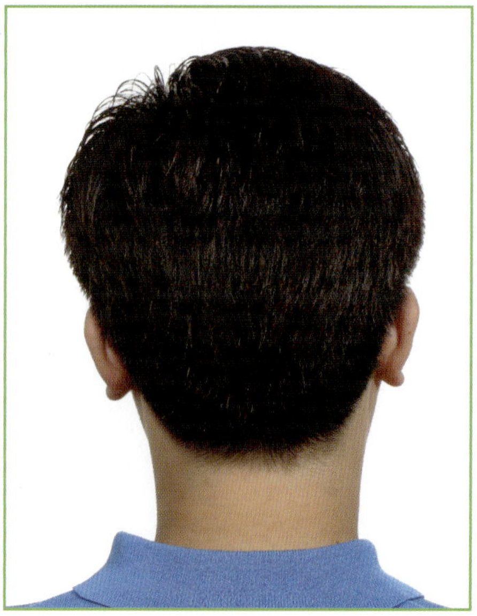

1) 특 징

짧은 모발은 모발의 힘이 다른 길이를 섞어 놓아야만 드라이한 것처럼 외형의 형태가 뭉치지 않고, 자연스러운 커트선을 연출 할 수 있다. 곡면의 영역을 나누어 질감처리 한 후, 모발의 검정색, 머리카락이 전혀보이지 않은 피부색, 피부색과 검정색을 자연스럽게 연결되는 그라데이션된 색깔의 삼색조화를 이루어야만 상고스타일을 잘 연출 했다고 할 수 있다.

2) 시술순서

① 두상영역을 세로존으로 나누어서 틴닝으로 질감 처리한다.
U라인 아래의 영역은 자연시술각 90°로 U라인 영역은 일반시술각 90°로 질감처리를 먼저 시술한다.

② 두부 C.L부터 시작하여 가이드를 설정한 후 일반시술각 90°로 시술한다.

③ 후중부, 측두부영역은 일반시술각 90°로 시술한다. 이때 곡면이 들어간 부분은 시선으로 판넬을 떠서 시술한다.

④ 측두부 아래와 후하부영역에는 90°로 선을 만들고(U라인) 다음은 빗을 그래쥬에이션 형태로 시술하고 맨 밑 모발(머리카락이 나기시작 점)은 클리퍼로 쳐올리기를 하여 깨끗한 피부색을 만든다.

⑤ 튀어나온 부분이나 선이 불안정한 부분은 체크하여 마무리한다.

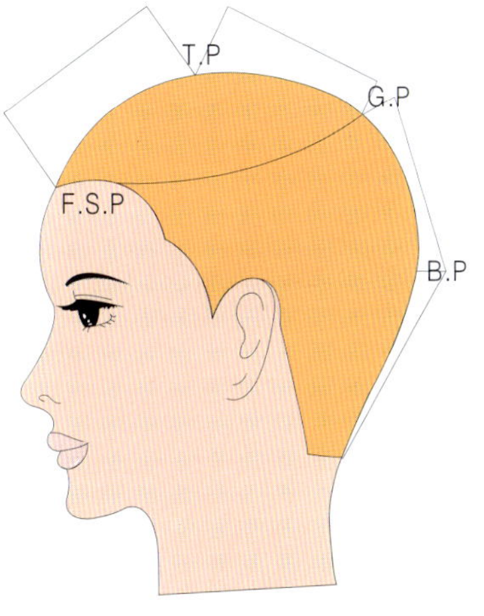

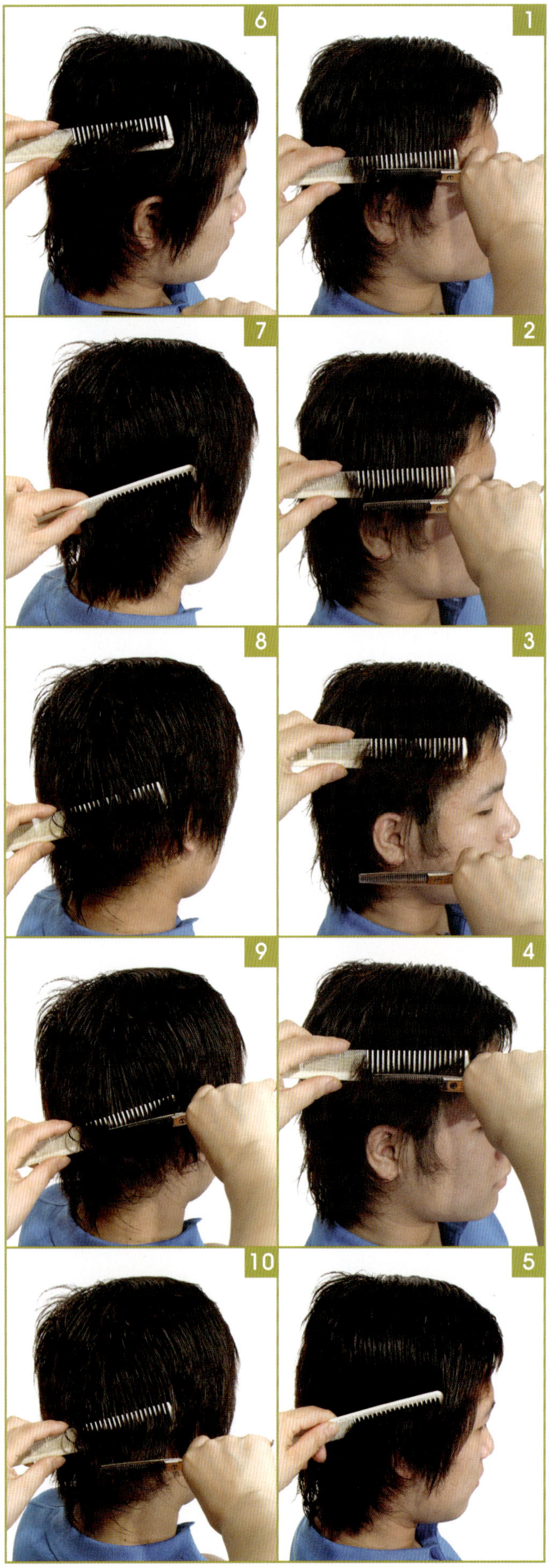

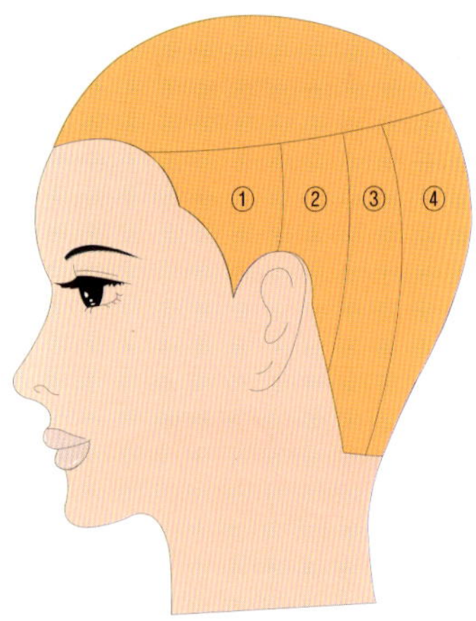

1. 두상을 보고 전체적인 실루엣에 맞추어서 두상영역을 세로존으로 나누어서 질감처리한다.
2. 자연시술각 90° 상태에서 시술각에 판넬을 올려가면서 질감처리한다.
3, 4. 질감처리할 때는 빗이 대어 있더라도 4cm만 질감처리한다.
5. 질감처리를 하기 위한 빗질을 한다.
6~10. 짧은 모발은 손가락으로 판넬을 잡을 수 없으므로 빗과 가위가 판넬을 뜨고자 하는 부분을 옮겨가면서 시술한다.

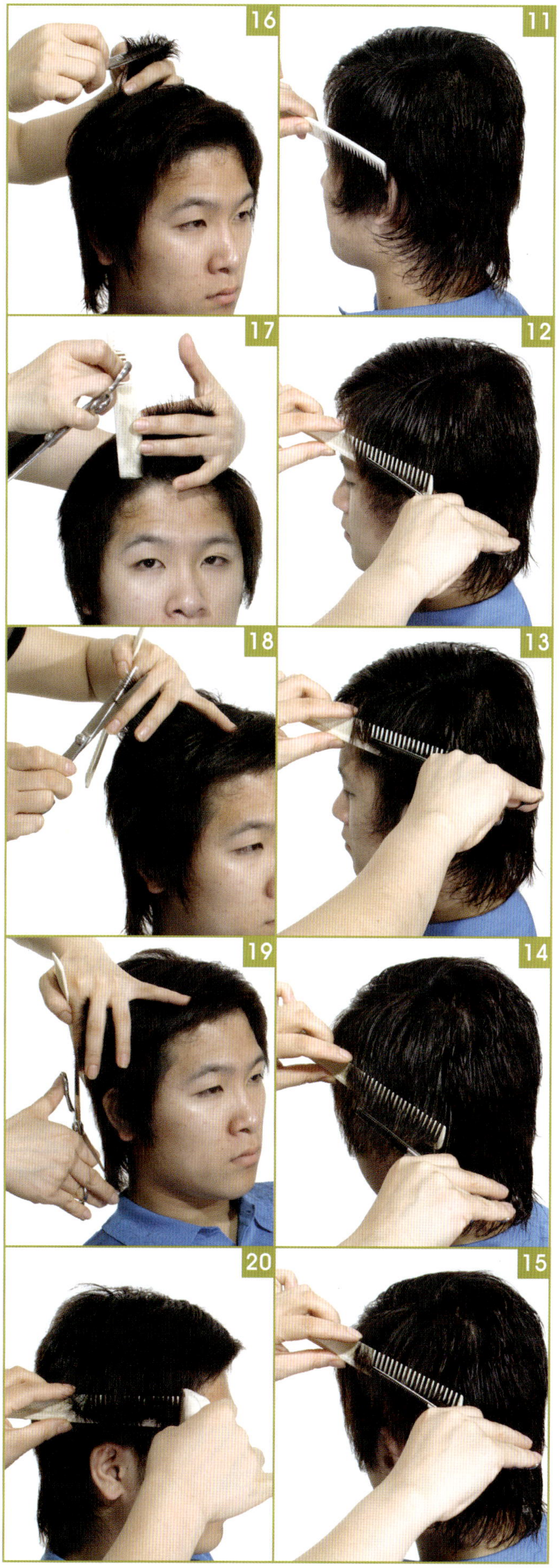

11. 다른 한쪽도 질감처리를 하기 위한 빗질을 한다.
12, 13. 자연시술각 90° 상태에서 빗을 대고 E.P부터 시작하여 F.S.P선까지 판넬을 올려가면서 질감처리한다.
14, 15. N.P~B.P까지는 모량도 많고 밑부분은 자연스러운 층을 만들어 주기 위해 인크리스 레이어 상태로 빗을 대고 시술한다.
17. 앞머리에서 길이가이드를 설정한다. 유니폼레이러로 커트한다.
18. U라인 영역은 유니폼레이어로 커트한다.
19. U라인에서 떨어진 가이드에 맞추어 일반시술각 90°로 시술한다.
20. 빗등과 눈썹산이 나란히 하고 후대각 20° 정도로하여 선만들기 한다.

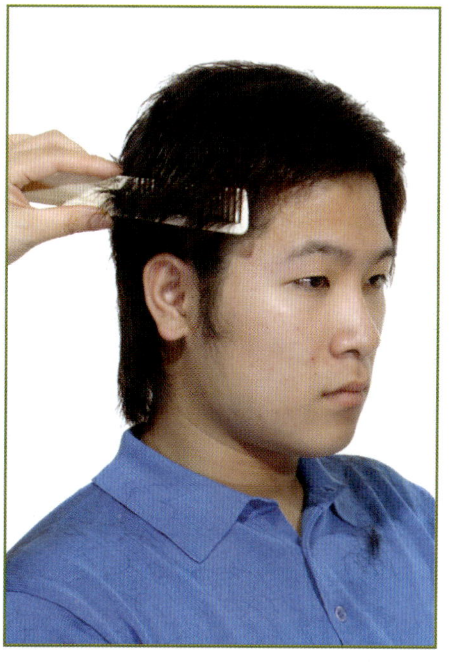

검정선을 결정할때 빗등과 눈썹산을 나란히 설정후 20~30° 후대각으로 빗을 댄후 선을 만든다.

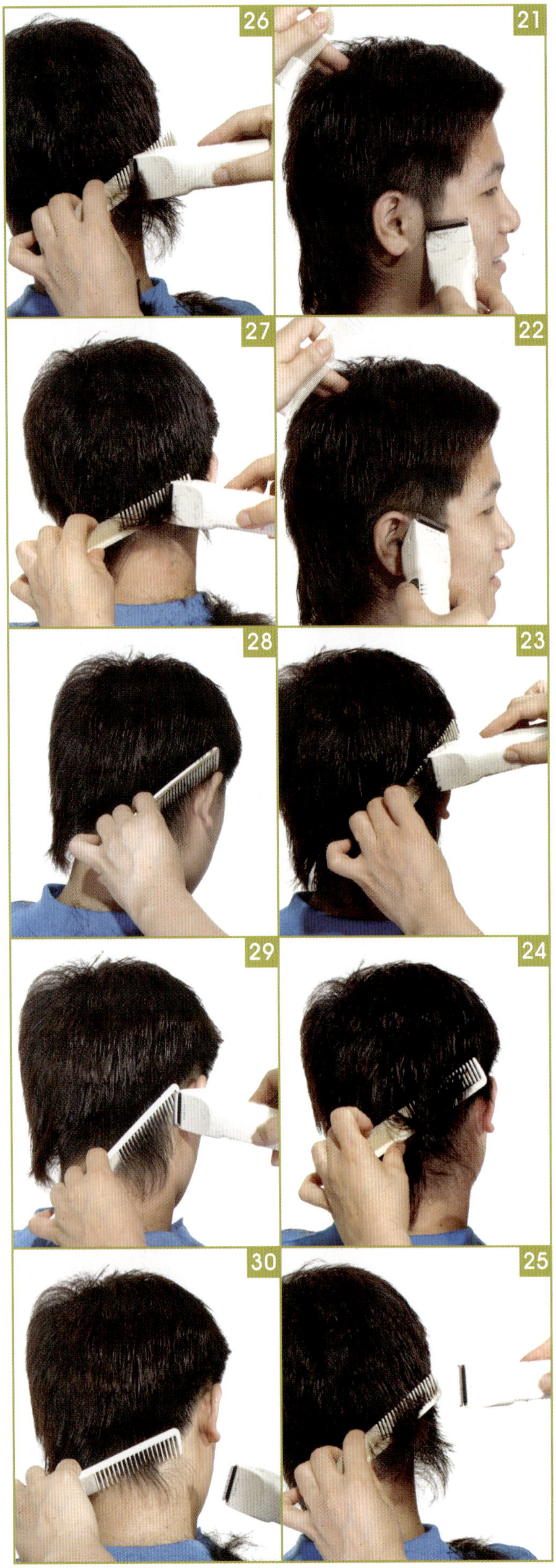

21, 22. 클리퍼로 시술각을 조절하여 깨끗한 피부색을 만들면서 시술한다.

23, 24. 뒷모발은 후대각으로 빗을 대고 4cm씩 이동하여 U라인을 만든다.

25~27. 윗선에 맞추어 그 다음 빗은 그래쥬에이션을 만든다.

28~30. 빗등이 있어 더 이상 길이가 짧아지지 않으므로 빗살을 두피에 대고 깨끗한 피부색을 만든다.

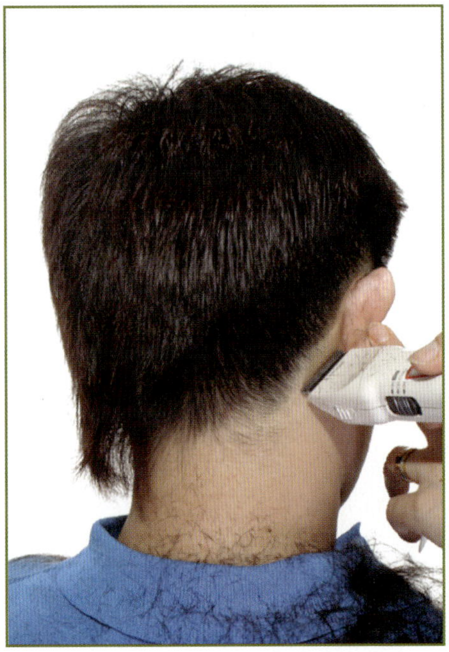

깨끗한 피부색을 만들기 위해 클리퍼로 쳐올리기를 시술하는데 클리퍼를 사선으로 된다.

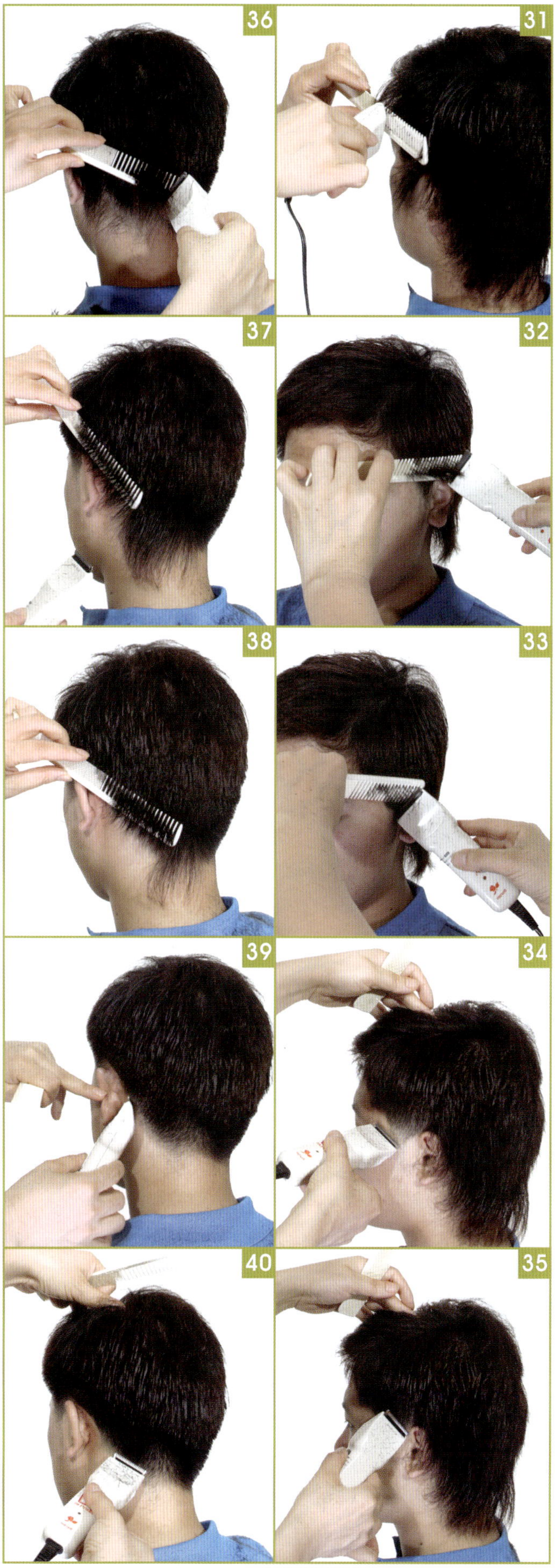

31. 눈썹산과 빗등을 나란히 한 상태에서 후대각 20° 상태에서 4cm만 커트하여 옆선만들기한다.
32. 옆선만든 가이드에 맞추어서 그래쥬에이션 형태의 시술각을 주면서 점점 짧게 그래쥬에이션을 만든다.
33. 빗등만큼 잘리지 않으므로 빗살을 두피에 대고 시술각을 조절하여 깨끗한 피부색을 만든다.
34, 35. 깨끗한 피부색을 만들기 위해 클리퍼로 시술각을 조절한다.
36. 뒷선은 빗이 45°, 4cm씩 이동하며 U라인을 만든다.
37, 38. U라인에서 나온 가이드에 맞추어 그 밑 길이가 더 짧게 이동해 가면서 그래쥬에이션 형태로 빗을 대고 커트한다.
39. 귀를 보호하고 클리퍼 시술각을 조절하여 깨끗한 피부색을 만든다.
40. 순간을 이용하여 C커브를 그리면서 그래쥬에이션으로 처리한다.

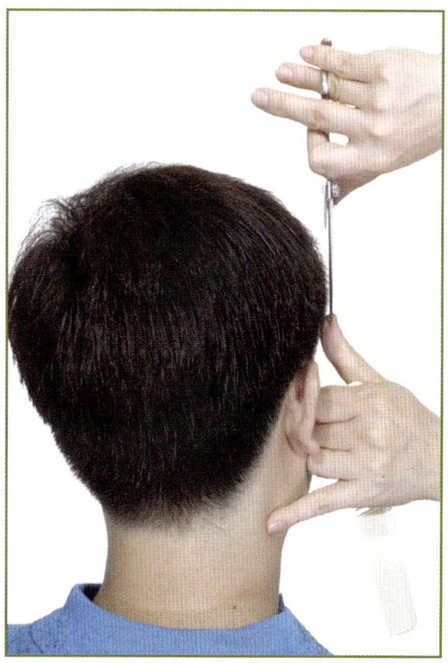

튀어나온 모발을 고정날로 찾고 유동날을 움직여 가면서 시술한다.

6. 상고 3

남성스러움을 강조한 스타일이기도하며 중년 남성들이 선호하고 뒤통수가 튀어나온 형태의 두상에 더욱더 잘 어울린다.

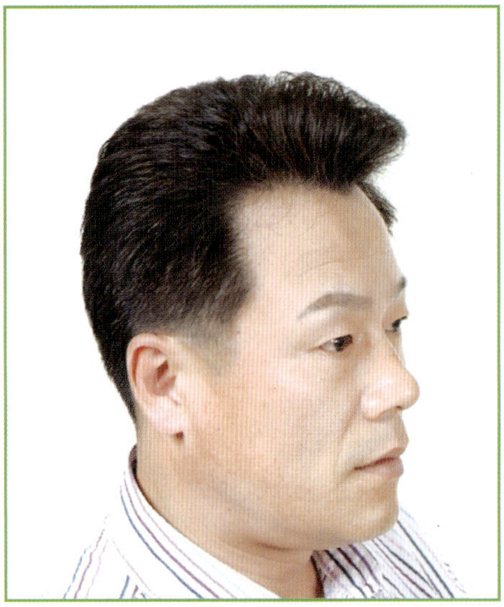

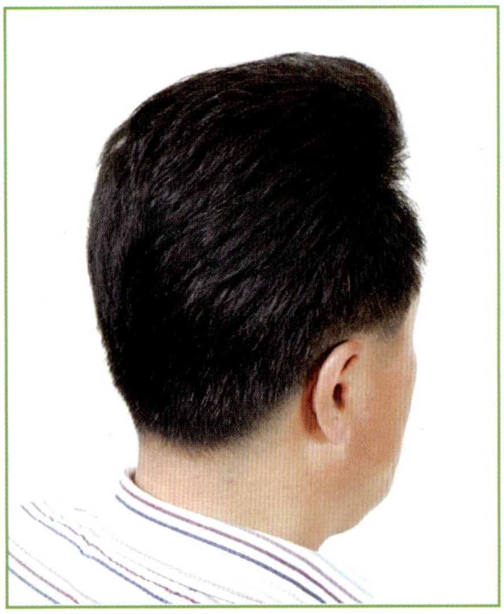

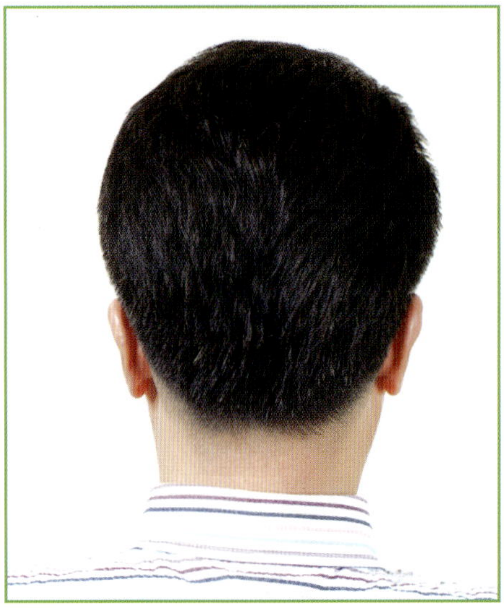

1) 특 징

짧은 모발은 모발의 힘이 다른 길이를 섞어 놓아야만 드라이한 것처럼 외형의 형태가 뭉치지 않고, 자연스러운 커트선을 연출 할 수 있다. 곡면의 영역을 나누어 질감처리 한 후, 모발의 검정색, 머리카락이 전혀보이지 않은 피부색, 피부색과 검정색을 자연스럽게 연결되는 그라데이션된 색깔의 삼색조화를 이루어야만 상고스타일을 잘 연출 했다고 할 수 있다.

2) 시술순서

① 두상영역을 세로존으로 나누어서 틴닝으로 질감 처리한다.
U라인 아래의 영역은 일반시술각 90°로 U라인 영역은 일반시술각 90°로 질감처리를 먼저 시술한다.

② 두부 C.L부터 시작하여 가이드를 설정한 후 일반시술각 90°로 시술한다.

③ 후중부, 측두부영역은 일반시술각 90°로 시술한다. 이때 곡면이 들어간 부분은 시선으로 판넬을 떠서 시술한다.

④ 측두부 아래와 후하부영역에는 90°로 선을 만들고(U라인) 다음은 빗을 그래쥬에이션 형태로 시술하고 맨 밑 모발(머리카락이 나기시작 점)은 클리퍼로 쳐올리기를 하여 깨끗한 피부색을 만든다.

⑤ 튀어나온 부분이나 선이 불안정한 부분은 체크하여 마무리한다.

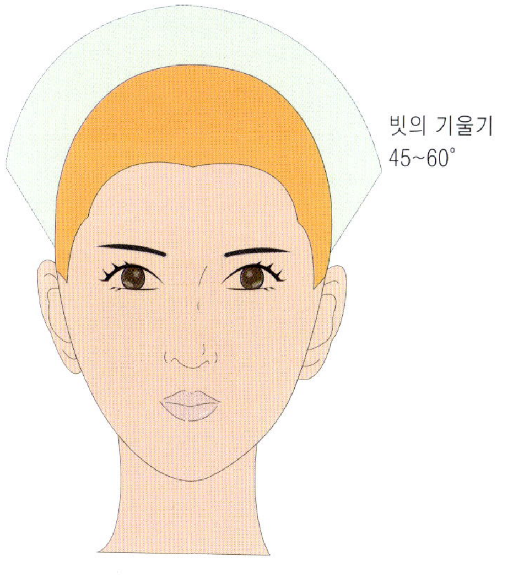

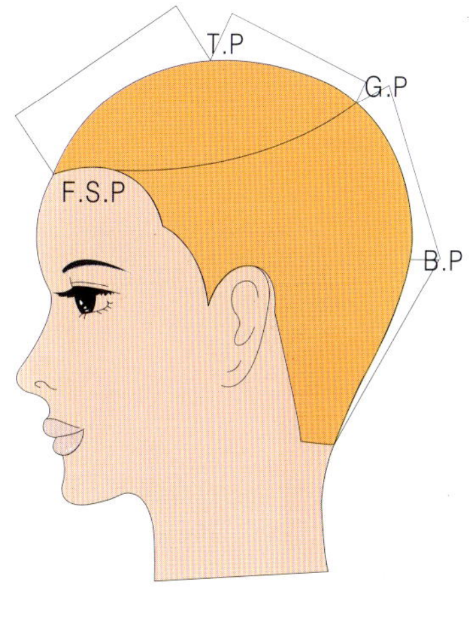

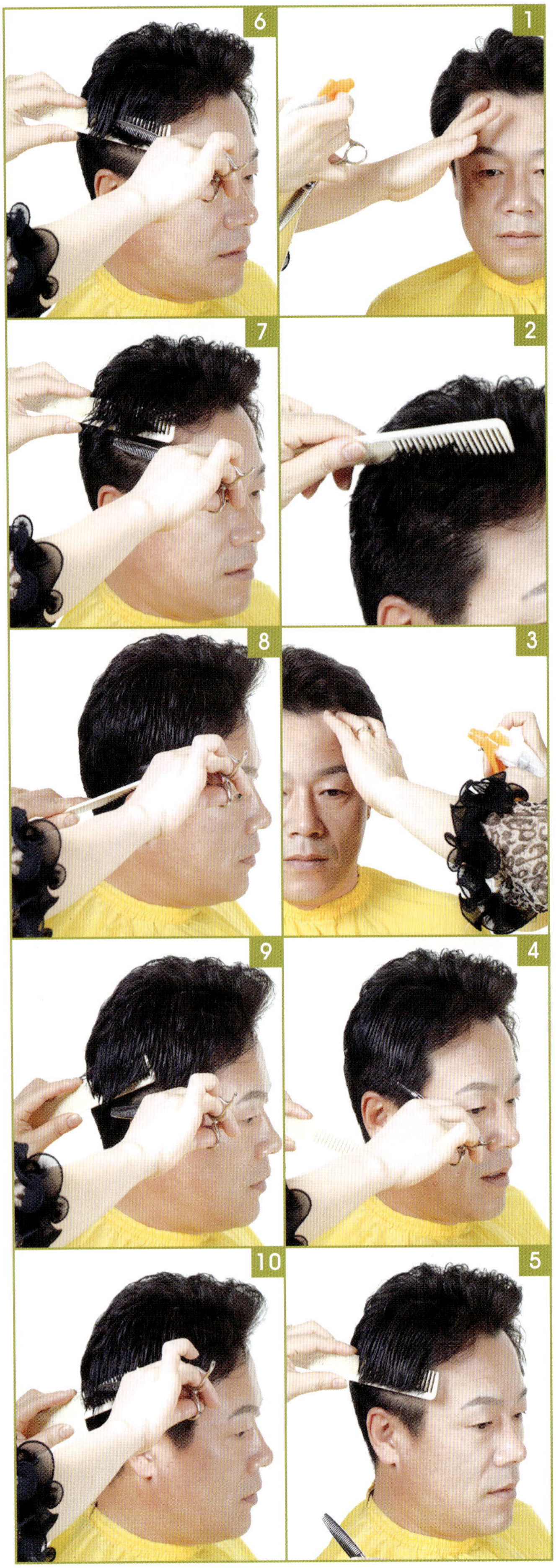

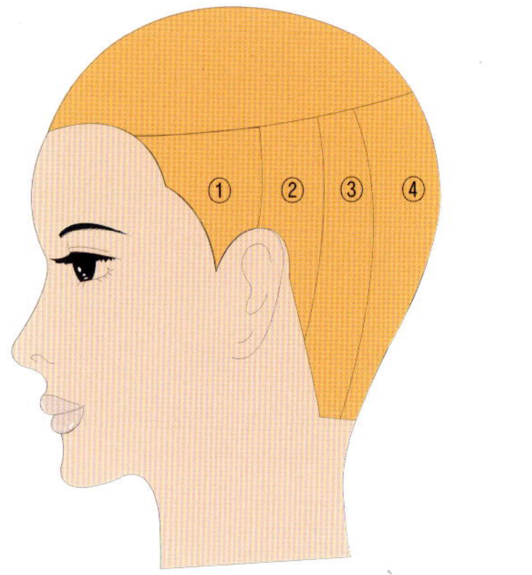

틴닝으로 질감처리할때 세로존의 영역을 지키면서 빗등에 고정날을 대고 3번씩 이동해 가면서 시술한다.

1. 물 스프레이가 얼굴에 뿌려지면 곤란하므로 손으로 얼굴을 가리고 앞에서 뒤로 물을 뿌려준다.
2. 반대쪽도 동일한 방법으로 반대쪽도 시술한다.
3~7. 세로존 ①번영역을 유니폼레이어로 빗을 대고 질감 처리한다. 밑 모발부터 윗 모발을 향해 시술한다.
8~10. ②번 영역에 빗을 후대각으로 대고 밑 모발부터 윗 모발을 향해 시술해간다.

시술전

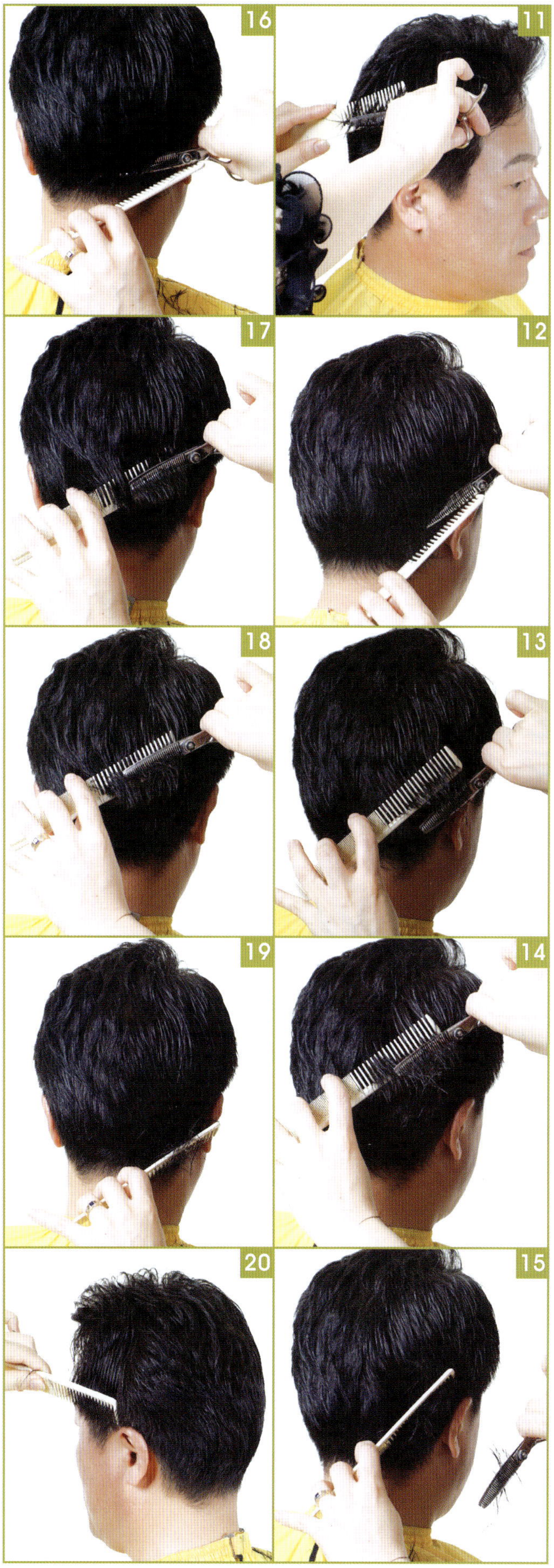

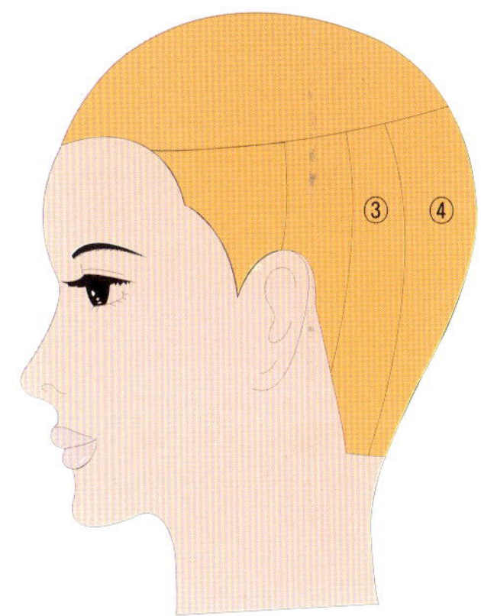

짧은 모발은 손가락으로 판넬을 뜨고 대신 가위와 빗을 이용해 판넬을 옮겨 가면서 시술한다.

11~14. 두상의 세로존 ③번영역을 유니폼레이어로 빗을 대고 밑 모발에서 시작하여 윗 모발로 진행해가면 틴닝을 끝 부분에서 차례로 세 번에 나누어 시술해준다.

15~19. 두상의 세로존 ④번영역을 위와 동일한 방법으로 시술한다.

20. 반대편 두상의 세로존 ①번영역을 시술을 위해 45°로 빗질한다.

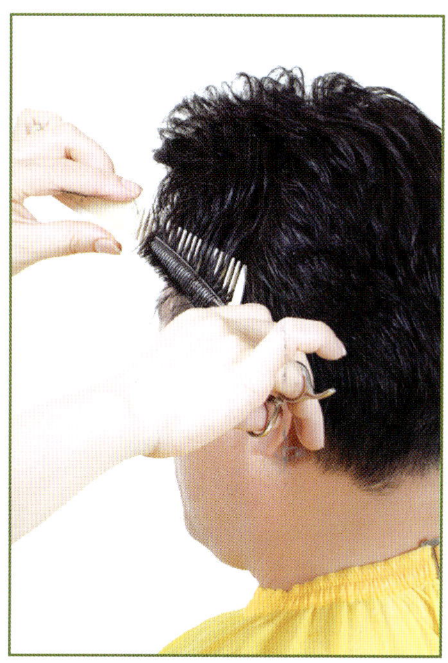

빗등에 가위의 고정날을 대고 유동날을 움직여 가면서 시술한다.

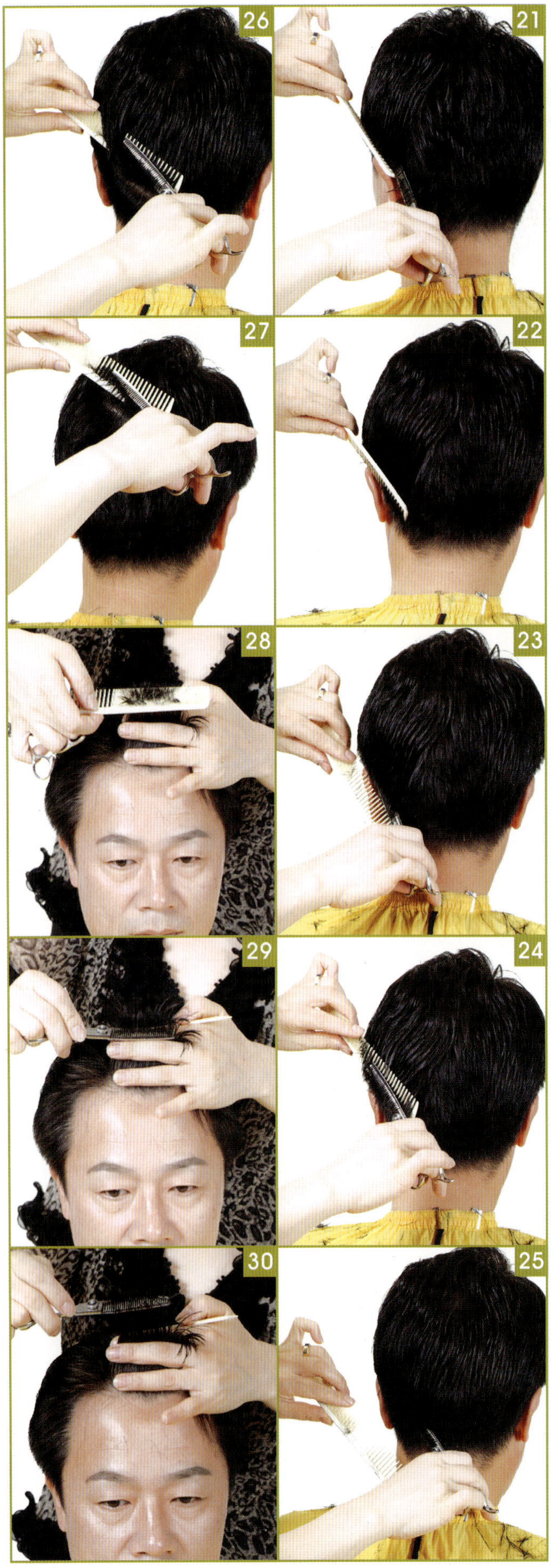

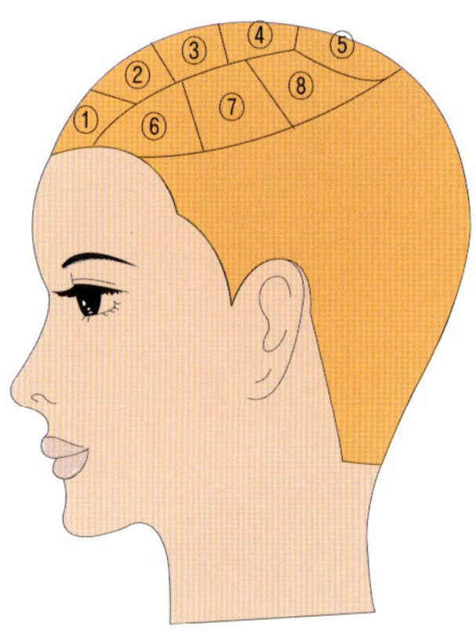

21~28. 두상을 세로존 영역으로 나누어서 밑 모발부터 윗 모발로 진행해가면서 유니폼레이어로 빗을 대고 틴닝가 위로 시술한다. 이렇게 틴닝 가위를 이용하여 유니폼레이어로 시술하게 되면 0.5~1cm 길이가 짧아지므로 한 달전에 커트한 고객은 틴닝가 위만으로도 길이 조절을 하면서 자연스럽게 모발의 길이가 섞여서 쉽게 시술할 수 있다.

28~30. 오버섹션영역은 일반시술각 90°로 판넬을 잡고 원하는 길이의 1/2정도 길이에서부터 틴닝을 시작하여 세 번에 나누어서 시술한다.

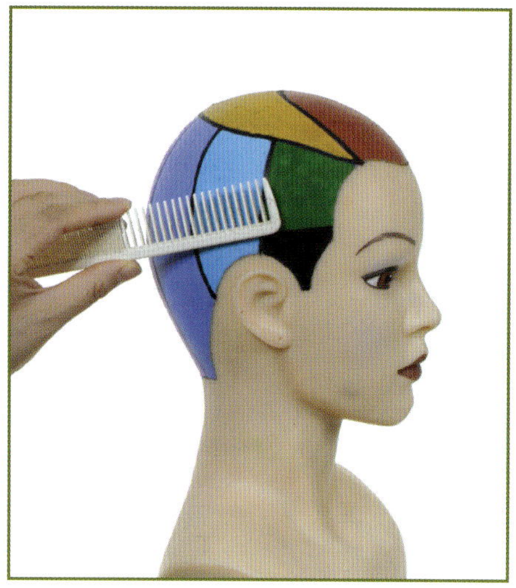

31~36. 오버섹션영역은 이렇게 일반시술각 90° 상태에서 틴닝을 균일하게 커트해주면 0.5~1cm 길이가 짧아져서 다시 브런트 가위로 시술 할 필요가 없다.

37~40. U라인 선을 시술하기 위해 빗을 눈썹산에서부터 후대각 20~30°로 일반시술각 90°로 선을 만들고 2가이드에 맞추어서 그래쥬에이션 형태로 빗을 대어 아래 모발로 내려가면서 시술하다 빗등만큼 잘리지 않은 길이로 오면 빗살을 두피에 대고 깔끔한 피부색을 클리퍼로 시술한다.

빗등과 눈썹산을 나란히 하여 검정선을 시술하기 위한 준비 상태

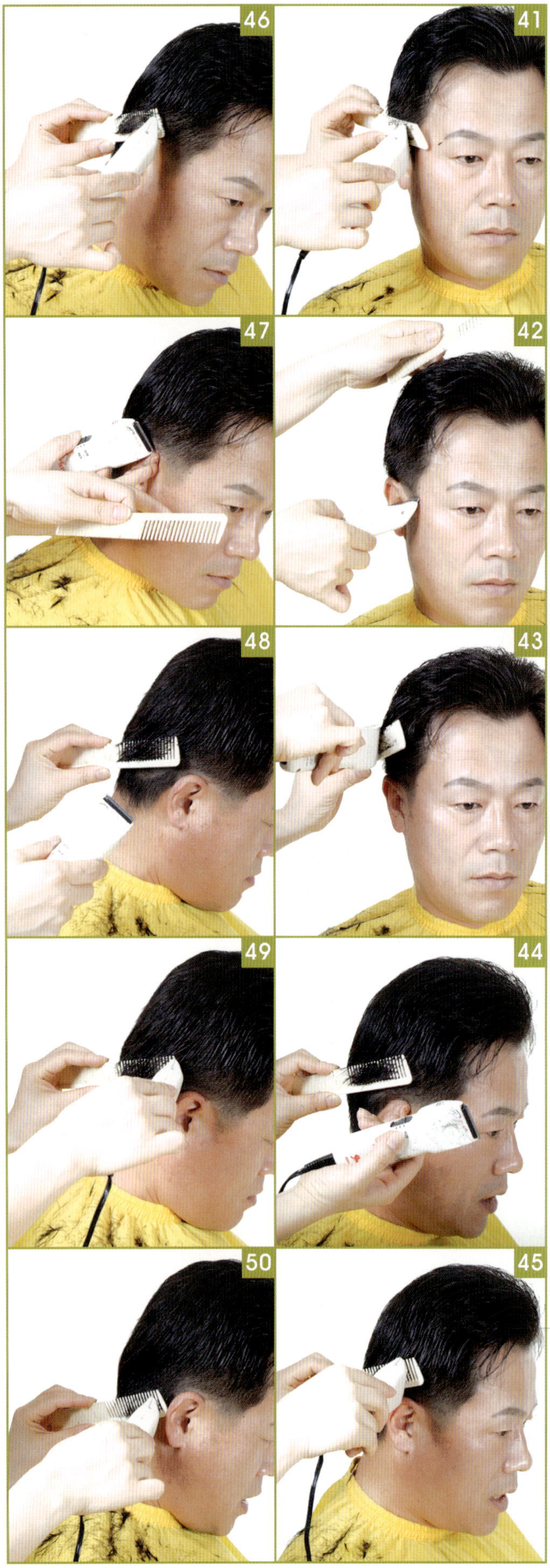

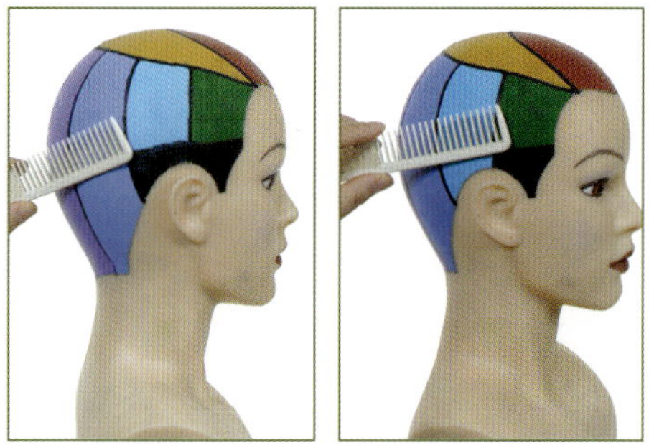

41. 두상의 세로존 ①번영역을 점점 짧게 하고 싶지만 마지막 모발은 빗등만큼 잘리지 않는다.
42. 빗등만큼 잘리지 않은 모발을 클리퍼로 쳐올리기 테크닉으로 시술한다.
43. 밑 모발부터 윗 모발을 향해 다시 한번 시술하면서 체크한다.
44~47. 두상의 세로존 ②번 영역을 ①번 영역가이드에 맞추어서 후대각 20~30°으로 빗을 대고 일반시술각 90°로 선을 만들고 그래쥬에이션 형태로 모발을 짧게 시술해가며 제일 밑 모발은 빗을 빼고 클리퍼로 시술한다.
48~50. 두상의 세로존 ③번영역을 ②번 영역 가이드에 맞추어서 후대각 20~30°로 빗을 대고 일반시술각 90°로 선을 만들어 그래쥬에이션 형태로 모발을 짧게한다.

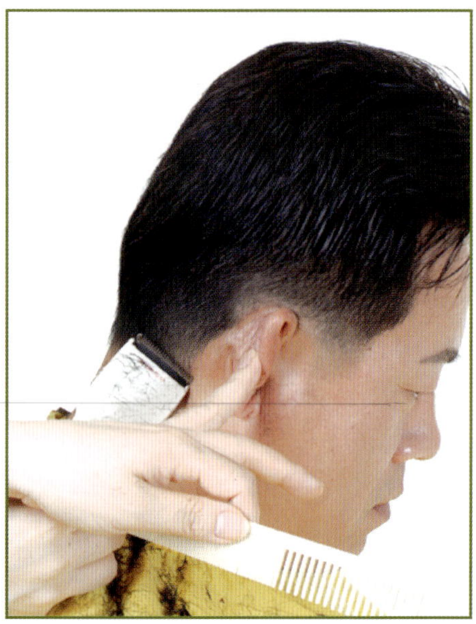

깨끗한 피부색을 시술하기 위해 귀를 보호하면서 클리퍼를 사선으로 대고 C커브를 그리면서 시술한다.

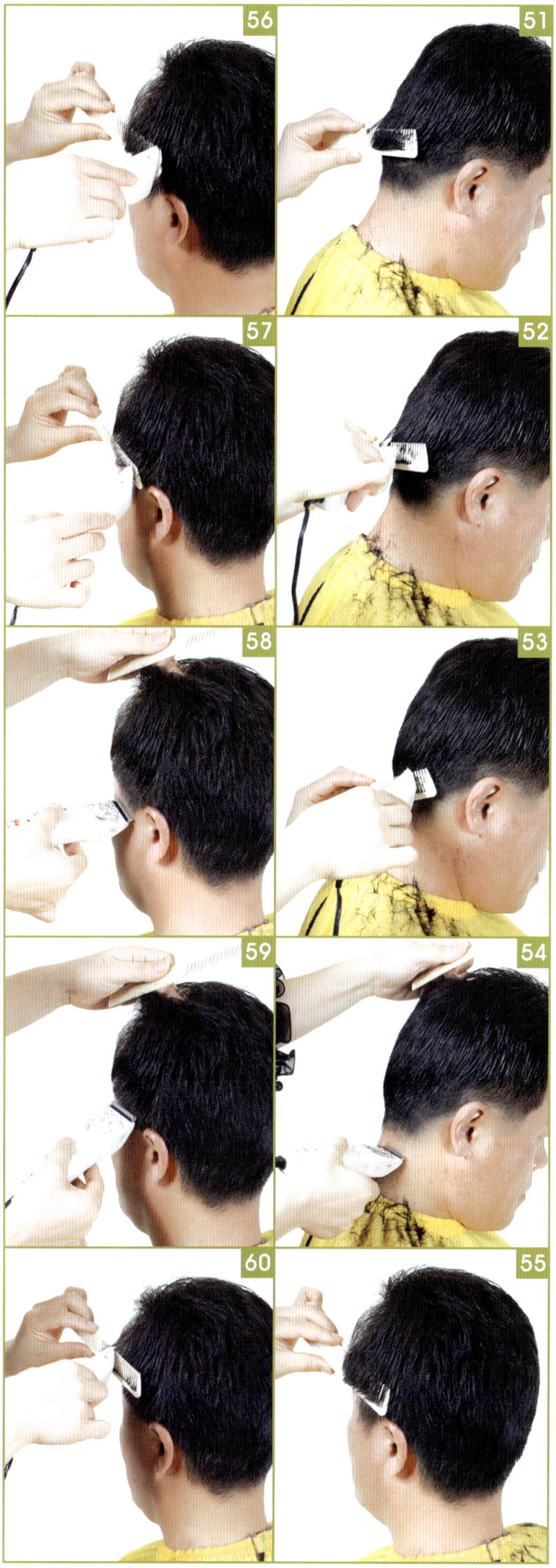

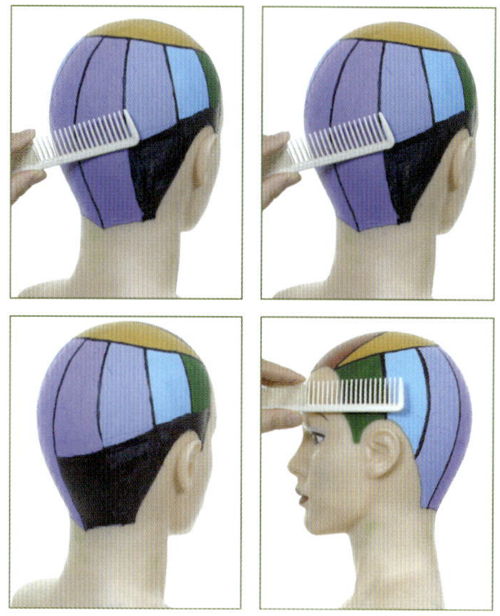

51~54. 두상의 세로존 4번영역을 3번영역가이드에서 후대각 20~30° 기울기로 빗을 댄 후 일반시술각 90°로 선을 만든 후 밑 모발이 짧아지게 그래쥬에이션으로 커트 해가며 맨 밑 모발은 클리퍼로 쳐올리기를 하여 깨끗한 피부색을 만든다.

55~60. 두상영역 세로존 1번영역을 눈썹산에서 20~30° 후대각의 기울기로 빗을 대고 일반시술각 90°로 선을 만들고 밑 모발이 짧아지게 그래쥬에이션 형태로 시술하고 제일 밑 모발은 클리퍼로 쳐올리기를 시술하면서 밑에서 윌 다시 한번 체크 커트로 시술한다.

빗을 그래쥬에이션 형태로 대고 클리퍼도 그래쥬에이션 형태로 시술한다.

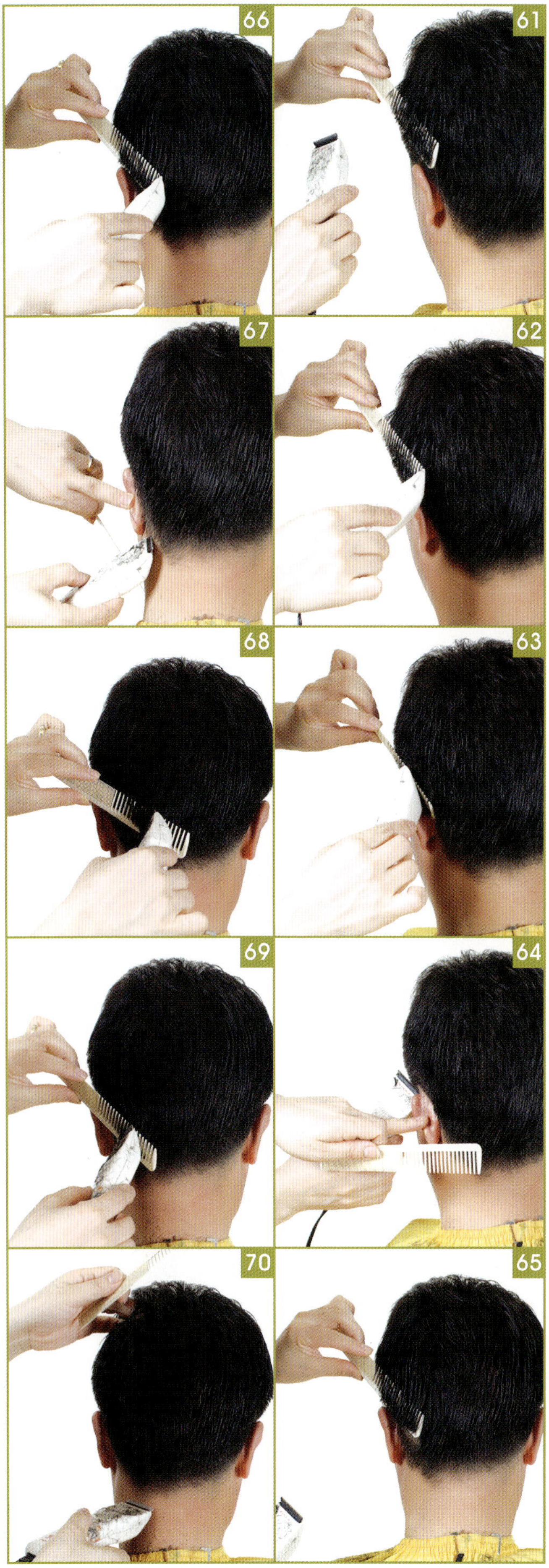

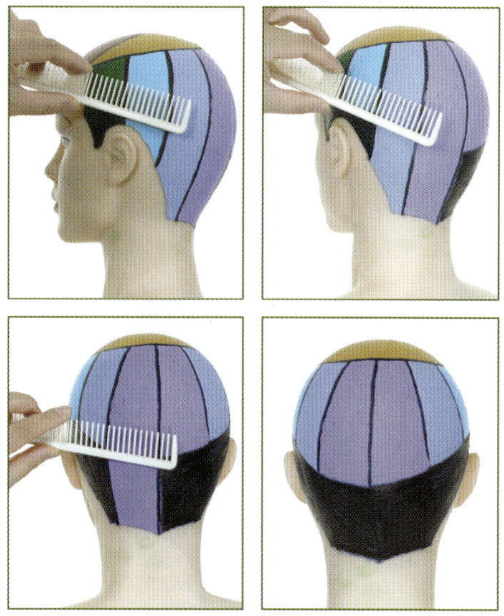

61~70. 두상을 세로존 영역을 나누어서 선을 만들때는 일반시술각 90° 로 밑 모발이 짧아질때는 그래쥬에이션 형태로 시술하고 맨밑모발은 클리퍼로 깔끔하게 쳐올리고 깨끗한 피부색을 만들 수 있도록 시술해야한다.

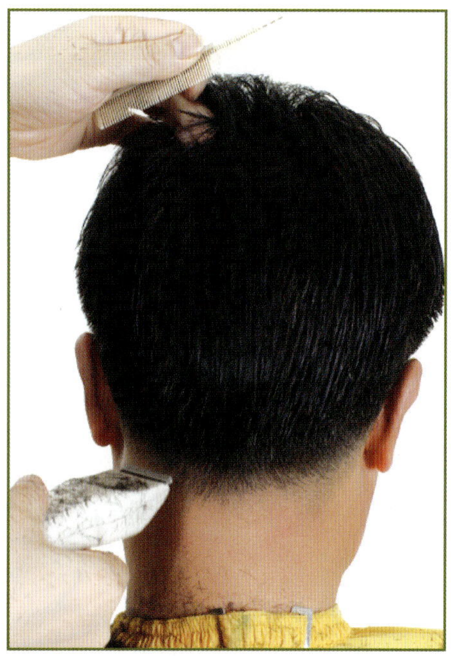

깨끗한 피부색을 만들기 위해 클리퍼를 사선으로 쳐올리기 테크닉을 시술한다.

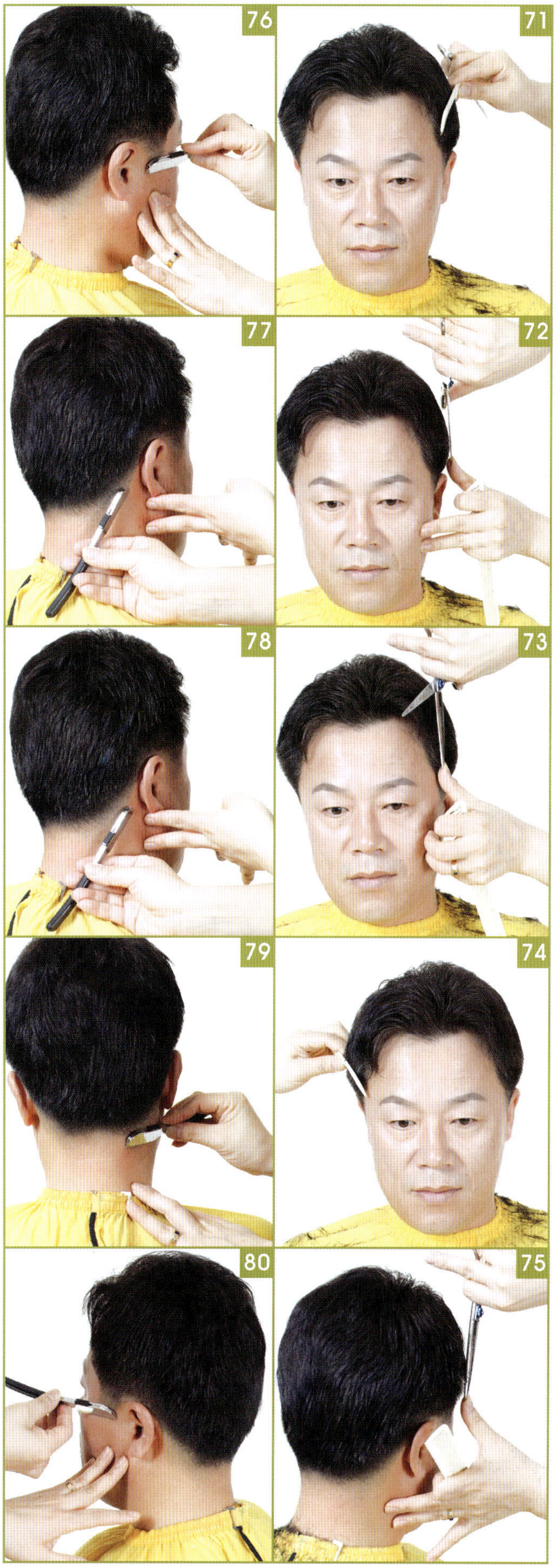

71~75. 가위의 한 날은 고정하고 유동날로 튀어나온 모발을 도려내는 싱글링 테크닉으로 시술한다.

76~80. 깔끔한 피부색을 만들기 위해 시술한다.

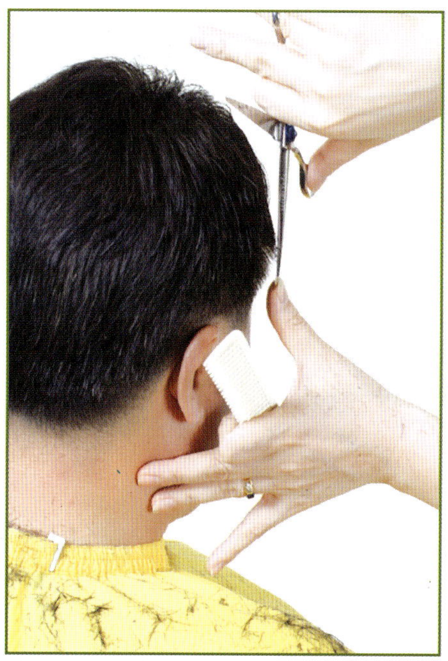

고정날로 뛰어나온 모발을 찾고 유동날을 움직여 가면서 시술한다.

7. 모던 1(Moderm)

초현대적이고 샤프한 스타일을 의미한다. 삐죽삐죽한 모발끝이 샤프하고 멋지게 표현되고 얼굴 선에 살짝 내린 앞머리가 넓은 이마를 감싼다.

1) 특 징

밋밋한 유니폼레이어 스타일을 앞머리의 변화와 옆선의 변화를 주어 시술해 놓으면 그날 그날의 기분에 따라 마음대로 연출할 수 있는 자유스런 스타일이다.

2) 시술방법

① 길이 가이드를 설정한다.
② 전체적인 모류의 흐름을 파악하고 보정한다.
③ 이전의 길이보다 1cm정도를 짧게 시술하기 위해 틴닝으로 자연스럽게 길이를 짧게한다.
④ 질감처리를 시작하면서 이미지를 표현해가며 시술한다.
- 앞머리 디자인 설정 후 T.P 모발을 연결하여 시술한다.
- 옆선에 귀를 다 드러내기 위해 레자로 자연스럽게 연결하면서 시술한다.

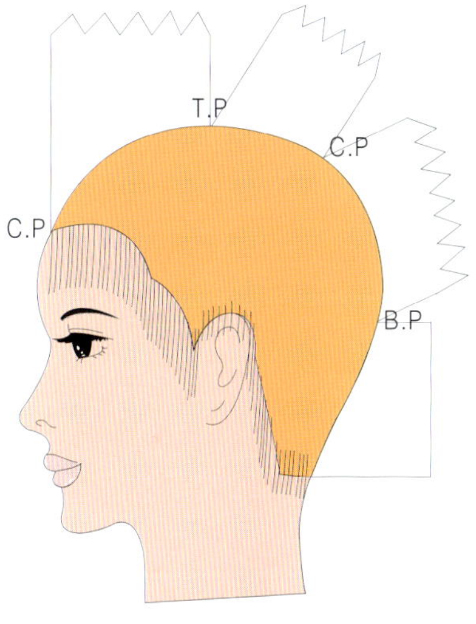

Tip

한달에 다시 커트를 시술할 경우에는 브런트 가위로 시술한 것보다도 틴닝가위로 자연스럽게 시술해야만 샤기표현이 망쳐지지 않고 자연스럽게 연출될 수 있다.

1. 커트를 시술하기 전에 틴닝가위를 이용하여 시술하기 편리한 상태로 질감처리한다.
2. 면에 대한 빗의 각도가 90°가 되게 자연시술각 상태로 끌어내어 틴닝가위로 1cm 간격을 이동시켜가면서 끝부분은 자연스러운 상태로 만든다.
3. 빗으로 시술각을 조절하면서 질감처리를 한다.
4, 5.손가락이 판넬을 뜨는 것이 아니라 가위가 판넬을 뜨고 빗에서 4cm 이상 자르지 않고 45° 각도로 빗과 가위가 시술한다.
6, 7.N.P~B.P 사이는 네이프의 가벼운 선을 위해 빗의 각도가 자연시술각 90° 상태에서 틴닝한다.
8, 9.옆선은 전대각 파팅으로 빗을 대고 틴닝시술을 한다. 일반시술각 90° 상태에 빗을 대고 시술하고 다음 판넬은 가위로 판넬을 뜨고 빗으로 시술각에 맞추어 자른다.
10. 볼륨을 주기위해 빗이 그래쥬에이션 상태로 대고 1cm 간격으로 3번을 나누어 시술한다.

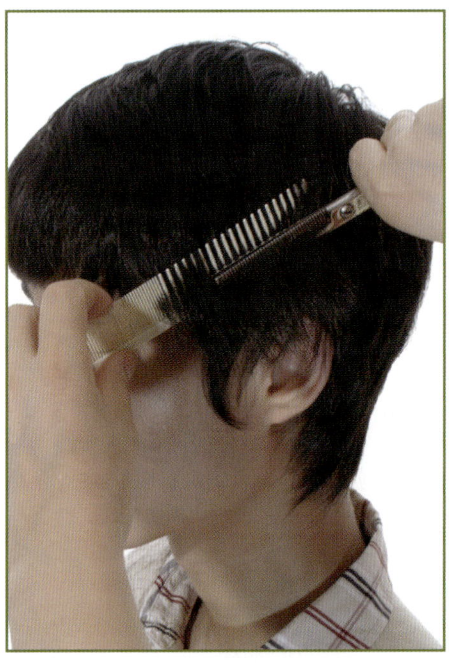

틴닝가위를 빗등에 대고 시술한다.

11~13.빗을 인크리스레이어 상태로 대고 틴닝을 1cm간격으로 3번 나누어 시술하며 빗질은 45° 사선, 빗의 각도도 45°로 시술하여 B.P영역에 볼륨을 만들고 네이프는 가벼운 선을 만들기 위해 인크리스레이어로 판넬을 대고 1cm 간격으로 옮겨 다니며 가벼움을 만든다.

14, 15. U라인영역은 모발을 두상각도로 시술하므로 모발의 2/3기장부터 1cm간격으로 3번 틴닝을 하면 끝부분이 자연스럽게된다.

16~18. 공기감과 모발을 세우기 위해 끝부분은 낫칭으로 길고 짧고를 이용하여 표현한다.

19, 20. 앞머리부분은 자연스런 흐름을 위해 밑머리가 길고 윗머리가 짧게 판넬을 나누어서 3번에 틴닝을 해 끝부분에 샤기 표현을 한다.

21~23. B.P볼륨을 주기위해 위가 길고 아랫머리가 짧게 이어 그래쥬에이션 틴닝을 나누어 시술한다.

24. 옆선은 자연스런 흐름을 위해 이팩트 테크닉으로 시술한다.

25. 앞머리표정은 고객과 의논 후 사선으로 가볍게 시술한다.

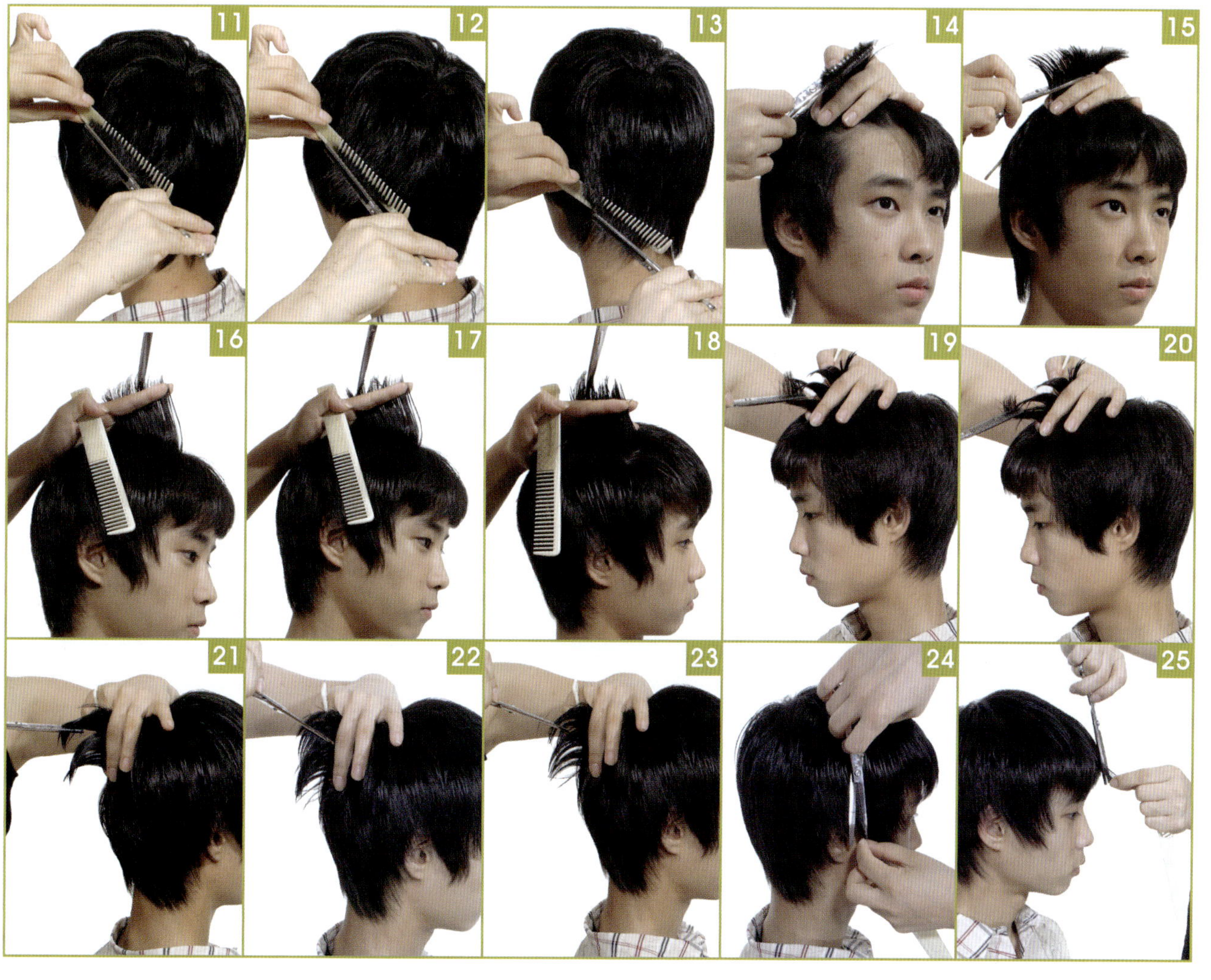

8. 모던 2(Moderm)

modern은 '현대', '근대적'이라는 의미로 초 현대적이고 샤프한 스타일을 의미한다. 기본스타일인 유니폼레이어를 앞머리와 옆선 후하부의 변형으로 고객이 원하는 이미지 변화를 주면서 하는 스타일이다.

앞머리에 모류가 강한 부분은 모발을 길게하고, 모류가 자연스럽게 떨어지는 부분은 길이를 짧게하여 앞머리표정에서 변화를 준 헤어스타일이다.

1) 특 징

밋밋한 유니폼레이어 스타일을 앞머리의 변화와 옆선의 변화를 주어 시술 해 놓으면 그날 그날의 기분에 따라 마음대로 연출할 수 있는 자유스런 스타일이다.

2) 시술방법

① 길이 가이드를 설정한다.
② 전체적인 모류의 흐름을 파악하고 보정한다.
③ 이전의 길이보다 1cm정도를 짧게 시술하기 위해 틴닝으로 자연스럽게 길이를 짧게한다.
④ 질감처리를 시작하면서 이미지를 표현해가며 시술한다.
  - 앞머리 디자인 설정 후 T.P 모발을 연결하여 시술한다.
  - 옆선에 귀를 다 드러내기 위해 레자로 자연스럽게 연결하면서 시술한다.

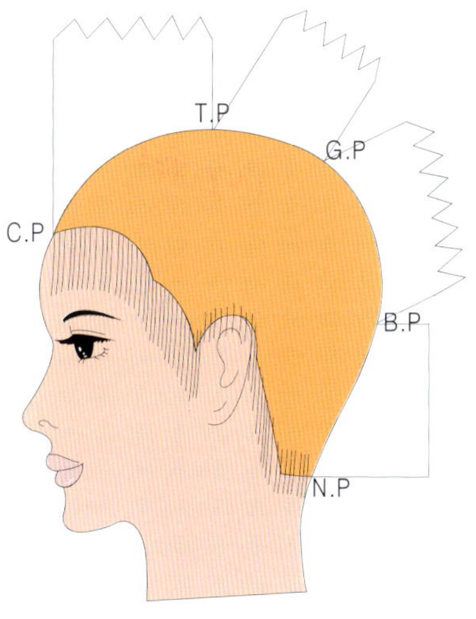

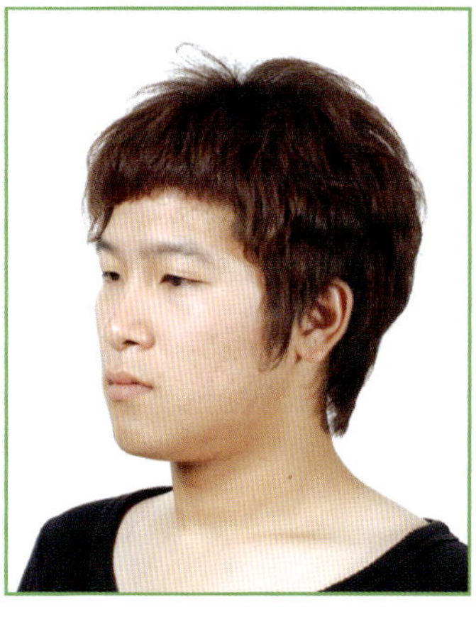

시술전

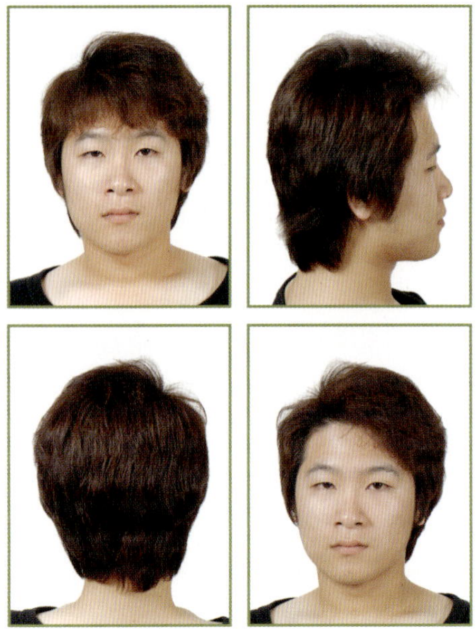

1. 전두부앞의 모류가 위로 솟구쳐 나있는 시술 전의 모습이다(물을 뿌리기 이전에 모류를 보아야만 된다).
2~5. 후하부의 길이 가이드를 설정하면서 U라인을 시술한다.
6. 모류가 흐르는 방향을 파악한다.
7, 8. 모류가 흐르는 0.5cm의 모발을 뜬다.
9. 모류가 흐르는 반대 방향으로 끌어 당겨서 틴닝으로 모류가 흐르는 방향을 없애준다.
10. 모류를 보정하고 그대로 빗어 놓은 상태이다.

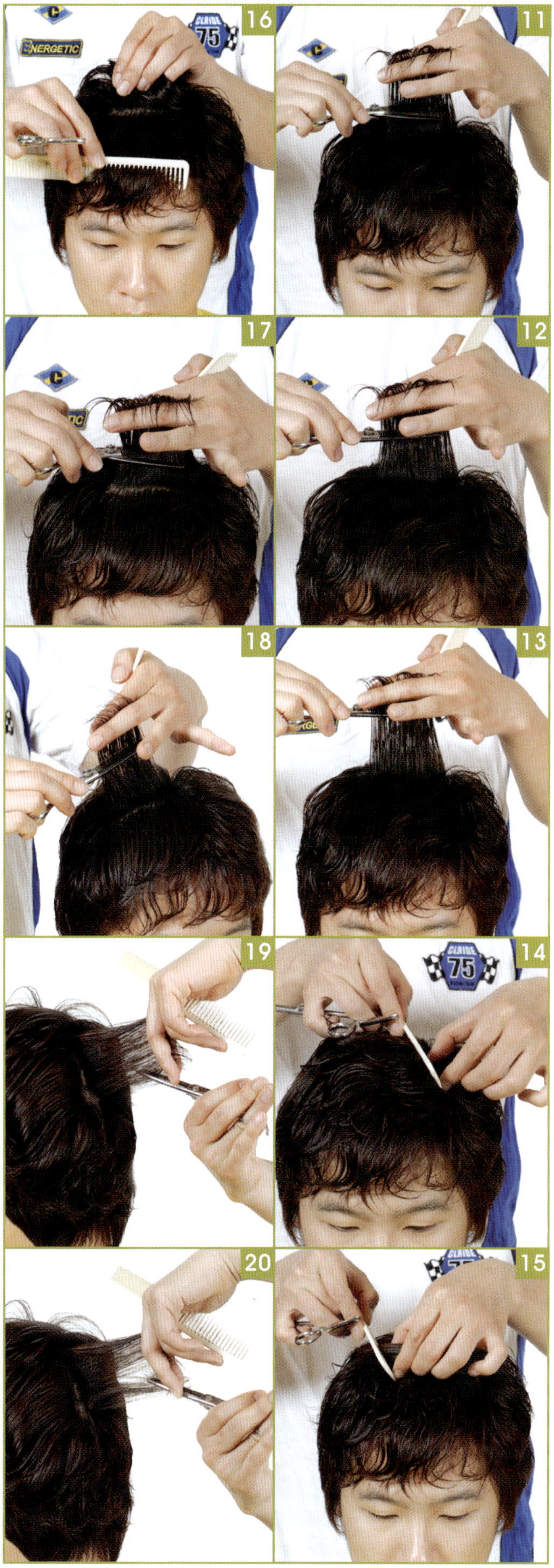

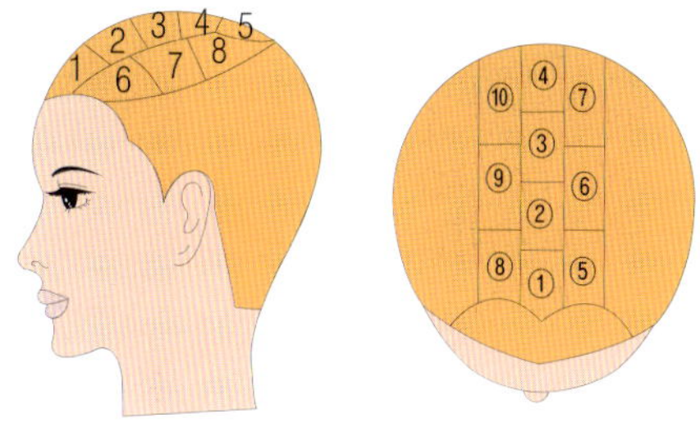

11. 모발을 세우기 위해 3cm 영역에서 일반시술각 90° 상태에서 틴닝으로 시술한다.
12. 11번의 시술에서 2cm 간격을 띄워 5cm에서 틴닝으로 다시 한번 시술한다.
13. 12번의 시술에서 2cm 간격을 띄워 7cm에서 틴닝으로 다시 한번 시술한다.
14~18. U라인 영역은 판넬을 옮겨가면서 위와 동일한 방법으로 틴닝가위로 시술한다.
19, 20. 후중부, B.P~G.P 모량제거와 모발의 움직임을 위해 틴닝가위를 인크리스레이어 상태로 넣고 3번에 나누어서 시술한다.

길이를 섞기위해 틴닝가위를 사선으로 대고 C커브를 그리면서 시술한다.

21~25. 후중부 B.P~G.P 사이에도 골격보정과 움직임을 주기 위해 틴닝가위를 인크리스레이어 상태로 시술한다(이때 모발의 깊이나 도려내는 정도는 고객에 맞추어서 한다).

26. 모류보정과 골격보정, 모량제거를 위해 모발을 앞쪽으로 당겨서 빗질하고 두피에 밀착하여 틴닝으로 시술한다. 이때 검지는 귀를 누르면서 보호해야한다.

27. 다음 판넬로 26과 동일한 방법으로 시술한다.

28, 29. 골격이 들어간 부분까지 시술한다.

30. 뭉치는 모발을 한꺼번에 모아놓고 틴닝을 사선으로 하여 시술하면 자연스런 선을 얻을 수 있다.

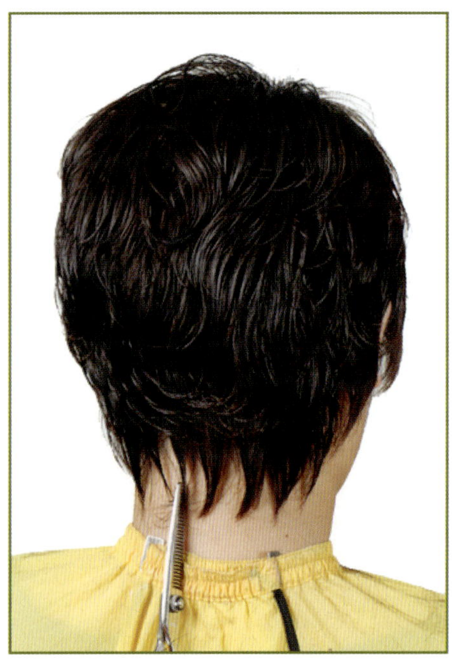

선을 자연스럽게 연출하기 위해 틴닝을 사선으로 3번에 나누어서 시술한다.

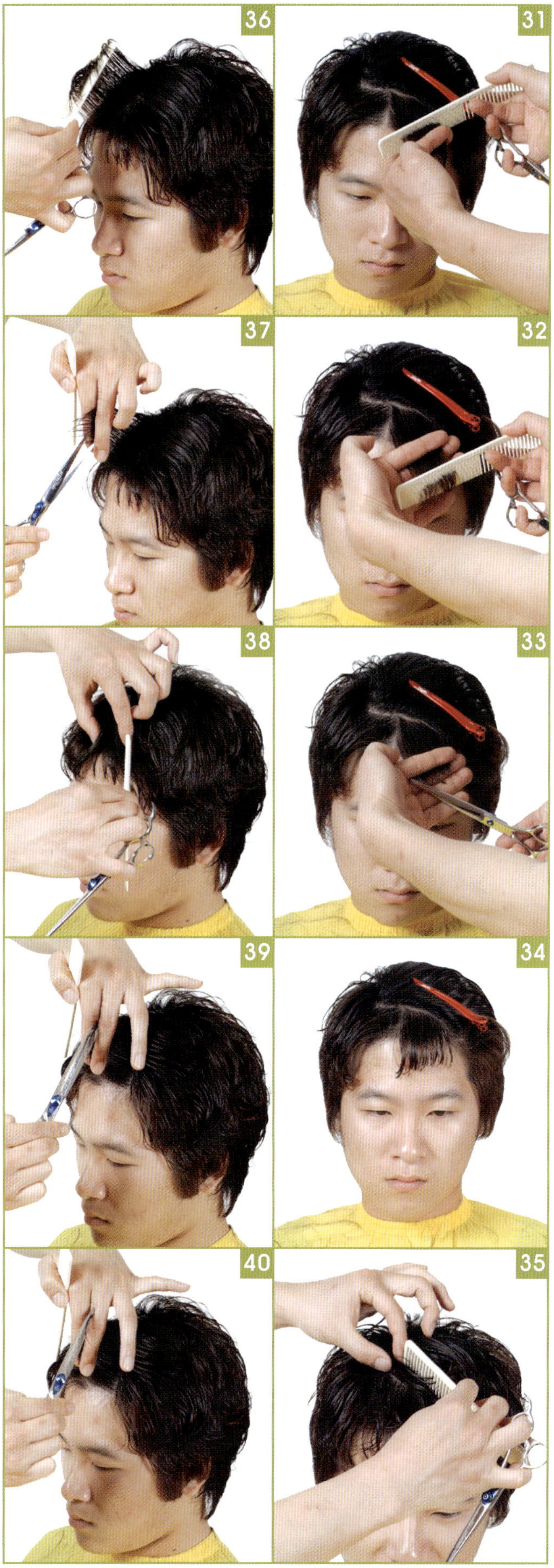

31. 앞머리를 짧게 하는 이미지를 연출 하고 싶어서 모류가 흐르는 반대쪽 으로 당겨서 빗질한다.
32~34. 모류가 흐르는 반대쪽으로 당겨 서 빗질한다.
35~40. 전두부의 전체적인 모발과 앞머 리와 1번, 2번, 3번 순으로 길이를 연결 하면서 시술한다.

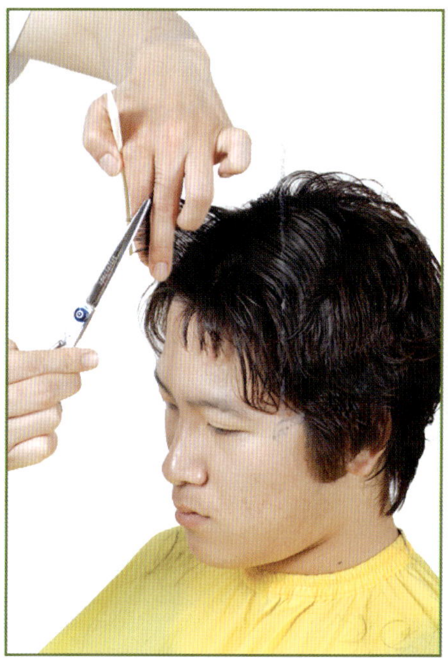

앞머리 짧은 모발과 윗모발을 연결하면서 시술한다.

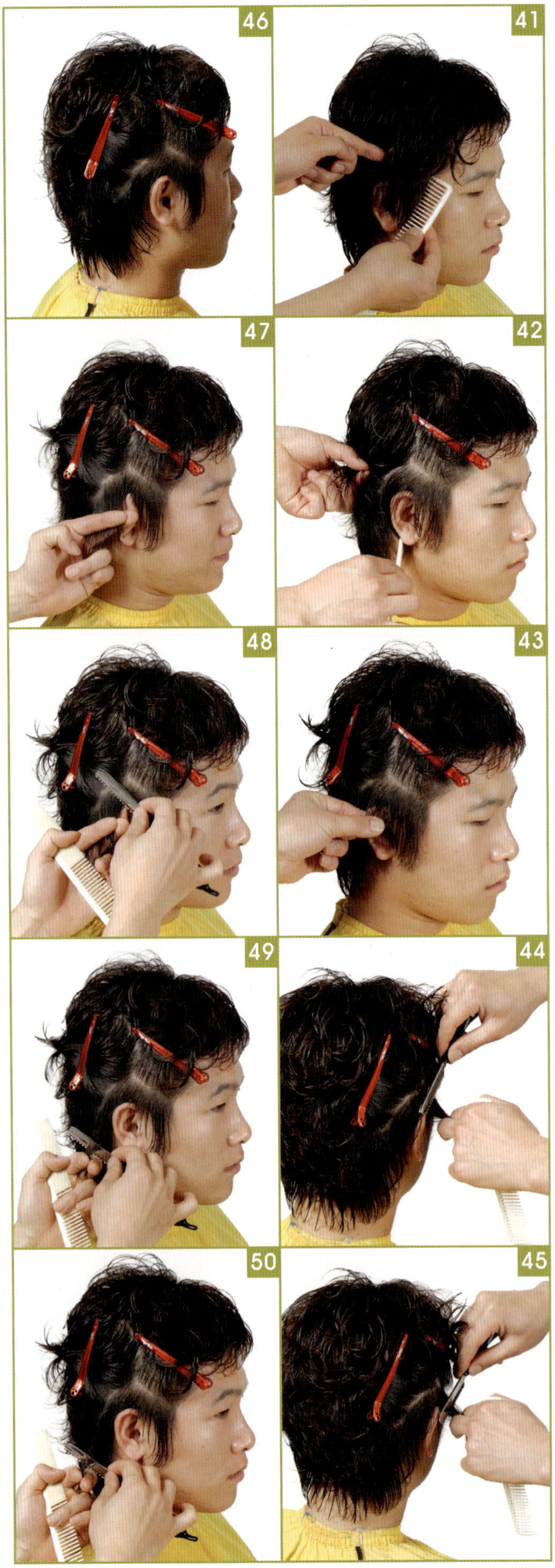

41. 항상 검지가 머리를 파팅을 탈껀지 결정해 주면 시술할 때 좋다.
42. 귀를 중심으로 모발이 나는 대로 2cm씩 선을 시술하기 위한 파팅을 나눈다.
43. E.P에서 얼마만큼 도려낼 것인지를 설정하여 가이드를 정한다.
44, 45. E.P에서 S.C.P쪽으로 귀를 파면서 레자로 선을 만든다.
47~50. 모발을 앞쪽으로 두피에 밀착시킨 후 E.P가이드를 잡고 E.B.P를 연결하면서 선을 레자로 시술한다.

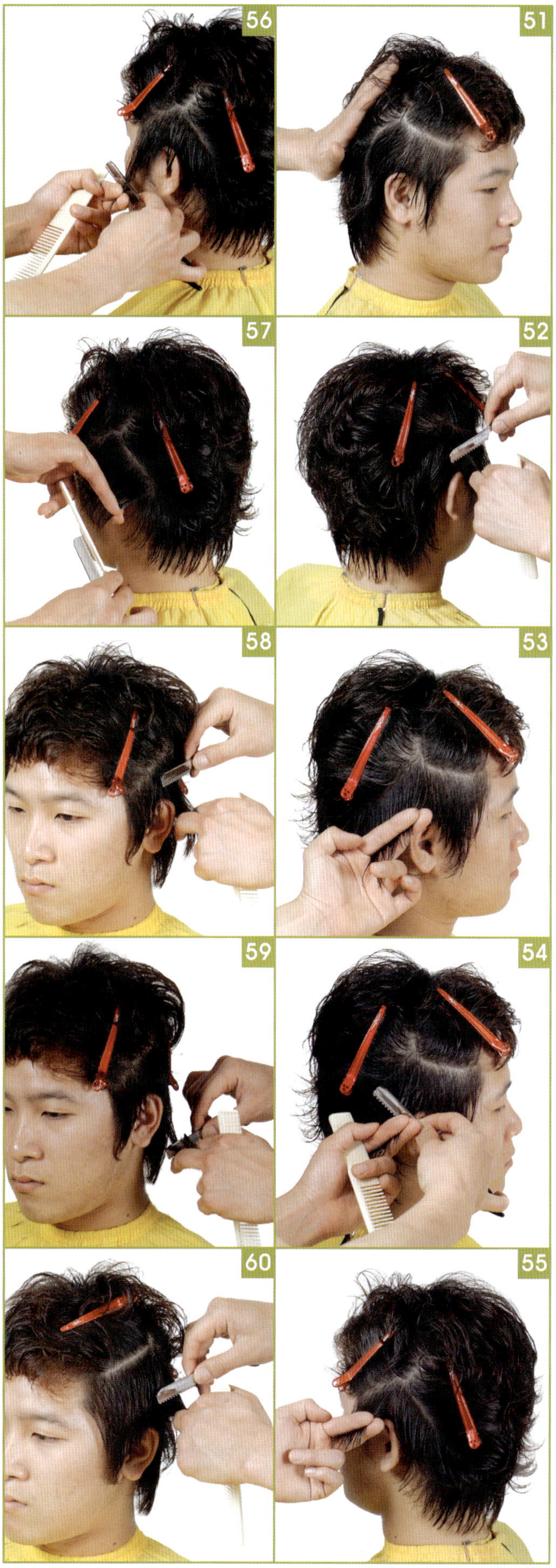

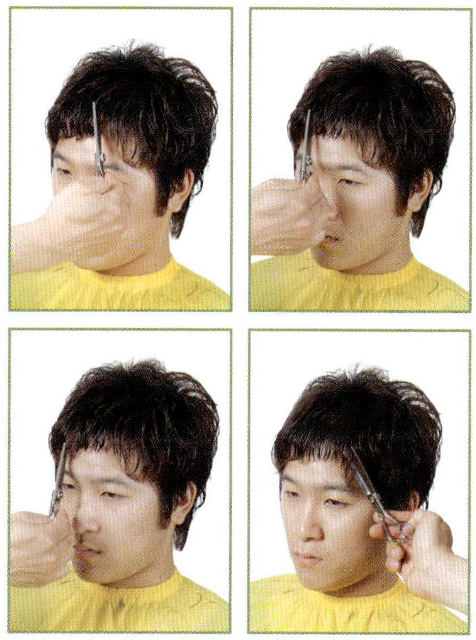

51. 선을 시술 후 떨어뜨린 선에서 다시 한번 원하는 만큼 잘렸는지 시술한다.
52. 무겁거나 원하지 않은 모발은 다시 한번 잡아서 레자컷을 시술한다.
53, 54. 뒷 모발로 떨어뜨린 후 다시 한번 필요없는 모발은 잡아서 레자컷을 시술한다.
55~60. 반대쪽도 위와 동일한 방법으로 시술한다.
앞부분의 모발은 떨어뜨린 상태에서 모류가 흘러가는 방향을 보고 반대 방향에 틴닝을 사선으로 시술해 주면 모류보정을 할 수 있다. 짧은 모발은 골격과 모류보정을 잘 활용해서 두상에 모발이 예쁘게 표현될 수 있게 하는 것이 중요하다.

9. 모던 3(Moderm)

초 현대적이고 샤프한 스타일을 의미한다. 유니폼레이어 기본 스타일에 앞머리와 옆선의 변형으로 고객이 원하는 이미지를 시술한다.

스타일링 후

두피에 모류를 세워서 스타일링을 하게되면 모량도 많아 보이고 헤어스타일의 이미지가 달라보인다.

스타일링 전

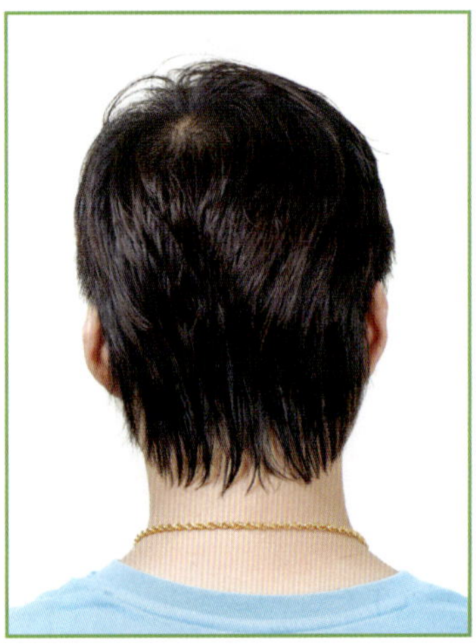

힘이 없는 모발은 모류가 두피면에 밀착하여 모발이 떨어지기 때문에 모량이 적어보인다.

1) 특 징

밋밋한 유니폼레이어 스타일을 앞머리의 변화와 옆선의 변화를 주어 시술 해 놓으면 그날 그날의 기분에 따라 마음대로 연출할 수 있는 자유스런 스타일이다.

2) 시술방법

① 길이 가이드를 설정한다.
② 전체적인 모류의 흐름을 파악하고 보정한다.
③ 이전의 길이보다 1cm정도를 짧게 시술하기 위해 틴닝으로 자연스럽게 길이를 짧게한다.
④ 질감처리를 시작하면서 이미지를 표현해가며 시술한다.
- 앞머리 디자인 설정 후 T.P 모발을 연결하여 시술한다.
- 옆선에 귀를 다 드러내기 위해 레자로 자연스럽게 연결하면서 시술한다.

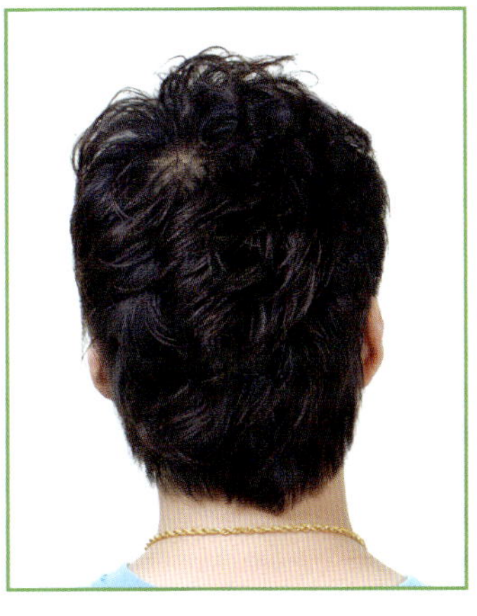

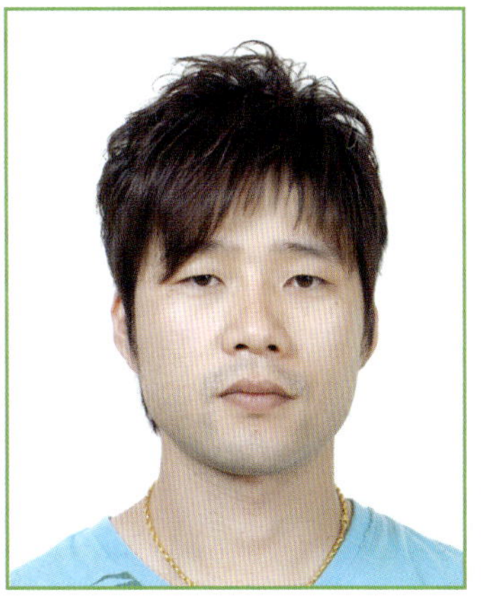

1. 후하부 중심부에서 먼저 낫칭으로 길이 가이드를 설정한다.
2, 3. 후하부 중심부에서 길이 가이드가 설정되면 양 옆에도 길이를 설정하면서 U라인을 시술한다.
4, 5. 두상의 제일 튀어나온 T.P를 설정한다. 얼레살 길이 가이드 9cm로 설정한다.
6. T.P를 중심으로 가로로 한 판넬을 뜬다.
7~10. T.P 모발의 가이드에 맞추어서 전두부 모발을 T.P로 당겨서 앞모발이 길게, 윗모발은 짧게, 자연스럽게 떨어지게 한다.

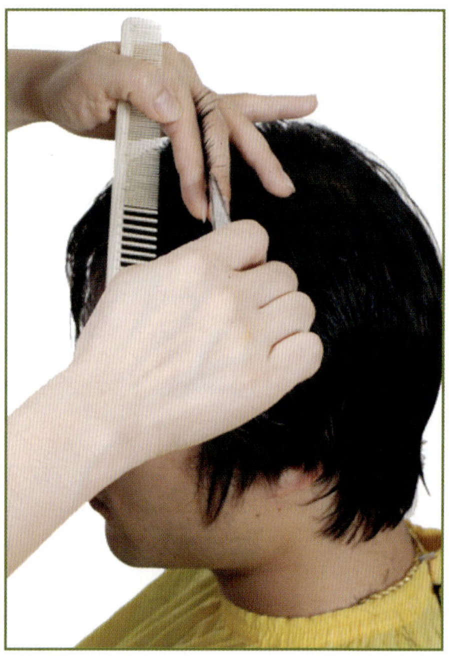

두상곡면대로 연장하여 시술한다.

11, 12. 후중부 B.P~G.P 버티컬센섹으로 판넬을 떠서 일반시술각 90°로 시술한다.

13, 14. 12번에 온 가이드를 가지고 사선으로 판넬을 떠서 일반시술각 90°로 시술한다.

15~17. 두상 곡면이 함몰되어 있는 영역은 사선으로 판넬을 떠서 일반시술각 90°로 시술하면 이곳의 모발이 길어지지 않고 원하는 길이를 커트할 수 있다.

18~20. 반대쪽도 위와 동일한 방법으로 시술한다.

두상이 함몰된 부분은 사선으로 판넬을 떠서 시술한다.

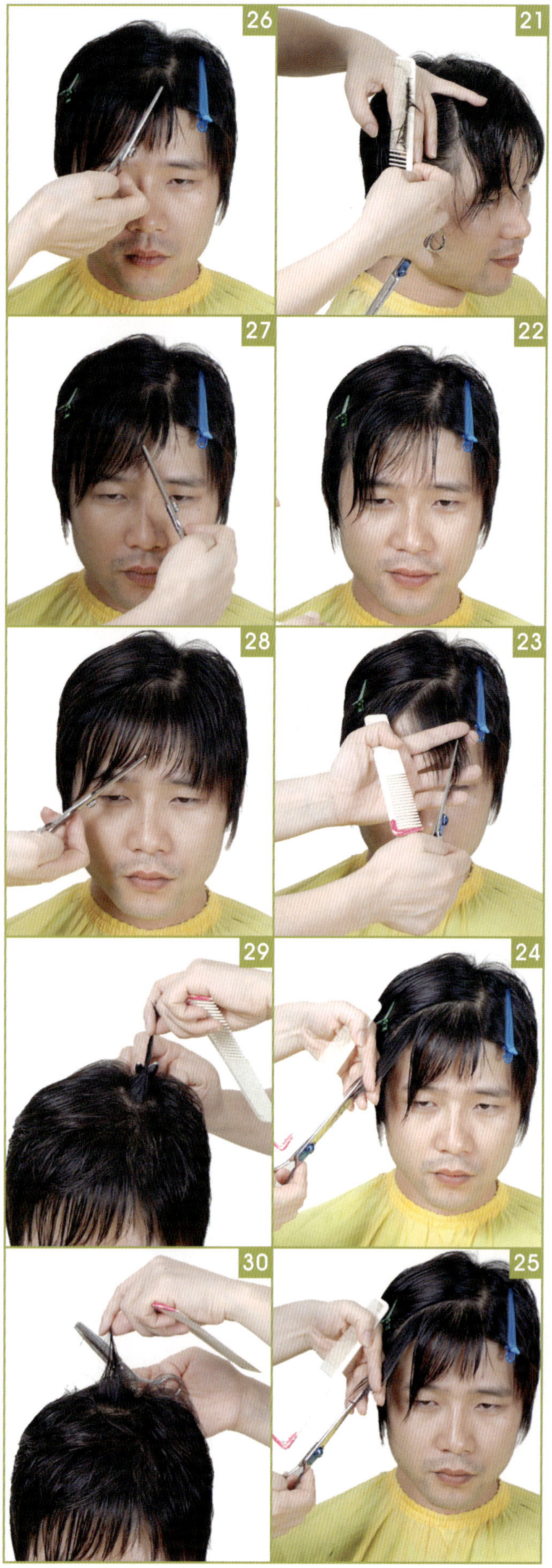

21. 측두부 영역도 선이 자연스럽게 모발이 떨어지도록 사선 판넬을 뜨고 시술하면 좋다.
22. 앞머리 표정만들기를 위해 파팅을 나누어 놓는다.
23. 가르마쪽 모발을 짧게 하고 F.S.P선 모발을 길게 하기 위해 가르마쪽으로 모발을 당겨서 낫칭으로 시술한다.
24, 25. F.S.P선의 긴 모발은 C커브를 그리기 위해 사선으로 질감처리한다.
26~28. 앞머리를 길고 짧음의 자연스러운 떨어짐을 위해 틴닝가위를 사선으로 넣으면서 앞머리 표정을 연출한다.
29, 30. T.P의 볼륨을 위해 길이를 짧게 모발을 꼬아서 틴닝을 모류의 반대 방향으로 하여 사선으로 넣으면서 모발의 양을 체크한다.

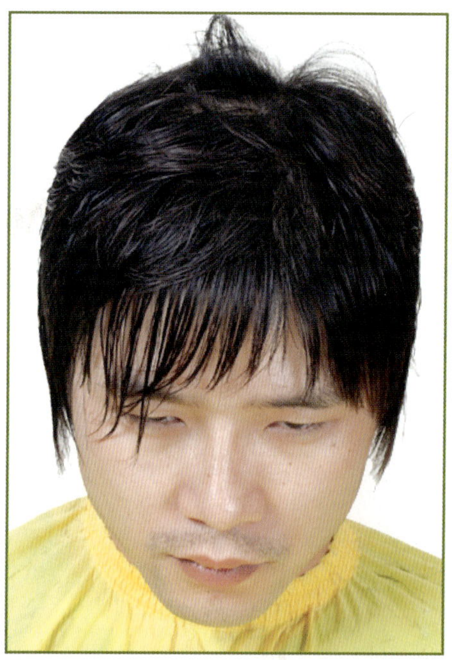

앞머리 표정을 연출해 놓은 상태이다.

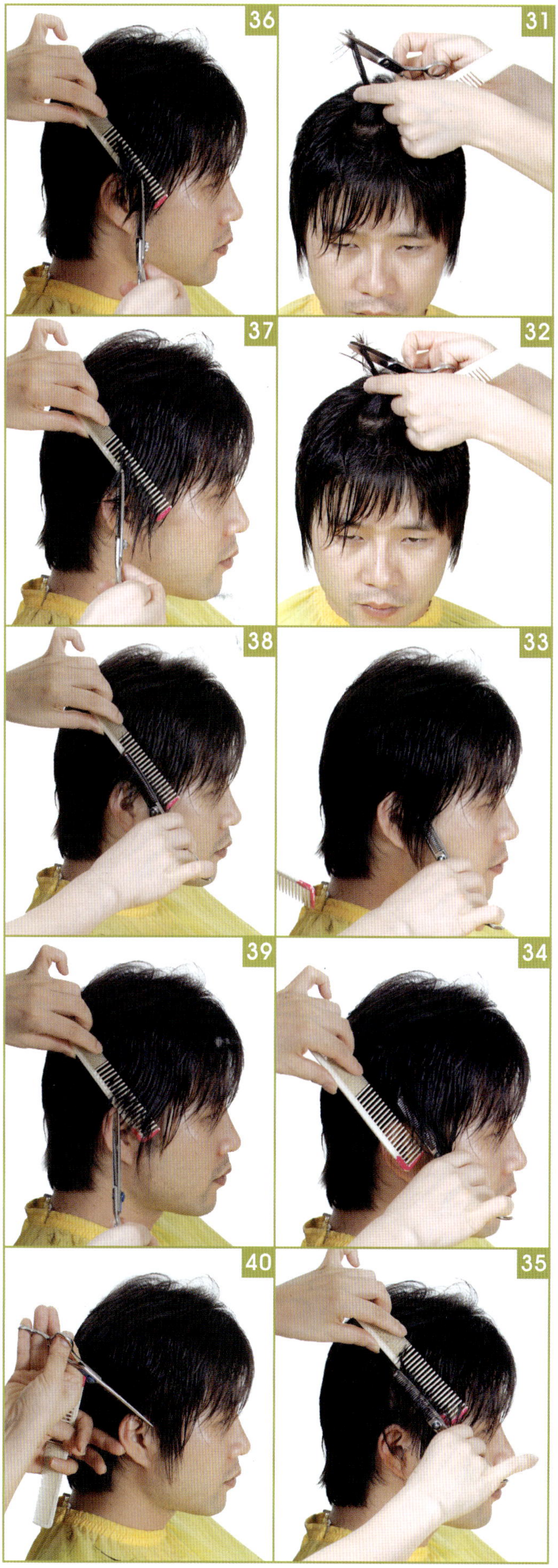

31, 32. 끝모발이 길이가 동일해서 딱딱하면 끝부분에서 틴닝을 사선으로 모발의 양을 제거한다.

33. 옆선의 모량제거를 위해 가위로 모발의 판넬을 뜬다.

34, 35. 옆선의 모량제거를 위해 빗을 전대각으로 대고 빗과 가위의 자리를 바꾸어 가면서 질감처리한다.

36~39. 떨어진 모발이 무겁게 떨어지면 다시 빗을 전대각으로 잡고 틴닝가위를 이용하여 사선으로 5cm 이상의 길이부터 모발의 길이를 섞어서 자연스러움을 연출한다.

40. 선을 다시 한번 가위로 정리하면서 마무리를 한다.

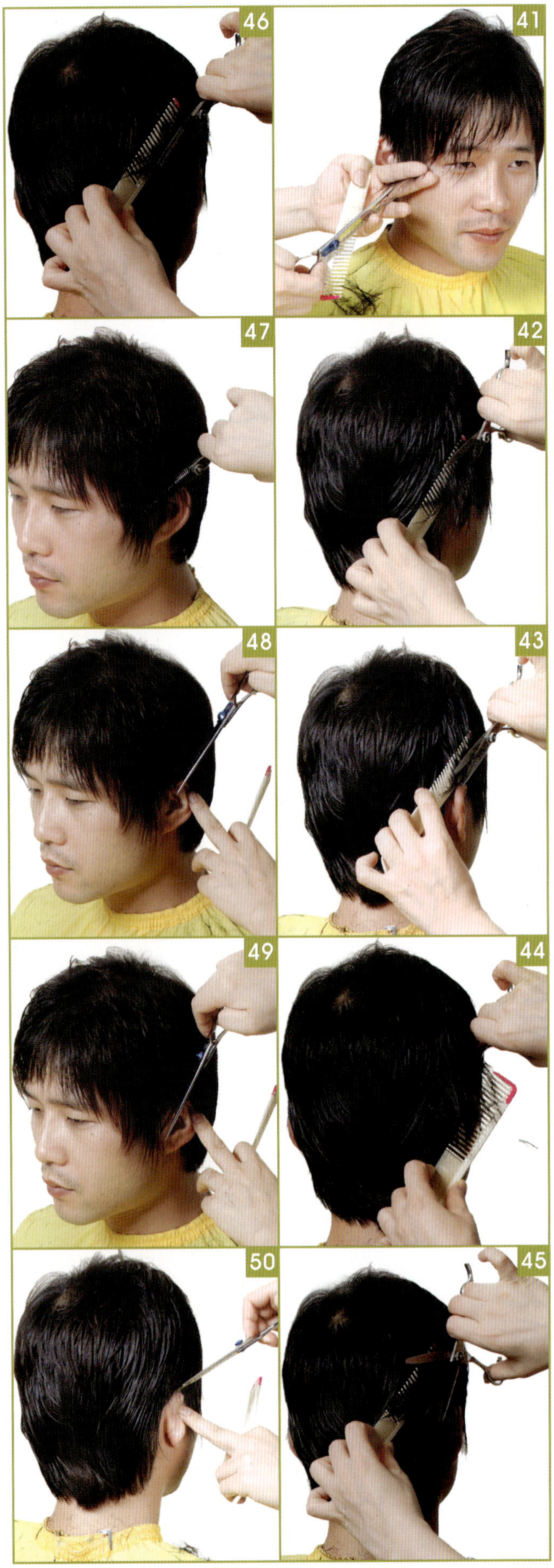

41. 선을 확인하면서 다시 한번 정리해 준다.
42, 43. 이곳에는 모량이 많기 때문에 짧게 자르기 이전에 모량제거를 위해서 틴닝으로 시술한다.
44~46. 모량제거를 위해 빗을 인크리스 레이어로 대고 모발 끝부분에 3번 정도를 반복해서 모발을 제거하면서 모량을 확인한다.
47~49. 전대각으로 모발을 들어내기 위해 가위를 넣는다.
50. 귀를 손으로 보호하고 모발의 선을 표현하기 위해 시술한다.

귀를 보일수 있도록 모발을 도려낸 상태이다.

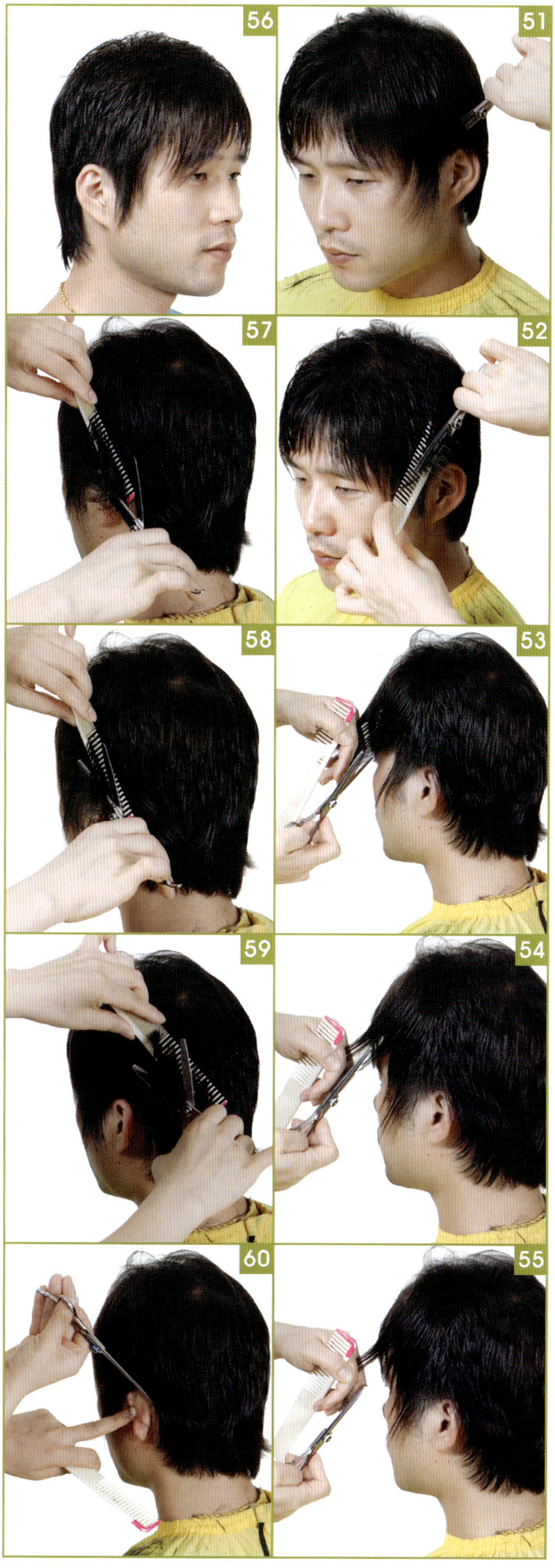

51, 52. 모류가 뒤쪽으로 흐르다 보니 떨어지는 모발이 뭉치면 다시 한번 더 전대각으로 빗을 인크리스레이어로 대고 모량을 제거한다.

53~55. 모발을 앞쪽으로 끌어 당겨서 밑에서 위로 진행해 가며 사선으로 틴닝을 넣어 떨어지는 모발을 자연스럽게 시술한다.

56. 모발의 길이를 다르게 하여 시술해 놓은 상태이다.

57~60. 이 곳에는 모량이 많아서 모발이 뭉치는 곳이기 때문에 빗을 인크리스레이어로 대고 빗과 틴닝가위로 밑에서부터 위로 진행하며 시술한다.

빗을 사선으로 대고 시술한다.

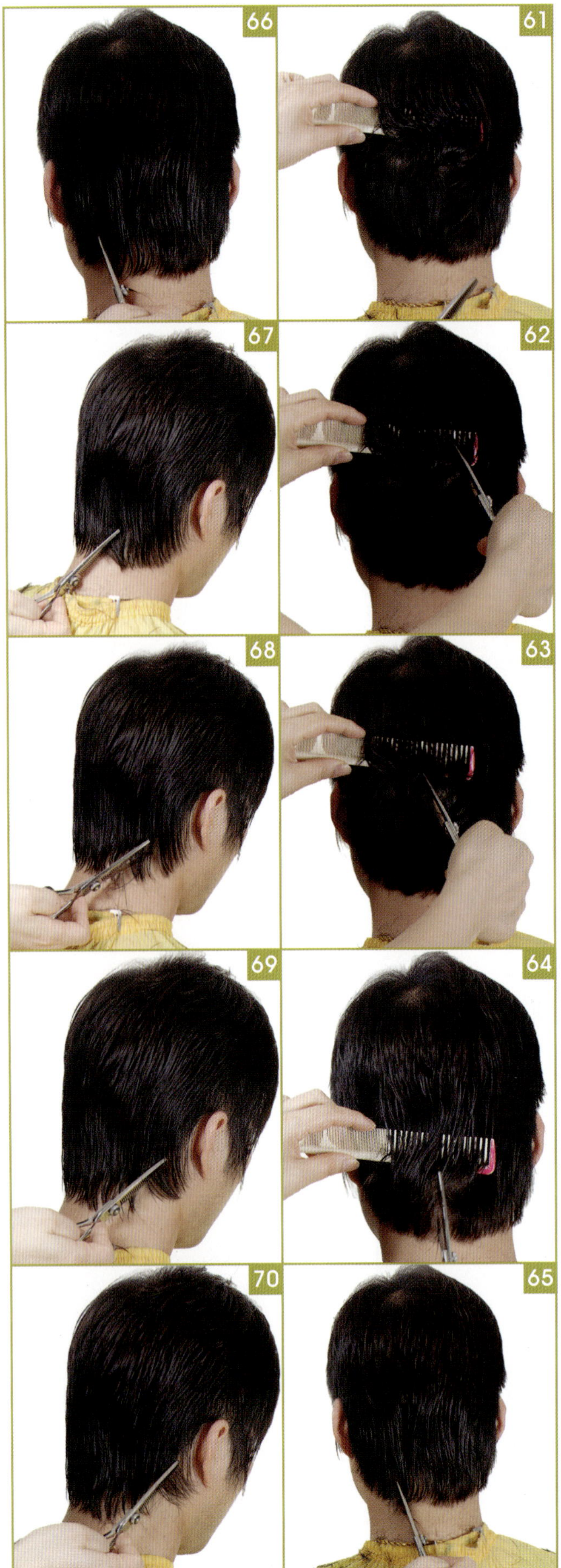

61~64. 짧은 모발은 모류방향대로 모발이 떨어지므로 뭉치는 영역을 가위로 모발의 판넬을 떠서 빗을 넣은 후 시술했던 각보다 45°를 올려서 모발이 흐르는 반대쪽으로 틴닝을 사선으로 넣어서 3번에 나누어서 질감을 넣어부면 헤어스타일이 예쁘게 표현된다.

65~70. 후중부에 U라인선이 동일한 길이에 모발이 떨어지면 자연스럽게 표현이 되지 않으므로 틴닝가위를 사선으로 넣어서 3번에 나누어 시술한다.

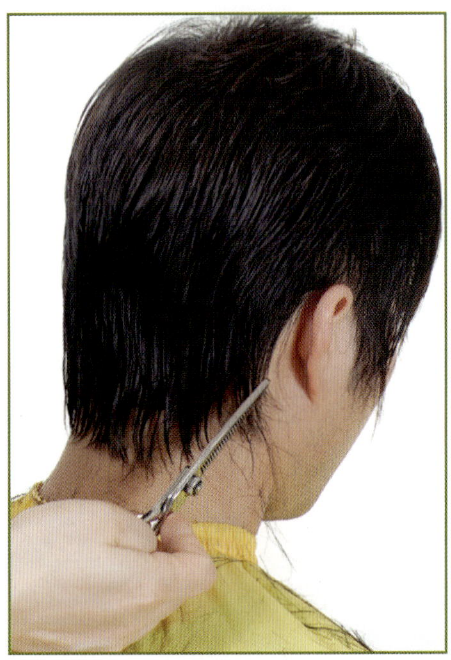

옆선의 무거움을 틴닝으로 시술한다.

10. 모던 4(Moderm)

현대적이고 샤프한 스타일을 의미한다. 들쭉날쭉한 앞머리 표현으로 변화가 없는 스타일을 얼굴선의 샤기커트의 변화로 또다른 헤어스타일을 연출할 수 있다.

옆선을 남겨둔 이미지 – 얼굴 표정을 바꿀 수 있다.

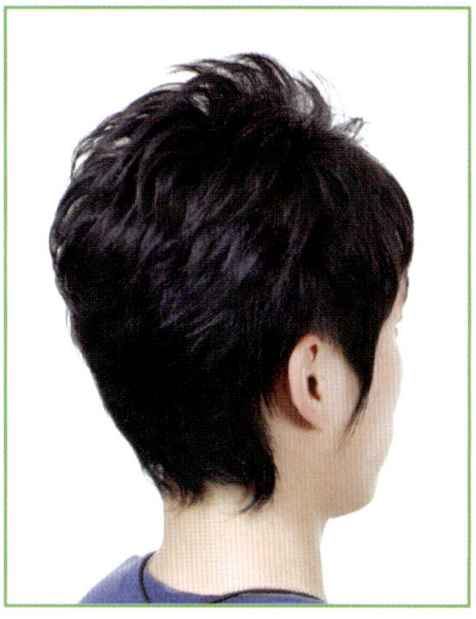
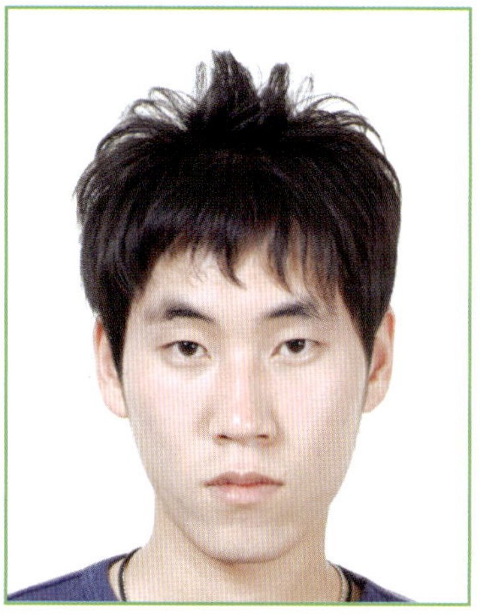

옆선을 자른 이미지 – 얼굴 표정을 바꿀 수 있다.

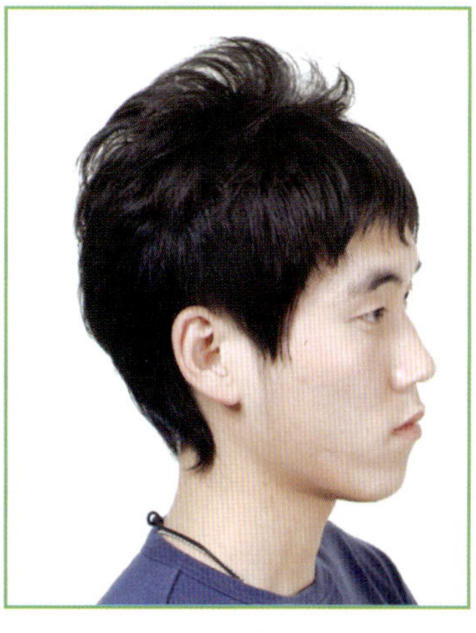
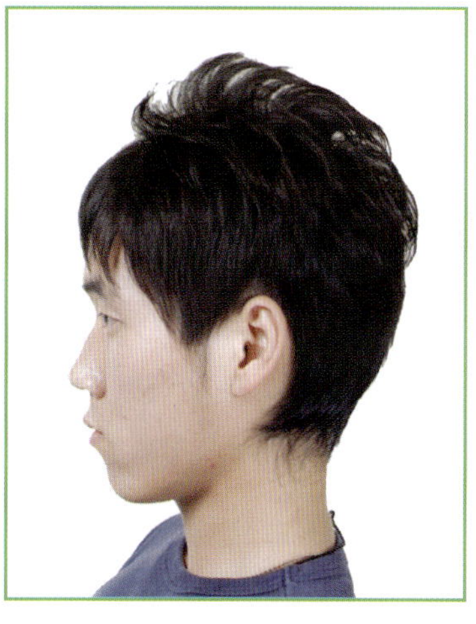

1) 특 징

밋밋한 헤어스타일을 샤프하고 멋지게 이미지 변신을 하고 싶어하는 고객에게 들쭉날쭉한 앞머리를 표현하였고 뒷모발도 샤기표현으로 헤어스타일을 연출하였다.

2) 시술방법

① N.P에서 길이 가이드를 설정한다.
② 얼굴선의 변화를 위해 파팅을 나눈다. 앞머리의 길이를 레자로 설정하고 옆머리도 F.S.P선 가이드에 맞춰 자연시술각 90°로 연결한다(틴닝으로 질감처리한다).
③ 파팅을 해 둔 모발을 제외한 모발을 인크리스레이어로 커트한다.
④ 옆선은 고객이 원하는 선을 시술한다.
⑤ 후하부에 선을 시술하고 B.P와 N.B.M.P 사이의 연결은 디스커넥션 상태로 시술한다.
⑥ 제외했던 모발은 디스커넥션 상태로 시술한다.
⑦ 무거운 선은 다시 한번 확인하고 틴닝처리로 자연스럽게 시술한다.

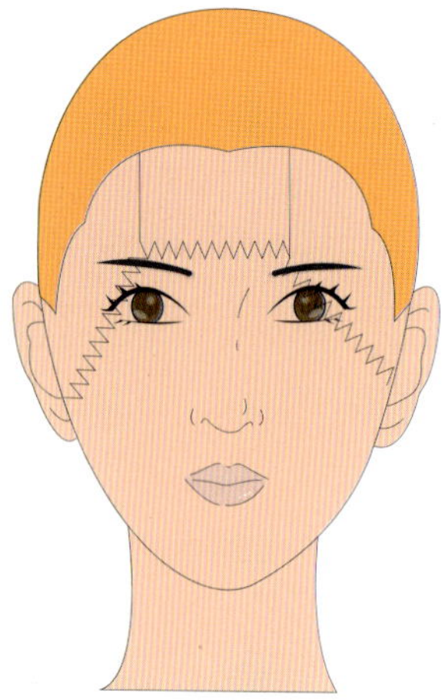

전두부와 측두부의 이미지를 결정하기 위해 섹션을 나눈후 레자로 시술한다.

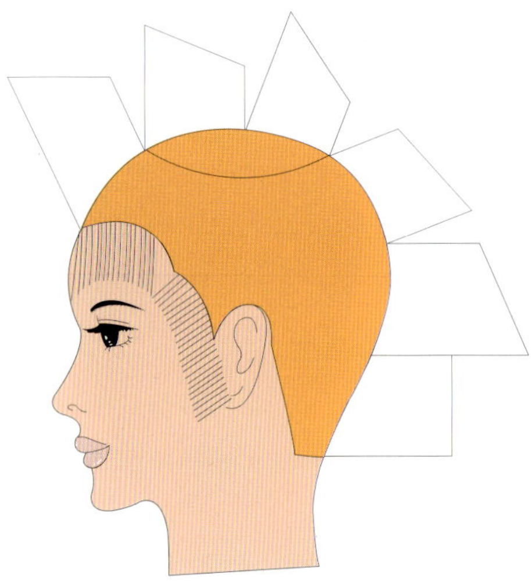

전두부와 측두부의 이미지를 제외하고는 길이를 디스커넥션으로 시술한다.

시술전

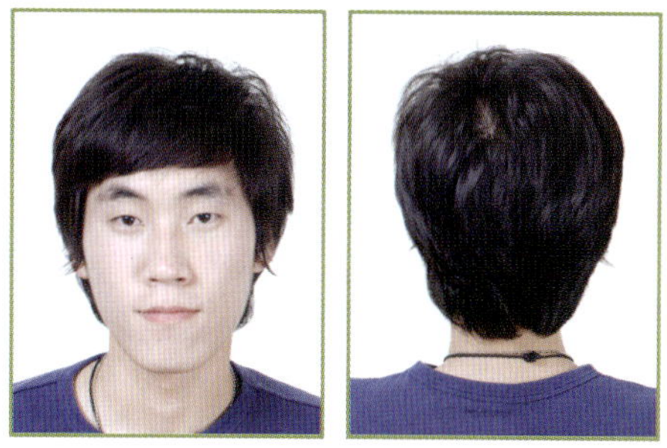

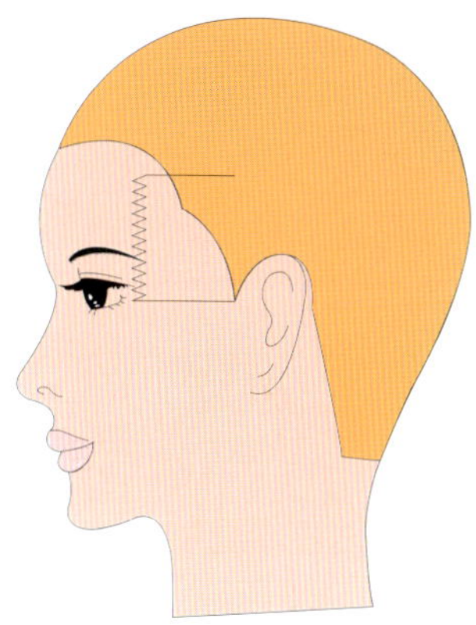

레자 펜슬테크닉으로 윗모발이 짧게 손목에 힘을 빼고 중지를 지지대 역할을 하면서 C커브를 그리면서 시술한다.

1, 2. 전두부, 측두부에 얼굴선의 모발을 표현할 수 있는 얼굴쪽에 2~3 cm 파팅을 나누어 놓은 상태이다.

3, 4. 먼저 긴 길이를 설정하여 사이드 스트록을 레자로 시술한다.

5, 6. 앞머리의 길이 가이드에 맞추어 측두부의 얼굴선을 결정하는 부분을 자연시술각 90° 상태에서 레자 컷을 시술한다.

7~10. 윗 모발이 짧고 아랫모발이 길어지게 레자 펜슬 테크닉으로 시술한다.

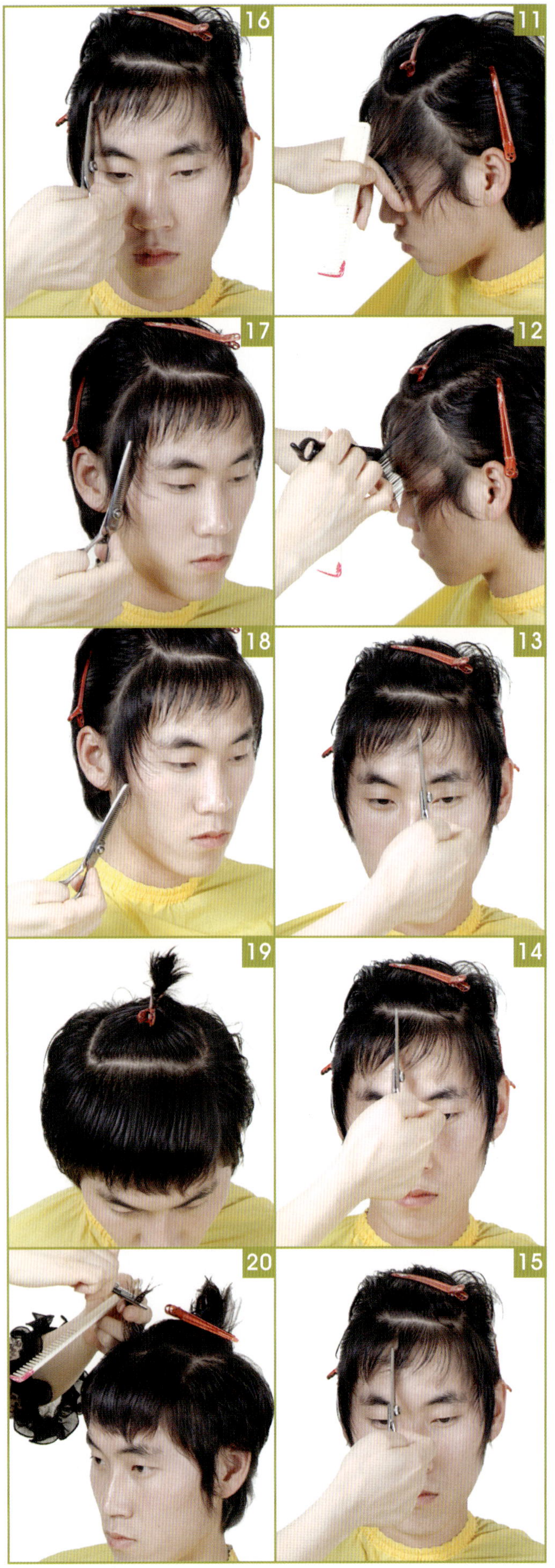

11, 12. 반대쪽도 동일한 방법으로 시술한다.

13~18. 얼굴선에 샤기 표현을 하기 위해 틴닝가위를 사선으로 넣고 C 커브를 그리면서 2cm 정도의 간격마다 3번에 나누어서 시술하고 옆선에 떨어지는 모발은 위가 짧고 아래가 길어져 틴닝을 사선으로 넣어야만 자연스런 모발의 떨어짐이 생긴다.

19. 후상부에 파팅을 나누어 놓은 상태이다.

20. 앞머리 길이 가이드보다 더 3~5 cm 길게하여 인크리스레이어로 시술한다.

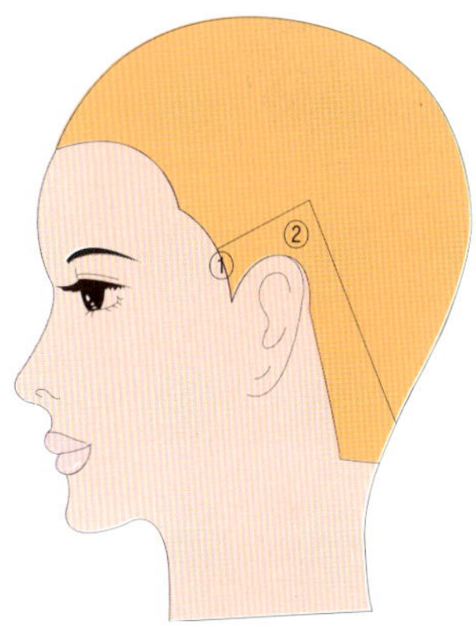

일반시술각 90°로 ①, ②를 연결하면서 측두부의 이미지를 설정한다.

21~26. 후상부에 파팅을 놓아 둔 모발을 제외하고는 디스커넥션 상태에서 인크리스레이어 상태로 시술한다.

27. 옆선을 시술하기 위해 2cm 모발을 따로 놓는다.

28~30. E.P에 있는 1~2cm 모발을 가위로 판넬을 떠서 빗을 인크리스레이어로 고정시켜 낫칭으로 시술한다(이때 빗의 기울기는 전대각으로 댄다).

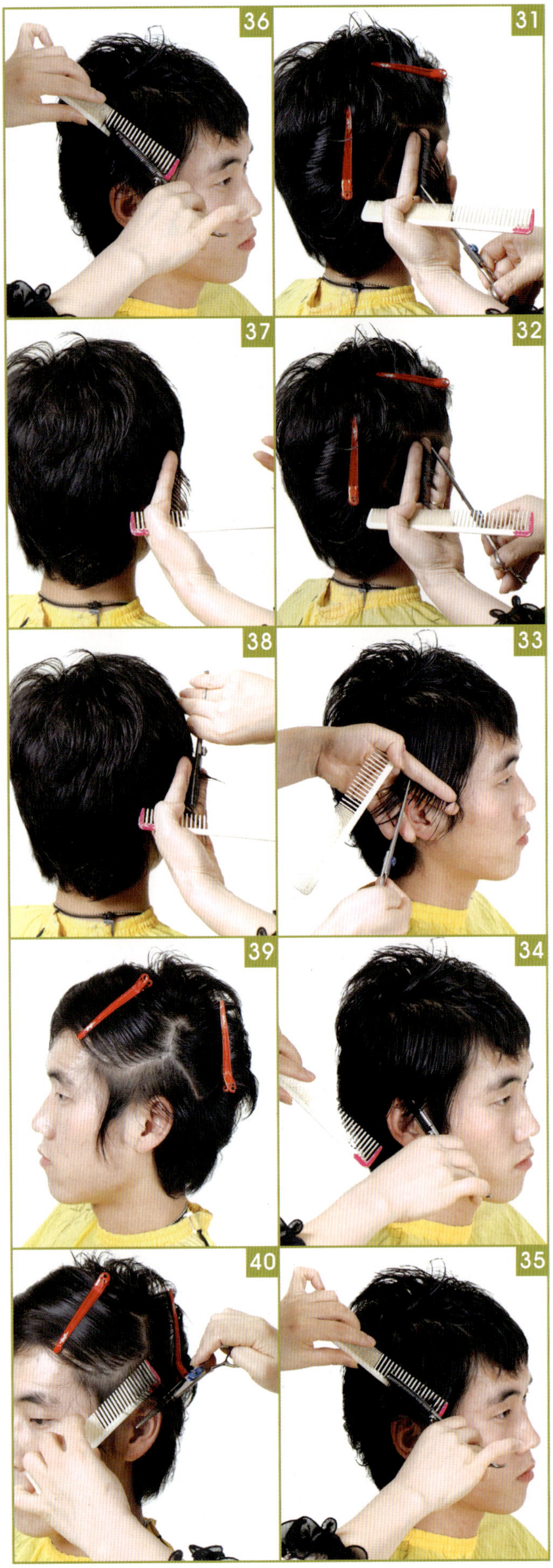

31, 32. 뒷선 E.B.P의 모발을 당겨서 뒷선의 모발을 낫칭으로 시술한다.

33. 선을 만들고 모발을 떨어 뜨렸을 때 선을 덮는 모발이 있다. 이 모발은 0° 상태로 판넬을 잡고 선에 맞추어서 낫칭으로 시술한다.

34~36. 윗 모발도 떨어뜨려 선을 시술하고 난 후에는 전대각으로 빗을 대고 밑모발부터 윗 모발을 향해 틴닝으로 시술한다.

37, 38. 뒷 모발도 선이 덮어진 모발은 앞쪽으로 당겨서 선에 맞추어서 시술한다.

39. 반대쪽도 선을 시술하기 위해 귀를 중심으로 파팅을 나누어 놓은 상태이다.

40. 빗으로 E.P에서 가이드를 낫칭으로 설정한다.

41~43. 뒷 모발도 모발을 앞쪽으로 당겨서 낫칭으로 시술한다. 이 때 윗모발의 길이가 짧아지도록 시술해야 떨어지는 선이 예쁘다.

44~46. 모류가 뒤쪽으로 흐르기 때문에 뭉쳐진 모발을 섞어내기 위해 맨 밑 모발부터 전대각으로 빗을 대고 틴닝을 시술하며 윗 모발로 진행한다(여기에서 주의사항은 빗을 댄 빗등에만 틴닝을 시술해야만 된다).

47. 후하부에 선을 만들기 위해 E.B.P~E.B.P를 파팅을 타 놓은 상태이다.

48. 중심에서 모발을 떠서 파팅과 손을 나란히 한다.

49. 파팅과 손을 나란히 하여 커트한다.

50. 중심부의 모발과 양쪽 모발도 동일하게 시술한다. 이 때 앞쪽에는 모발이 없으므로 C.L쪽으로 베이스를 이동한다.

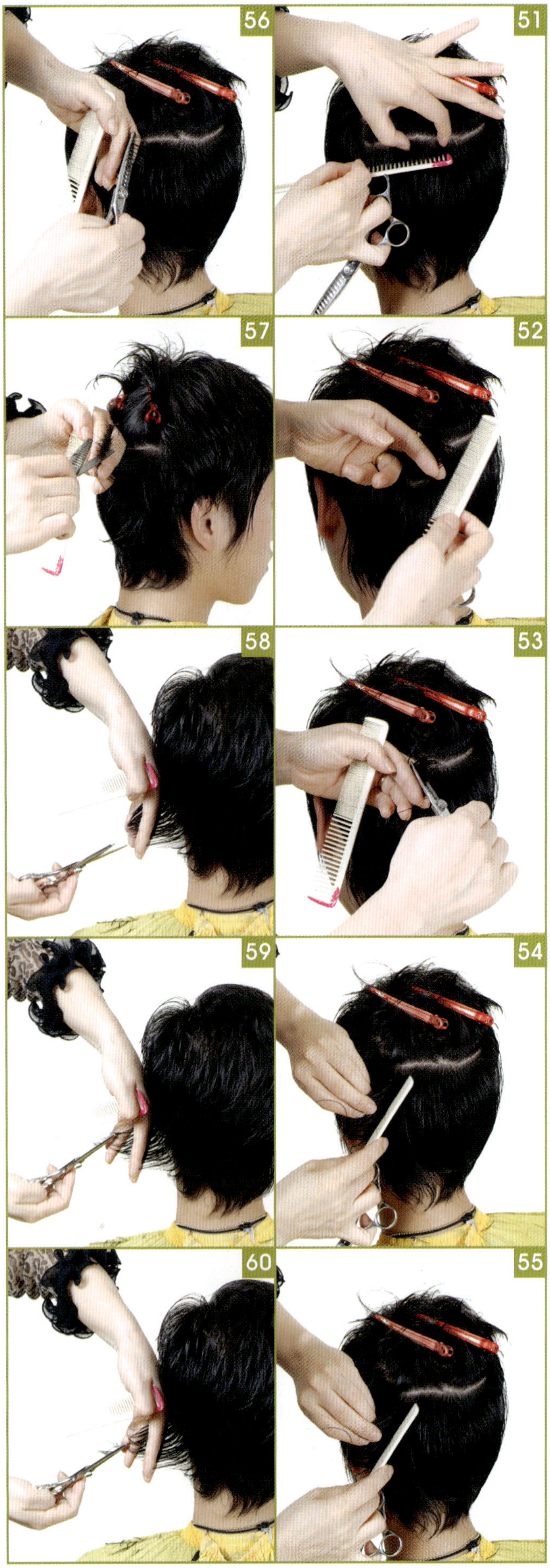

51~53. N.B.M.P보다 가이드를 길게 한 디스커넥션 상태에서 세로로 판넬을 떠서 인크리스레이어로 시술한다.

54, 55. 두산곡면이 들어간 영역은 사선으로 판넬을 떠서 인스리스레이어로 시술한다.

58~60. 길이 가이드가 연결되지 않은 곳은 틴닝가위로 질감처리를 해주면서 시술한다.

모발을 자연스럽게 떨어뜨리기 위해 틴닝으로 시술한다.

61, 62. 윗 모발이 짧아지게 틴닝을 위로 향하게 하여 사선으로 넣어주면서 C커브를 그리며 빼고 또 아랫모발을 시술해준다.

63. 똑바로 모발을 빗질하여 모발의 흐름과 모류의 방향을 파악한다.

64, 65. 뭉치는 모발은 틴닝을 3번에 나누어서 사선으로 시술한다.

66~68. 모발의 움직임을 위해 인크리스레이어 상태에서 틴닝을 3번에 나누어서 C컬을 그리며 시술한다.

69, 70. 윗 모발도 인크리스레이어 상태에서 질감처리를 한다.

3~6cm 모발의 길이가 서려고 하는 성질이 있으므로 사선으로 틴닝가위로 시술한다.

11. 모던 5(Moderm)

초 현대적이고 샤프한 스타일을 의미한다. 신선한 이미지를 표현하고자 길이를 짧게 하여 멋진 마무리를 연출할 수 있게한다.

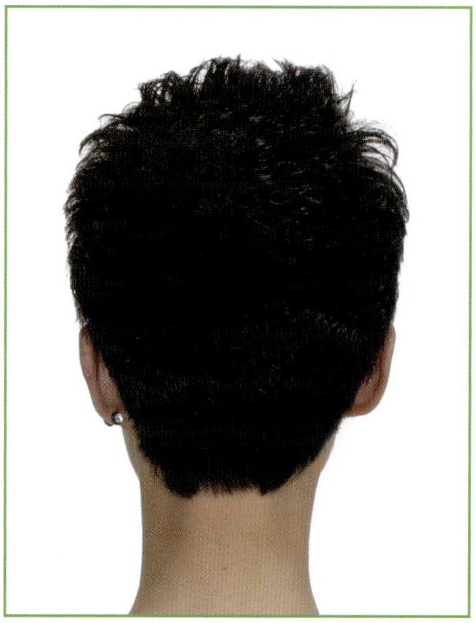

1) 특 징

20~30일 정도에 다시 커트를 시술하고 할 때에는 틴닝 가위로만 시술을 하여도 0.5~1cm길이가 짧아지고 끝부분에 모발의 길이가 섞여서 강한 모질이라도 자연스러움이 연출된다.

2) 시술순서

① 질감커트를 먼저 시술하여 길이를 축소 시킨다.
② T존 영역에서 한 판넬에 3번정도로 나누어 C컬을 그리면서 틴닝으로 시술한다.
③ 옆선만들기를 빗으로 조절하고 낫칭으로 시술한다.
④ 떨어진 모발이 무거울 경우에는 빗을 인크리스레이어로 대고 밑모발부터 윗 모발로 진행해 가면서 틴닝으로 시술한다.
⑤ 선을 다시한번 정리하고 무거운 부분은 틴닝으로 시술한다.

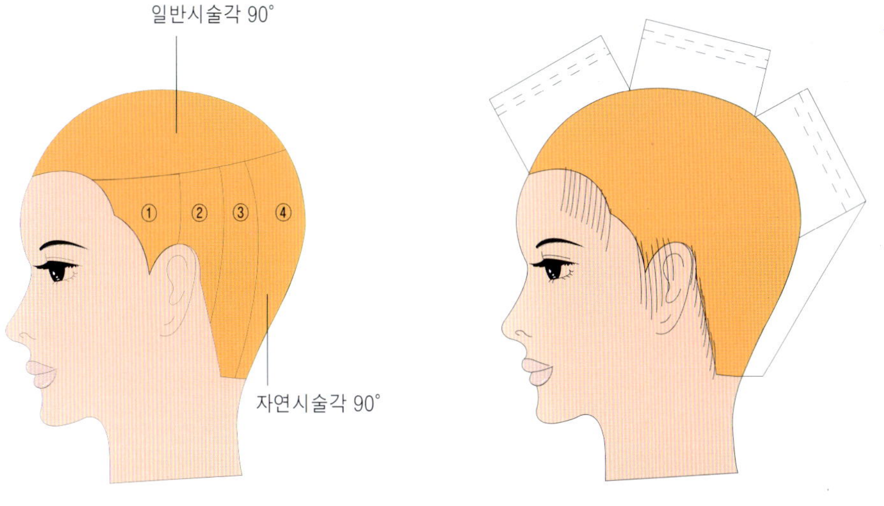

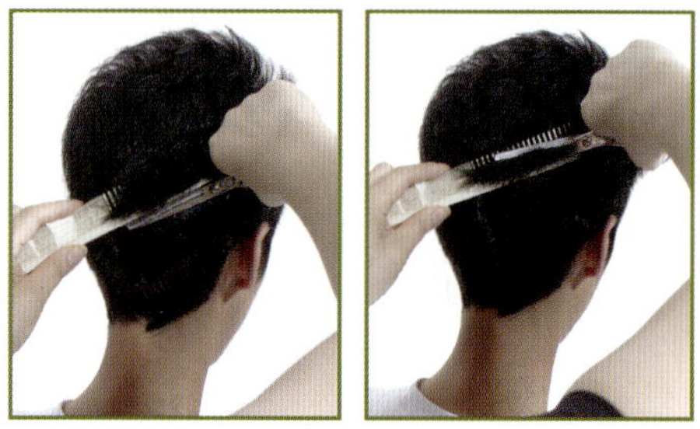

1. 전대각 파팅으로 빗을 대고 자연시술각 90°로 틴닝처리한다.
2. 틴닝처리는 1cm간격을 띄고 4cm씩 시술한다.
3. 다음 판넬을 잡기 위해 가위로 판넬을 잡는다.
4. 빗등보다 짧은 길이의 질감은 빗살을 두피에 대고 시술한다.
5. 판넬을 잡기 위해 가위로 모발을 뜨고 모발을 뜬 자리에 빗을 넣어 빗으로 시술각을 조절 후 틴닝가위로 4cm씩만 시술한다. 다음 판넬도 동일한 방법으로 다음자리를 찾아 8번 시술한다.

6~8. 손가락 대신 슬라이스 판넬을 가위로 뜨고 가위를 댄 자리에 빗을 넣는다. 그 후 시술각을 빗으로 윗머리가 짧게 인크리스상태로 댄 후 틴닝처리한다.

9, 10. 모발의 길이가 짧기 때문에 가위로 판넬을 뜬 후 빗으로 시술각을 조절하여 자연시술각 90°로 빗등에서 4cm만 틴닝처리한다.

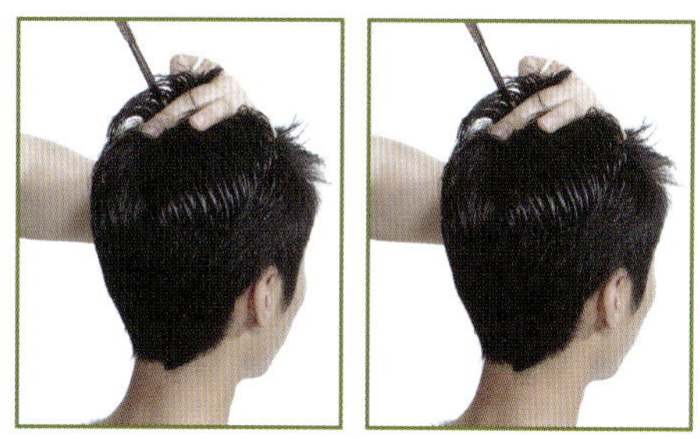

11~13. U라인 영역은 길이의 3영역부터 틴닝처리하고 시술 후 1cm 간격을 띄우고 2번 더 시술한다.

14. 질감처리 후 U라인 영역을 유니폼 레이어로 시술한다. 첫 번째 판넬은 빗으로 길이 가이드를 설정한다.

15~18. 시술 후 볼륨을 주기 위해 이너그래쥬에이션 틴닝을 넣는다. 첫 번째 한 판넬을 분할 한 후 3cm, 7cm가 되게 연결하여 시술한다. 다시 7~11cm 정도의 사선으로 연결하여 틴닝한다.

19. 모발이 짧아 손으로 옆선을 만들 수 없으므로 빗으로 시술각을 조절하여 옆선을 만든다.

20. 빗으로 옆선의 가벼움과 무거움을 결정하는 선 만들기를 한다.

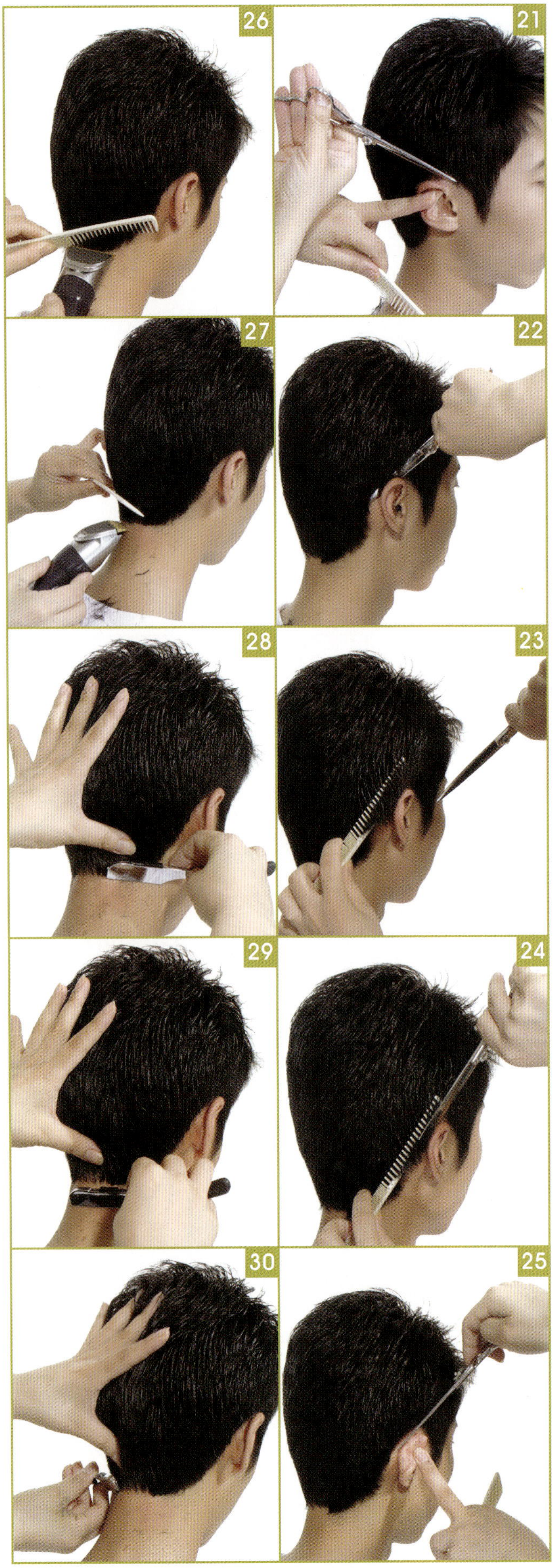

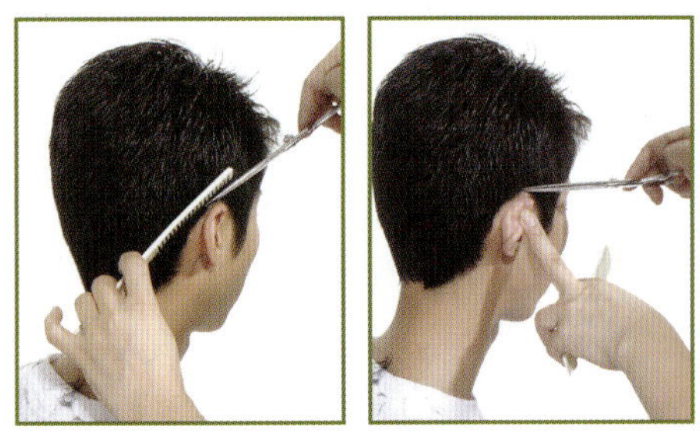

21. 빗등 때문에 잘라지지 않은 부분은 빗을 때어 내고 선을 다시한번 확인한다.

22~24. 가위가 판넬을 뜨면 빗을 넣어 빗으로 시술각을 조절하고 빗등에서 4cm씩 자르면서 이동하여 선 만들기를 한다.

25. 귀를 보호하고 귀 뒤에 있는 모발을 다시 한번 확인 한 후 달걀모양을 만드는 U라인선을 만들기 위해 선을 확인하며 필요없는 모발을 잘라낸다.

26, 27. 클리퍼로 선을 확인하면서 필요없는 모발을 정리한다.

28~30. 깔끔한 피부색을 만들기 위해 필요없는 잔털을 제거한다.

12. 모던 6(Moderm)

초현대적이고 샤프한 스타일을 의미한다. 삐죽삐죽한 모발끝이 건강하고 귀엽게 표현되고 멋진 마무리로 자유로운 헤어스타일을 연출할 수 있다.

1) 특 징

삐죽삐죽한 모발끝이 귀엽고, 얼굴선에 살짝내린 앞머리가 어울리는 헤어스타일.

한달에 한번 길이 가이드를 커트하는 고객은 틴닝가위만으로도 길이 제거를 할 수 있으며 이렇게 시술해야만 건강한 모발을 자연스런 모발의 융합을 얻을 수 있다.

2) 시술순서

① 질감커트를 먼저 시술하여 길이를 축소 시킨다.
② T존 영역에서 한 판넬에 3번정도로 나누어 C컬을 그리면서 틴닝으로 시술한다.
③ 옆선만들기를 빗으로 조절하고 낫칭으로 시술한다.
④ 떨어진 모발이 무거울 경우에는 빗을 인크리스레이어로 대고 밑모발부터 윗 모발로 진행해 가면서 틴닝으로 시술한다.
⑤ 선을 다시한번 정리하고 무거운 부분은 틴닝으로 시술한다.

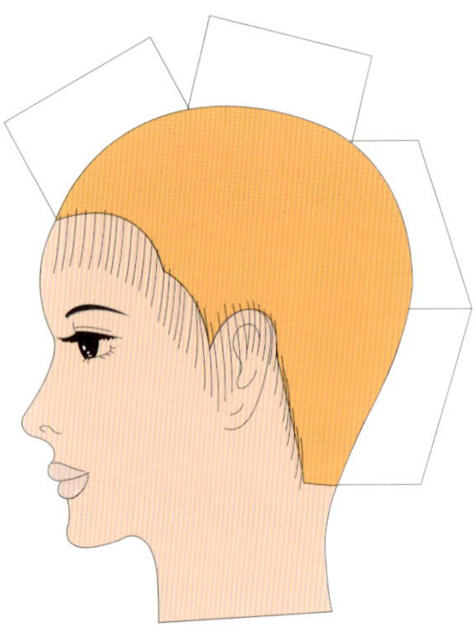

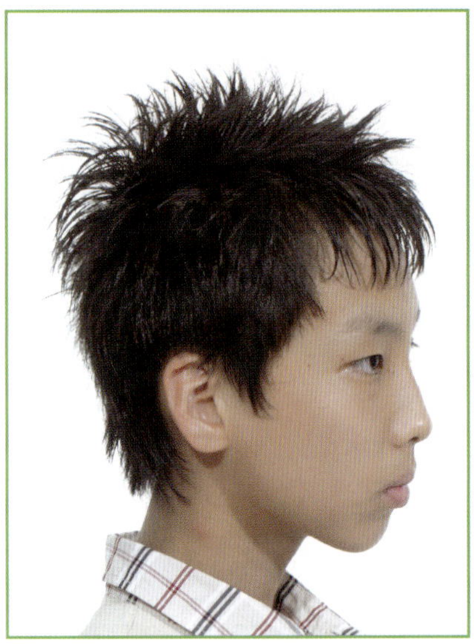

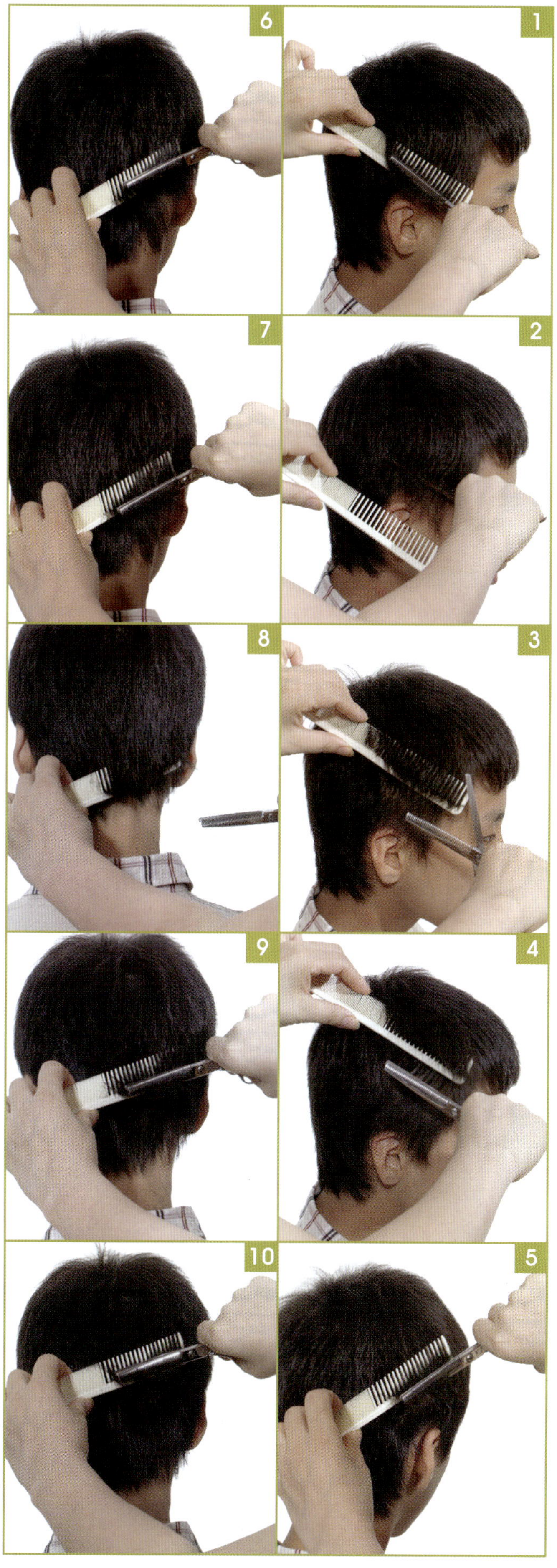

1. A라인 상태로 빗을 대고 먼저 질감 처리를 한다.
2. 다음 판넬을 뜨기 위해 가위를 두피에 대고 빗을 넣는다.
3. 두피에 대해 자연시술각 90°로 빗을 댄다.
4. 빗을 댄 상태에서 4cm만 틴닝 시술한다.
5. 빗이 후대각 45°각도로 시술하고 4cm 간격씩 시술한다.
6. 네이프에 가벼운 선을 만들기 위해 자연시술각 90° 상태로 빗을 대고 시술한다.
7. 빗도, 가위도 45°로 4cm씩만 시술하며 1cm간격을 띄우며 시술한다.
8. 네이프에 자연스러운 층을 형성하기 위하여 자연시술각 90°로 빗을 맞추어 시술한다.
9. 후대각 45°로 빗을 대고 4cm씩 자르면서 시술한다.
10. 1cm간격씩 띄우면서 가볍게 질감 처리한다.

빗을 사선으로 대고 틴닝가위를 이용해서 시술한다.

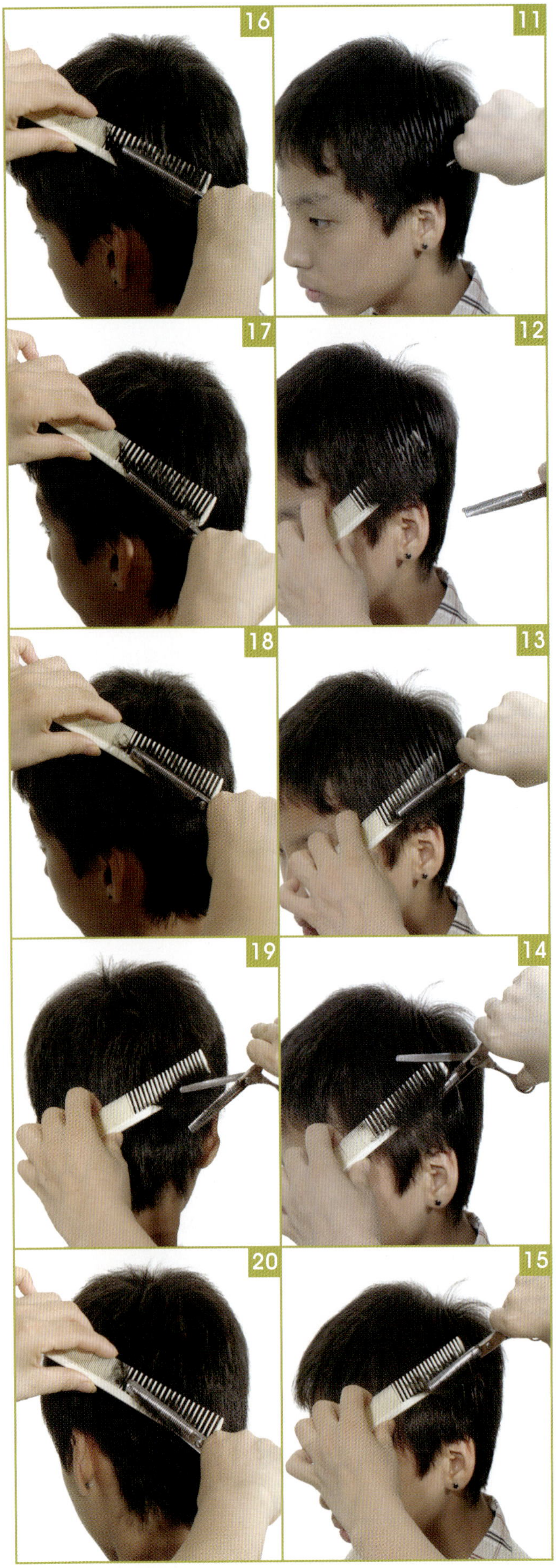

11. 전대각으로 빗을 대고 자르기 위해 가위로 판넬을 뜨는 자세이다.
12~14. 전대각45°로 빗을 대고 틴닝가위로 전대각 45°로 4cm씩 자르며 다음판넬은 1cm간격씩 띄우고 시술한다.
15. 전대각 45°로 빗을 대어 틴닝가위로 45°로 4cm씩만 자른다.
16. 빗이 후대각 45°, 틴닝가위로 45°로 4cm씩 자른다.
17, 18. 빗을 후대각 45°로 대고, 틴닝가위로 후대각 45°로 4cm씩만 자른 후 1cm 간격을 띄우고 틴닝한다.
20. 다음 판넬도 후대각 45°로 대고, 틴닝가위로 후대각 45°로 질감처리한다.

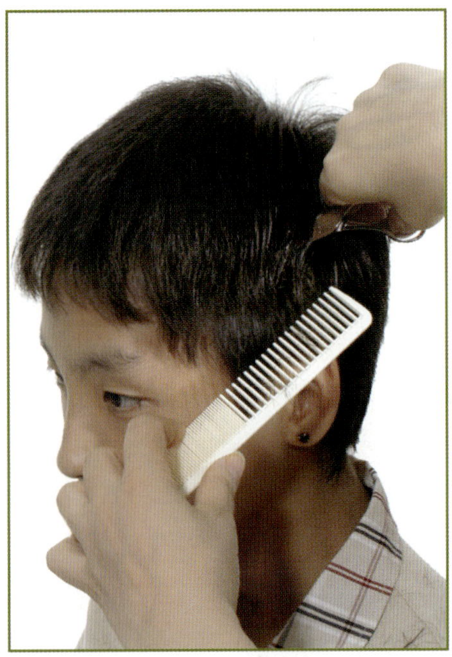

손가락 대신 가위로 모발의 판넬을 뜨고 전대각으로 빗을 대고 시술한다.

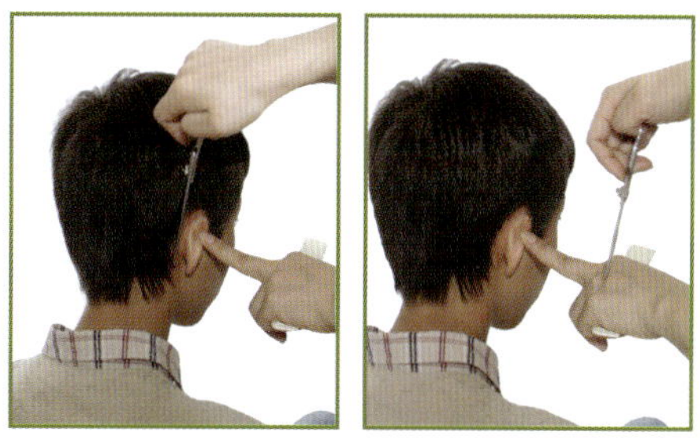

21, 22. U라인 영역의 표현이 최대이므로 길이의 V3영역부터 질감처리하며 그 다음 1cm간격을 띄우고 시술한다.
23. 마지막 끝부분의 질감처리한다.
24. 옆선 만들기를 위한 자세이다.
25. 빗으로 시술각을 조절하여 옆선만들기를 한다.
26. 후대각 선만들기를 한다.
27. 빗으로 시술각을 조절하여 선만들기를 한다.
28. 귀를 보호하기 위해 따로 누르고 잘리지 않은 모발을 정리하여 커트한다.
29. 정리되지 않은 모발을 정리한다.
30. 깔끔한 선 만들기를 한다.

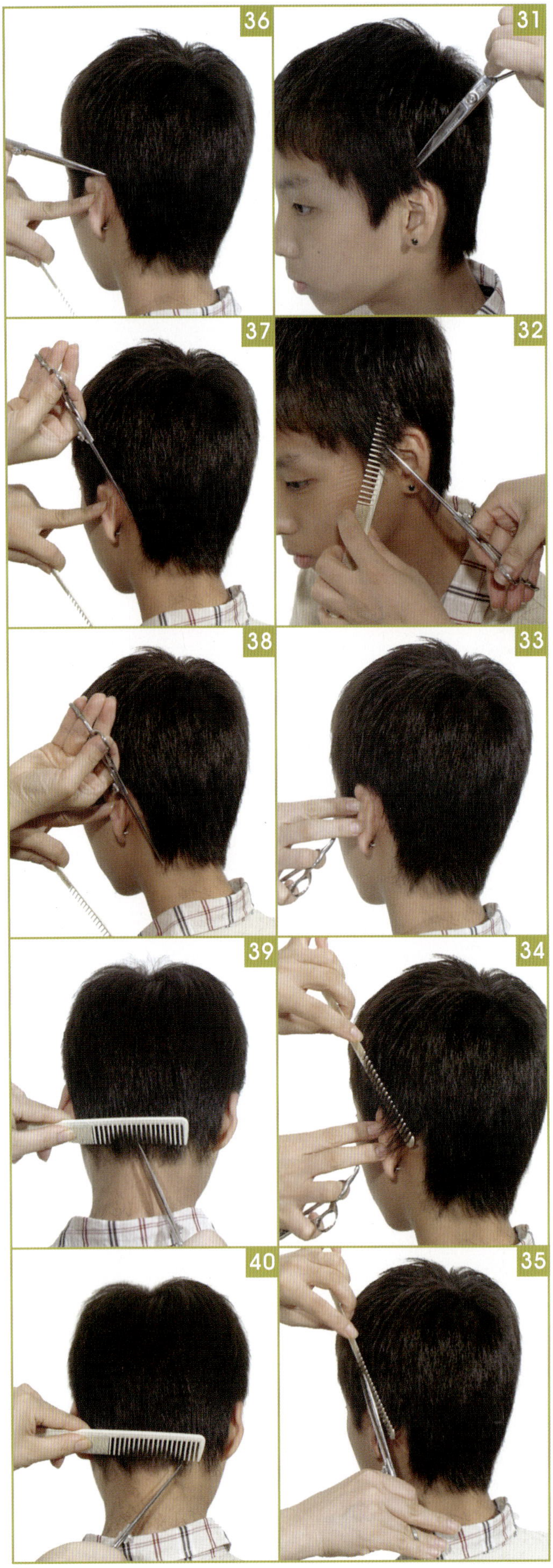

31. 선을 만들기 위해 가위로 판넬을 뜬다.
32. 빗으로 시술각을 조절하여 선만들기한다.
33. 빗을 대기 위해 귀를 보호하는 자세이다.
34, 35. 빗은 뒷 모발이 가볍게 처리되게 자연시술각 90°로 넣고 선만들기 한다.
36. 빗이 잘리기 못한 부분은 귀를 누르고 선만들기한다.
37. 가위 자세를 커트하기 편한자세로 바꾸어 선만들기한다.
38. E.B.P까지 선을 분명하게 만든다.
39, 40. 밑선을 자연스럽게 연결하기 위해 틴닝을 사선으로 하여 선만들기를 한다. 이때 모류방향의 흐름을 잡고 시술한다.

13. 모던 7(Moderm)

귀엽게 하고 싶은 쇼트가 남성 분위기를 연출한다.

1) 특 징

후하부에 모류가 너무나도 강하다. 이 고객은 모류 때문에 원하는 헤어스타일이 망가지게 표현이 되므로 모류보정을 시술하는 것이 첫 번째 문제이다. 모발이 1~3cm까지는 모류의 영향을 받지않고 5~8cm에 모류방향으로 제일 강하게 흐르므로 이 길이커트에 주의하여야한다.

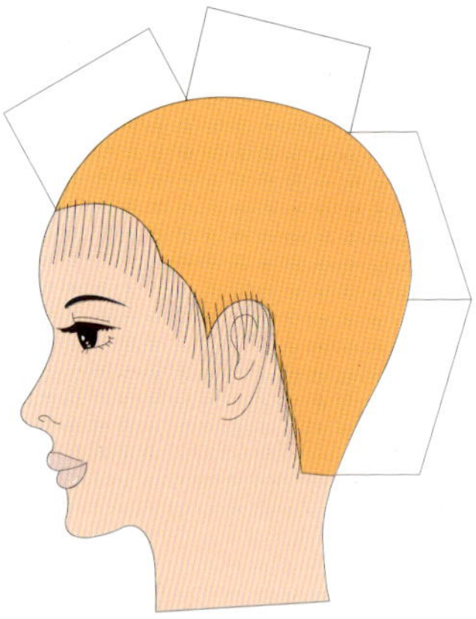

시술 전(모류보정 전)

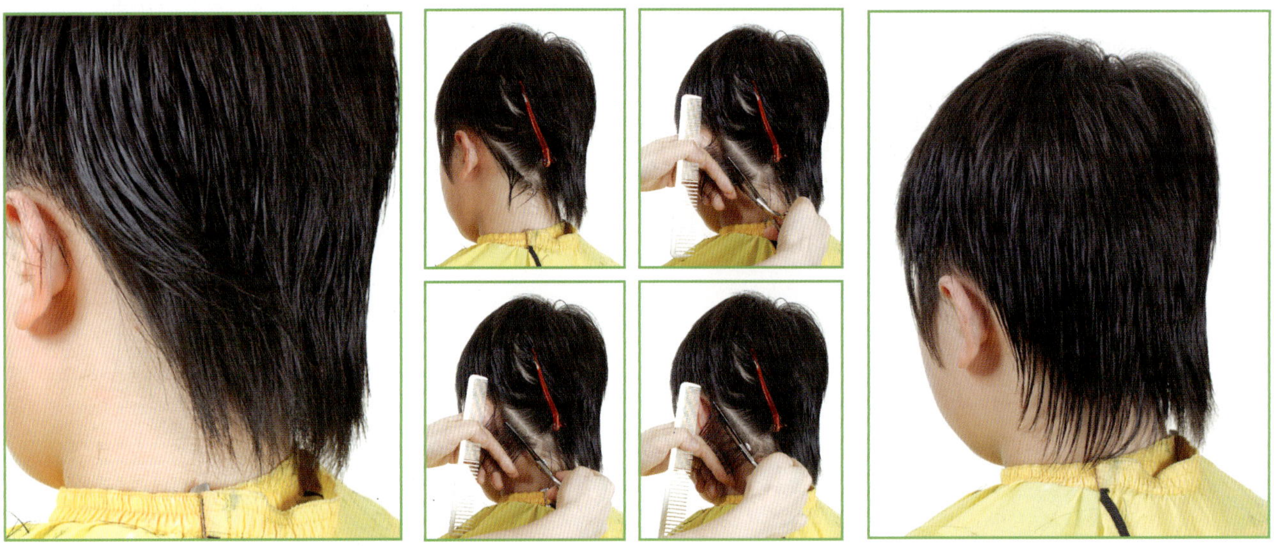

시술 후(모류보정 후)

1. 길이가 3cm 이하의 모발은 손가락으로 판넬을 잡는 대신 가위가 모발을 뜬다.
2. 빗을 일반시술각 90°로 댄다. 한달에 한번 커트 한 모발은 빗과 틴닝으로만 시술하여 길이 가이드를 짧게한다.
3, 4. 빗이 안내하는 대로 밑모발부터 윗모발로 진행해가면서 빗과 가위에 리듬을 타며 시술한다.
5. 두상의 세로존 2번을 시술하기 위해 빗질한다.
6. 세로존 2번 영역을 일반시술각 90°로 밑모발부터 윗모발을 향해 틴닝가위로 시술한다.
7~10. 두상의 세로존 3번과 4번을 일반시술각 90°로 밑모발부터 윗모발을 향해 빗과 틴닝을 리듬을 타면서 시술한다(주의 : 이때 틴닝가위는 빗등에서만 시술하여야 동일한 길이로 커트된다).

빗을 사선으로 대고 시술한다.

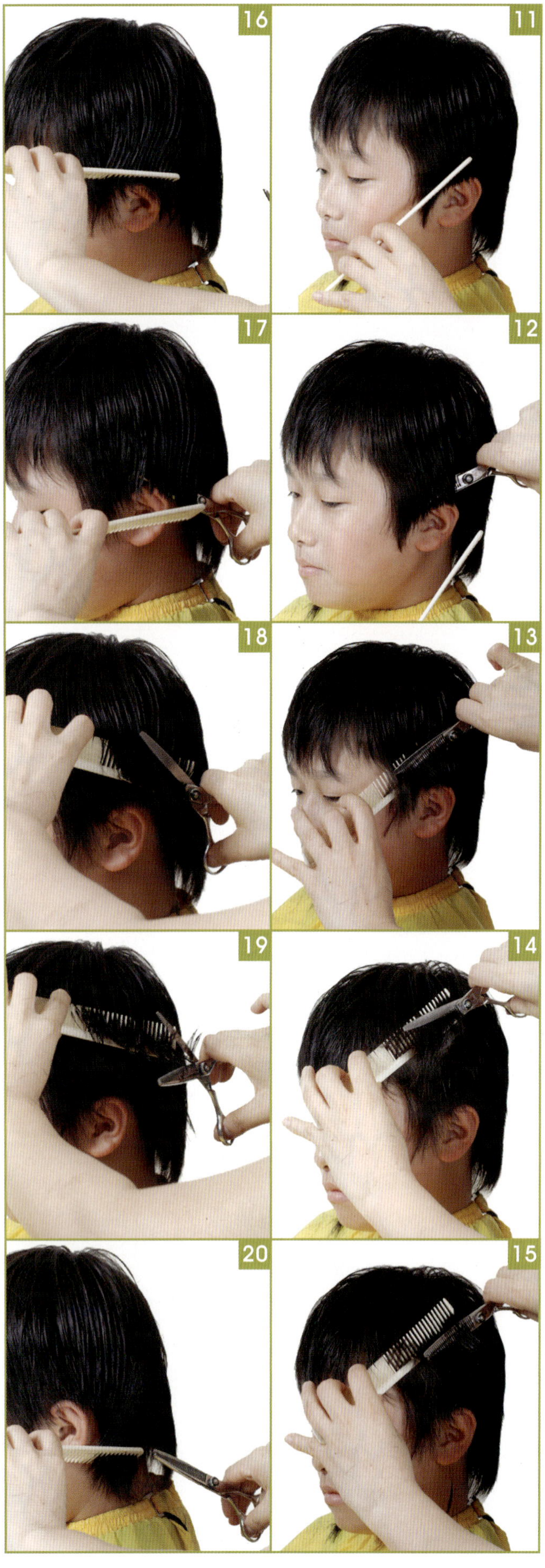

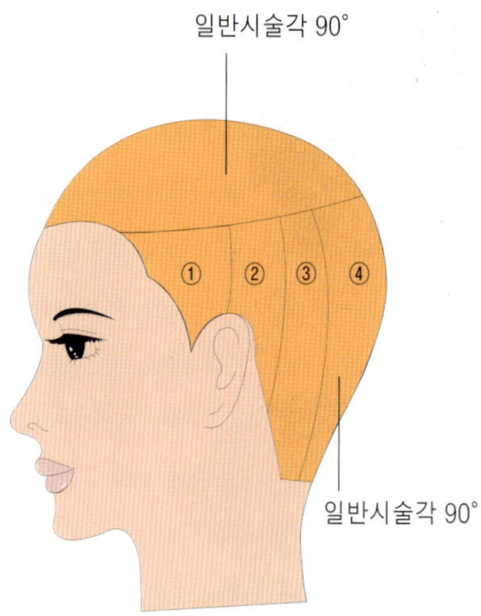

11. 반대편 1번영역을 시술하기 위해 빗질한다.
12. 손가락 대신 가위로 모발을 뜬다.
13~15. 빗을 일반시술각 90°로 대고 밑 모발부터 리듬을 타면서 윗 모발을 향해 차근차근 시술한다.
16~20. 두상의 세로존 2번, 3번, 4번을 차례로 일반시술각 90°로 빗을 대고 밑모발부터 리듬을 타면서 윗 모발을 향해 시술한다.

가위로 모발을 뜨고 빗을 움직여 가면서 시술한다.

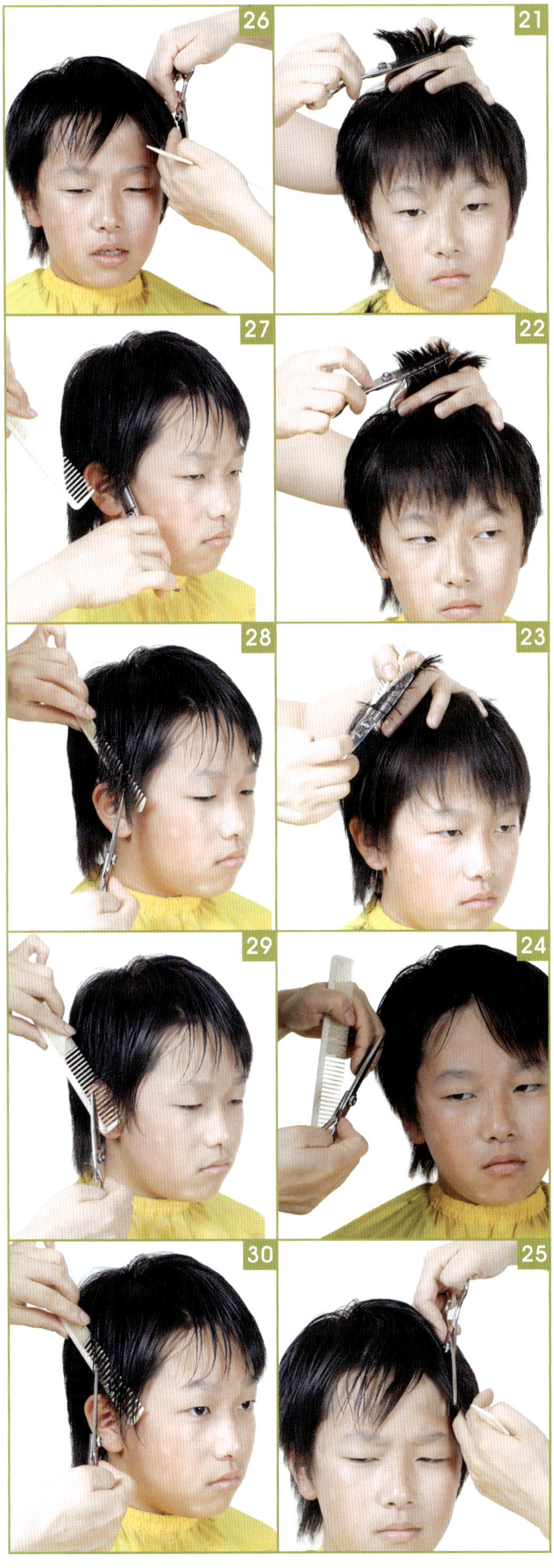

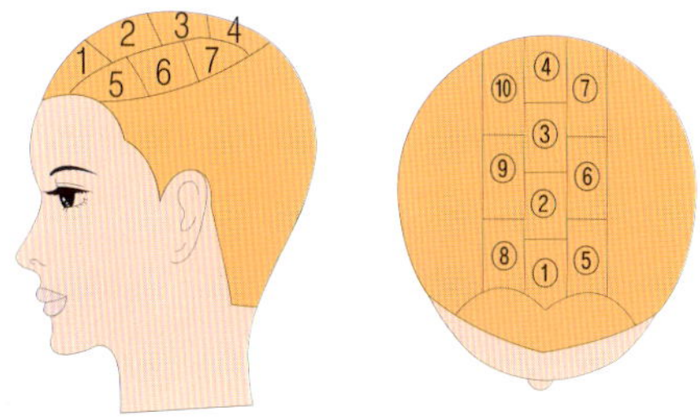

21~23. 전두부 중심부터 시작하여 U 라인 전체를 일반시술각 90°로 틴닝가위로 시술한다.

26. 앞머리 표정 만들기를 한다. 가르마를 중심으로 나누어서 반대쪽으로 끌어당겨서 사선으로 틴닝을 넣고 C커브를 스리면서 시술한다.

27~30. 옆선 만들기를 시술한다. 자연스런 모발의 흐름을 위해 낫칭으로 시술한다.

전대각으로 빗을대고 틴닝가위를 사선으로 잡고 시술한다.

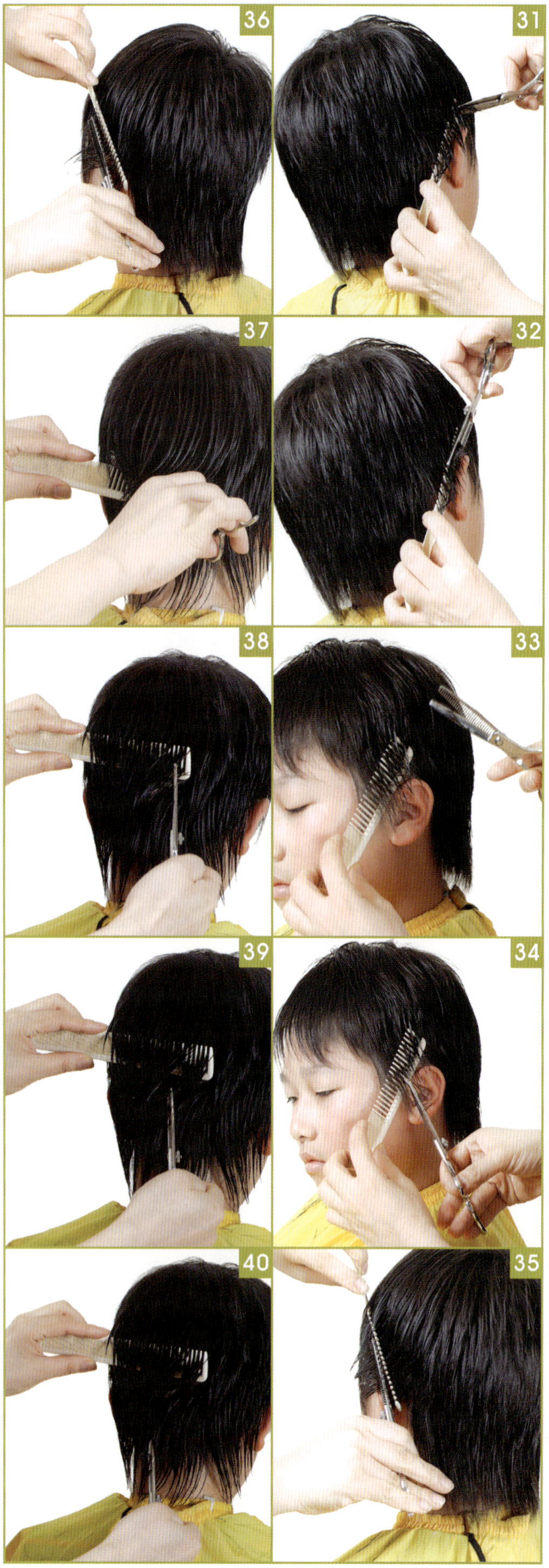

31, 32. E.B.P까지 뒷부분도 선만들기를 낫칭으로 시술한다.

33, 34. 반대편도 빗을 대고 선만들기를 시술한다.

35~37. E.P가이드를 E.B.P로 연결하며 선만들기를 낫칭으로 시술한다.

37~40. 떨어진 모발이 무거울 경우 빗으로 판넬을 들어서 한 줄기의 모발을 3번에 나누어서 틴닝으로 자연스런 모발의 흐름을 잡아주면서 마무리한다.

무거운 부분은 빗으로 모발의 시술각을 들고 남은 모발은 틴닝으로 사선으로 3번에 나누어서 시술한다.

14. 모던 8(Moderm)

보는것만으로도 개성이 돋보이고 샤프하게 되어있다. 젊음을 과감하게 어필할 수 있는 독창적인 스타일을 연출 한 스타일이다.

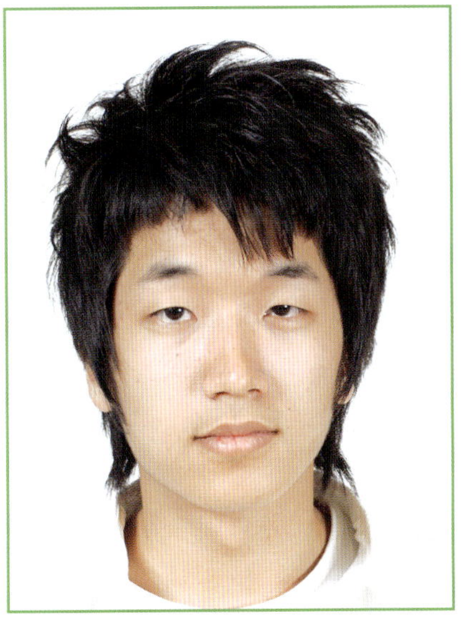

1) 특 징

20~30일 정도에 다시 커트를 하고자 할 때에는 틴닝 가위로만 시술하여도 0.5~1cm 길이가 짧아지고 끝부분에 모발의 길이가 섞여서 강한 모질이라도 자연스러움이 연출된다. 짧은 모발은 모류보정을 어떻게 시술하느냐에 따라 에어스타일의 표현이 달라지므로 아래 그림처럼 강한 모류는 시술을 먼저 한 후에 하는 것이 좋다.

2) 시술순서

① 두상을 세로존으로 나누어서 질감처리한다.
② 앞머리를 짧게 포인트를 줄 영역을 찾아서 가르마를 정하고 한쪽은 좀더 짧게 한쪽은 좀 더 길게 하여서 이미지를 연출한다.
③ 표현을 제외한 T.P 모발과 연결을 틴닝으로 시술하고 질감을 넣어서 강한 모질의 모발을 자연스럽게 떨어지게 만든다.
④ 옆선 만들기를 위해 전대각으로 빗을 넣어서 틴닝을 시술하고 이미지를 연출한다.
⑤ 뒷모발 떨어짐의 무거운 부분을 질감처리한다.
⑥ 선을 다시 한번 정리하고 무거운 부분은 틴닝으로 시술한다.

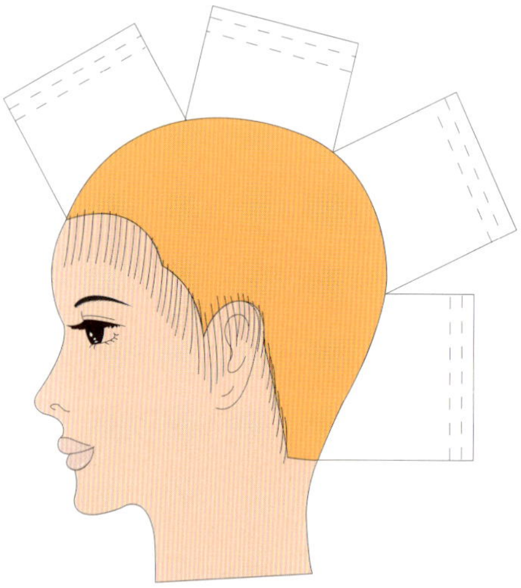

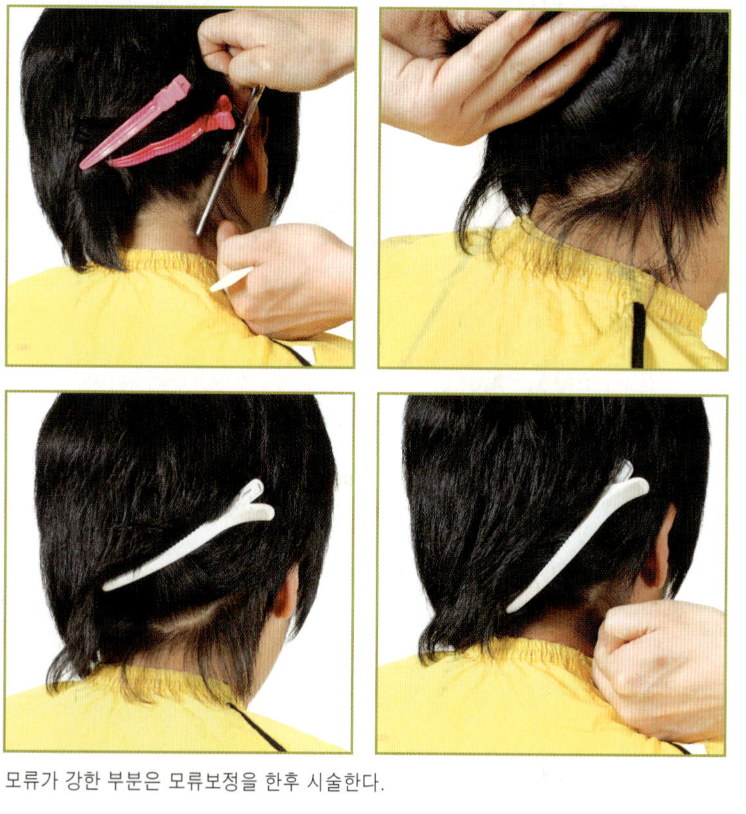

모류가 강한 부분은 모류보정을 한후 시술한다.

시술전

1. 두상을 세로존 ①번 영역을 시술하기 위해서 E.P까지 빗질한다.
2. 빗을 전대각으로 대고 모량이 제거되고 윗모발이 많이 잘릴 수 있도록 인크리스레이어로 댄다.
3. 똑같은 방법으로 밑모발부터 윗 모발을 향해 시술한다.
4. 세로존 ②번 영역을 시술하기 위해서 E.B.P까지 빗질한다.
5. 빗을 후대각으로 대고 윗모발이 짧아지게 인크리스레이어로 대어 밑모발부너 윗모발을 향해 동일한 벙법으로 시술한다.

6~10. 두상을 세로존 ③번, ④번도 위와 동일한 방법으로 시술하면서 진행한다.

11. 전두부는 두상이 제일 튀어나온 부분을 설정한다.
12, 13. T.P에서부터 길이에 반 5~6cm를 시작으로 3번에 나누어서 넣기 시작한다.
14, 15. 가마부분 모류가 강하게 흘러간 부분은 반대쪽으로 끌어당겨 모발뿌리 부분에 틴닝을 주어서 가려고 하는 성질을 없앤다.
16. 앞머리에 다지인을 내고자 할 모발을 나눈다.
17. 모발을 반대쪽으로 끌어당겨서 가르마 부분이 짧아지게 손가락 판넬을 댄다.
18. 판날에 맞추어서 모발을 커트한다.
19. 가르마를 중심으로 반대쪽도 모발을 당겨서 포인트를 정한 부분을 짧게 시술한다.
20. 위의 방법대로 시술해 놓은 상태이다.

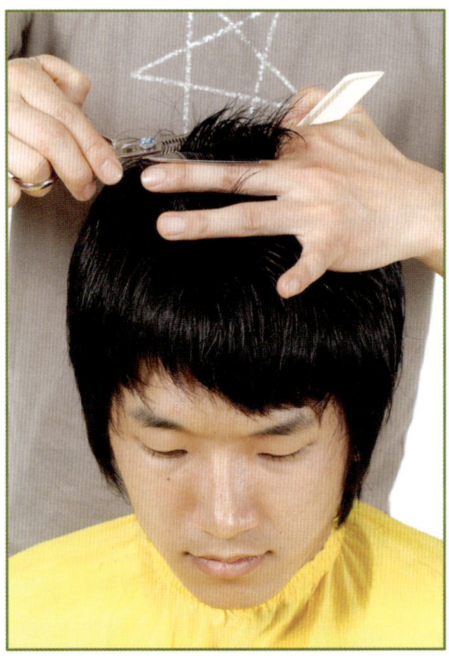

원하는 길이의 1/2 길이부터 틴닝으로 시술한다.

21~25. 반대쪽도 동일한 방법으로 포인트를 정한 후 양쪽을 잡아 당겨서 가르마를 정한부분이 짧아지게 시술한다.

26~30. 5~7cm 길이는 모류 방향대로 흐를려고 하는 성질이 제일 강하다. 모류가 흐르는 반대쪽으로 틴닝가위를 사선으로 대고 낫칭으로 길이를 섞기 위해 C컬을 그리면서 3번에 나누어 시술한다.

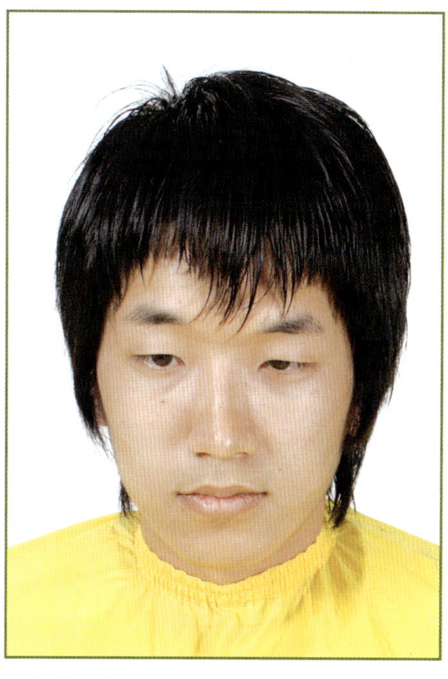

앞머리를 시술해 놓은 상태이다.

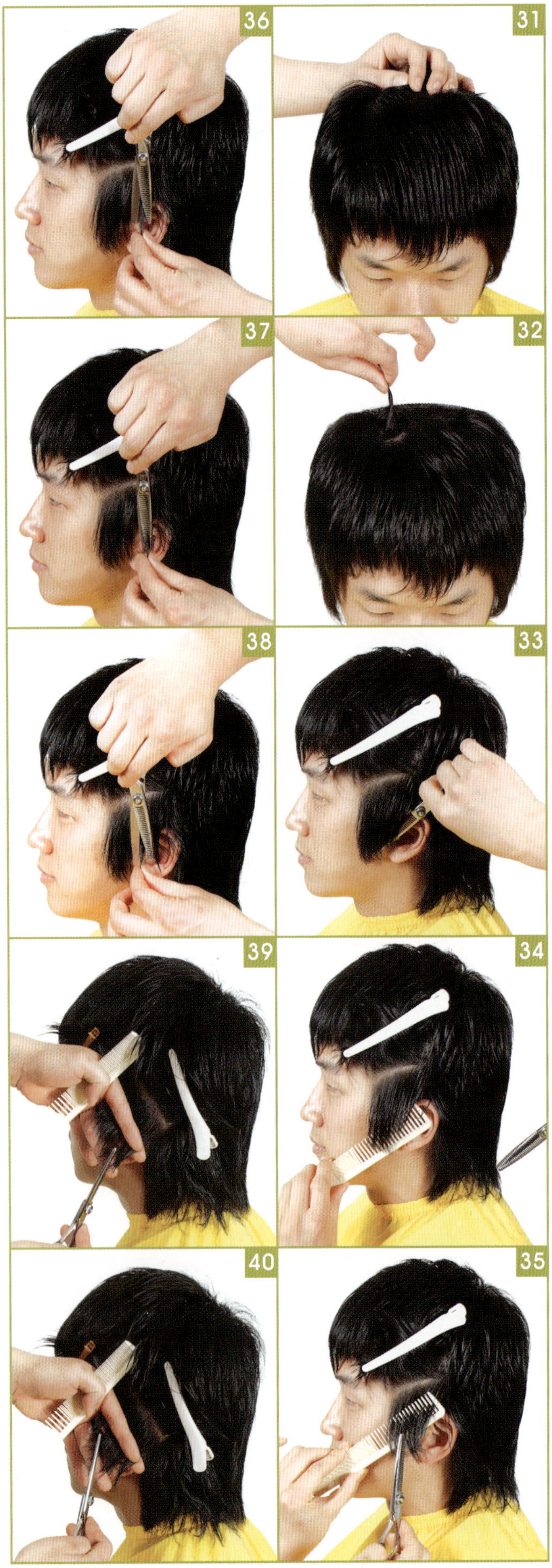

31, 32. T.P에서 길이를 짧게하여 모발을 세워 줄 영역을 찾아서 모발을 꼬아 모류가 흐르는 반대쪽으로 틴닝을 사선으로 넣는다.

33, 34. 옆선을 만들 영역은 모발의 양을 빗을 사선으로 넣고 틴닝처리한다.

35. 빗을 전대각으로 대고 낫칭으로 옆선만들기를 시술한다.

36~38. 선이 무거우면 위에서 아래로 틴닝가위를 잡고 틴닝을 시술한다. 여기서 떨어지는 모류방향을 잘 보면서 뭉치는 곳이 없이 시술한다.

39, 40. E.B.P에서 E.P쪽으로 모발을 피부에 밀착시켜 당겨서 낫칭으로 선만들기를 시술한다.

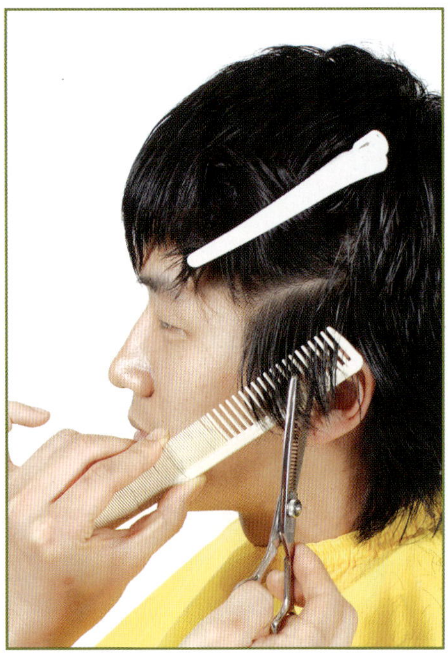

옆선에 가벼운 선을 시술하기 위해 빗을 전대각으로 대고 틴닝가위로 시술한다.

41~44. 모류보정과 모량제거를 위해 모발을 앞쪽으로 당겨서 두피면에 질감처리를 한다.

46~50. 떨어진 상태에서 모발이 무겁게 떨어진 부분은 가위로 판넬을 떠서 틴닝을 사선으로 3번에 반복하여 시술한다.

51~55. 모발을 떨어뜨린 상태에서 선이 무거우면 무거운 부분은 모아서 놓고 사선으로 틴닝을 시술하여 끝부분의 모발을 자연스럽게 연출하다.

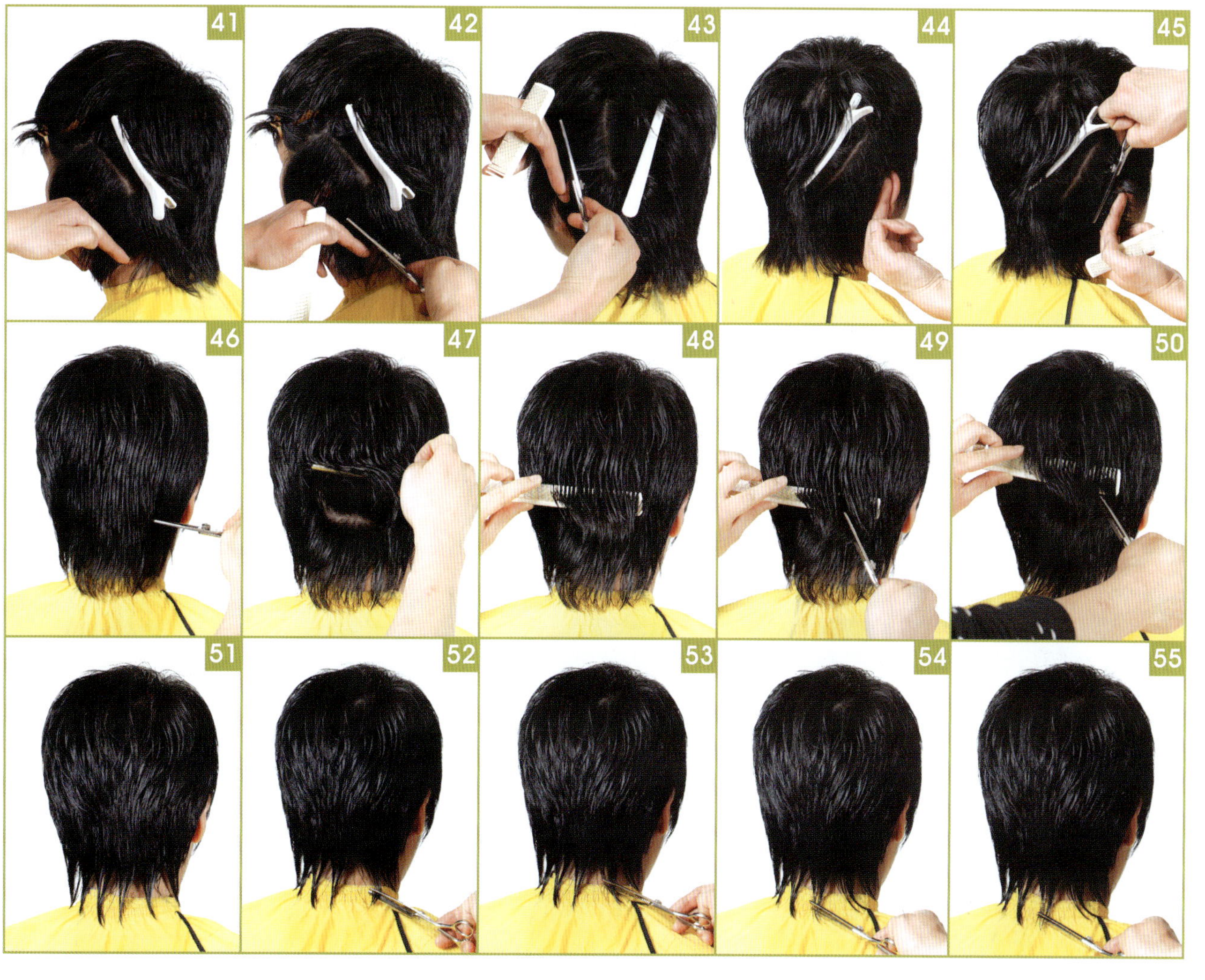

15. 모던 9(Moderm)

보는것 만으로도 개성이 돋보이고 샤프하게 표현이 되어있다. 젊음은 과감하게 어필할 수 있는 독창적인 스타일을 연출한 스타일이다. 동일한 도해도와 길이로 시술한다 하더라도 두상, 모질, 얼굴형의 이미지에 따라 헤어스타일이 다르게 표현된다.

1) 특 징

앞머리가 짧게 하여 이미지를 연출하고 얼굴선이 드러나게 표현한다. 옆선의 모습은 귀를 드러나게 하여 틴닝으로 샤프하게 시술한다.

2) 시술방법

① 모류파악을 하고 길이 가이드를 설정한다.
② 앞머리를 짧게 설정하고 그 가이드로 얼굴선의 모발을 연결한다.
③ 귀를 파기위해 옆선을 시술한다.
④ 후하부 양면을 질감처리한다.
⑤ 후중부와 후하부를 빗과 틴닝가위로 리듬을 타면서 질감처리한다.
⑥ 선을 확인하고 마무리한다.

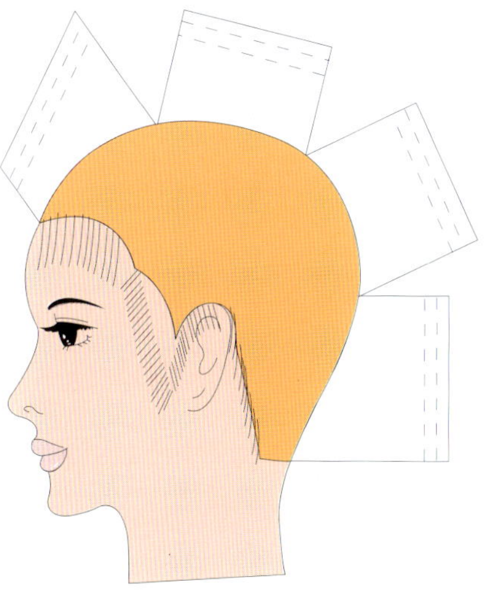

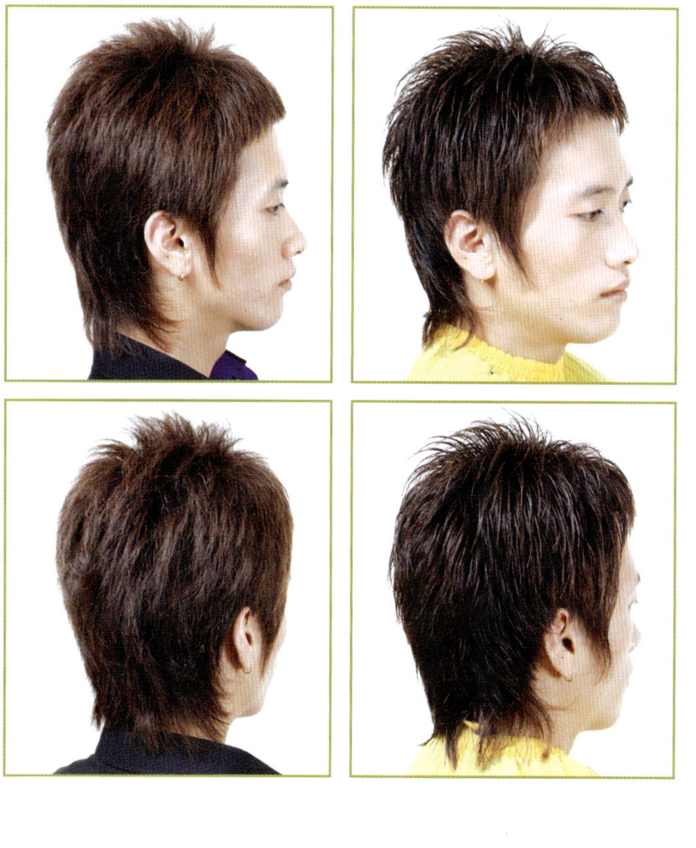

1, 2. 시술하기 전에 모류방향을 먼저 파악한다.

3~5. 후하부에서 길이 가이드를 설정하면서 U라인을 시술한다.

6. 앞머리를 짧게 시술하기 위해 전두부에서 3cm로 그려서 자연시술각 0°로 빗질하고 판넬 안쪽에서 시술해야만 선을 확실히 시술할 수 있다.

7~9. 5~7cm모발의 길이는 모류방향으로 가려고 하는 성질이 강하다. 모류방향이 한쪽으로 가는 것을 방지하기 위해 틴닝을 사선으로 잡고 시술하여 길이를 섞는다.

10. 앞머리 길이 가이드를 가지고 얼굴선의 길이를 결정하기 위해 2~3cm 모발을 뜬다.

11~13. 앞머리 가이드를 가지고 얼굴선의 모양을 내기 위해 윗 모발이 짧고 아랫모발이 길게 시술한다.

14. 시술해 놓은 상태이다.

15. 반대쪽도 동일한 방법으로 시술한다.

16. 모발을 세우기 위하여 모발을 꼬아서 사선으로 틴닝을 넣어 시술한다.

17, 18. 2cm간격씩 모발의 양을 보아가면서 시술한다.

19. 끝부분이 무거운 부분은 모발끝에서 C커브를 그리면서 시술한다.

20. 모류가 어디로 흐르는지 파악하고 모량도 체크한다.

길이가 동일한 길이로 짧으면 모류방향대로 떨어지므로 길이를 섞기 위해 틴닝가위를 사선으로 넣고 시술한다.

21. 귀를 파기 위해 모발이 자란대로 파팅을 뜬다.
22. 뒷부분도 귀주위 2cm를 파팅을 나누어서 시술한다.
23. S.C.P에서 가이드 설정하고 E.P에 모발을 제거하기 위해 모발을 뜬다.
24. 길이 가이드는 3cm 이하이기 때문에 가위를 넣어서 모발을 뜬다.
25. 빗을 전대각 일반시술각 90°로 대고 시술 준비를 한다.
26, 27. 25번의 준비된 자세에 낫칭으로 모발을 제거한다.
28. 앞의 옆선이 시술 된 상태이다.
29, 30. E.B.P의 모발을 E.P로 당겨서 뒷선의 연결선을 낫칭으로 시술 해준다.

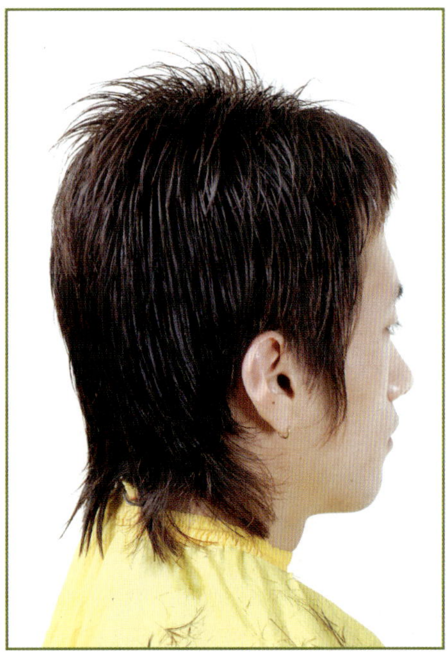

옆선을 시술해 놓은 상태이다.

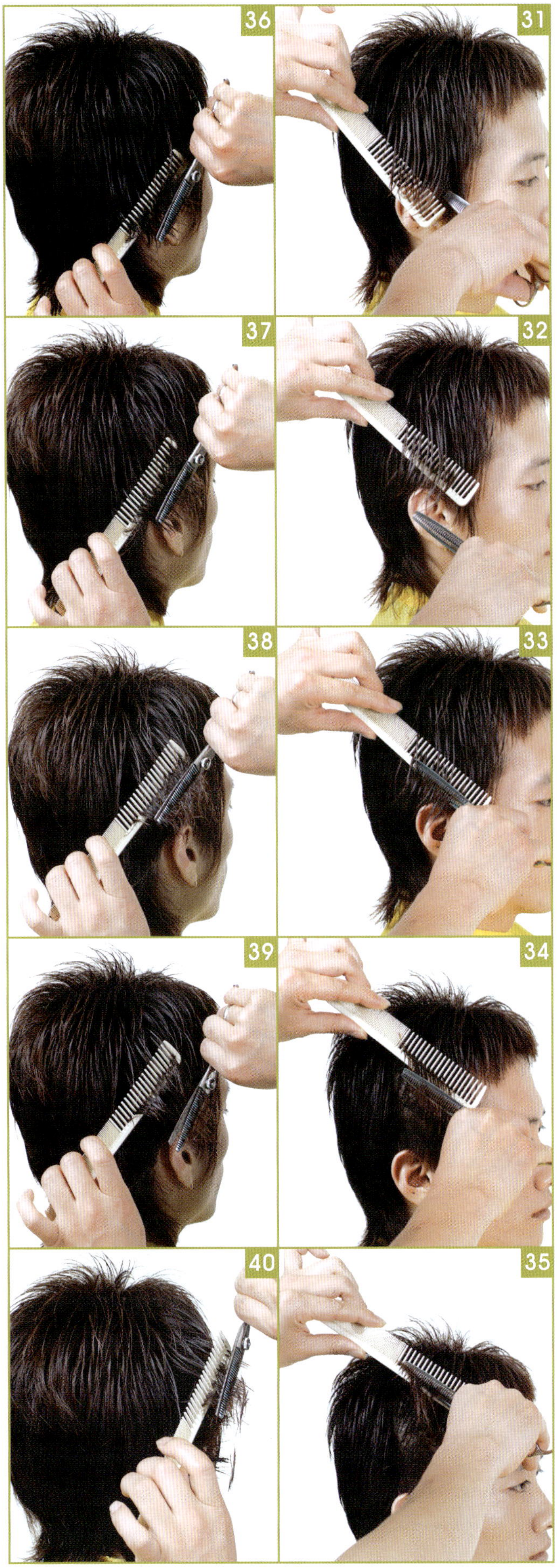

31~35. 이 곳에 모류는 뒤쪽으로 흐르는 경우가 많으므로 빗을 전대각으로 대고 빗고 틴닝가위가 리듬을 타면서 모발의 길이를 섞는다. 이때 틴닝을 시술할 때는 빗등에다 대고 틴닝가위를 한다.

36~40. 두상영역 세로존 2,3,4번 영역도 일반시술각 90°로 시술하면서 모발의 흐름이 자연스럽게 떨어지게 한다.

틴닝가위를 이용하여 시술해 놓은 상태이다.

41, 42. 후하부에 선을 만들고 후상부와 연결한다.

43~46. 모류보정, 골격보정, 모량제거를 위해 루트틴닝, 이너틴닝을 시술한다(뒷 모발을 앞쪽으로 당겨서 헴라인 두피면에서 틴닝가위를 대고 커트한다).

47~50. 반대쪽도 위와 동일한 방법으로 시술한다.

골격보정과 모류보정을 동시에 시술하기 위해 뒷모발을 앞쪽으로 빗질하여 틴닝가위를 90°로 두피에 대고 시술한다.

51~53. 모발이 위가 짧고 아래가 길게 커트하기 위해 틴닝가위를 사선으로 대고 위에서 아래로 C커브를 그리면서 한 판넬을 3번에 나누어서 3회정도 시술하면 좋다.

54~60. 왼손을 가운데 손가락이 C.L에 오게 잡아서 U라인 형태를 갖추고, 한 모발의 줄기를 찾아 위에서 아래로 아웃컬 형태처럼 틴닝으로 질감처리를 한다.

선을 자연스럽게 하기위해 위가 짧고 아래가 길게 틴닝가위를 대고 3번에 나누어서 시술한다.

16. 모던 10(Moderm)

느슨한 웨이브에 질감을 살려 샤기커트시술로 머리끝의 흐름을 자유롭게 하여 멋진 마무리로 헤어스타일을 연출한다.

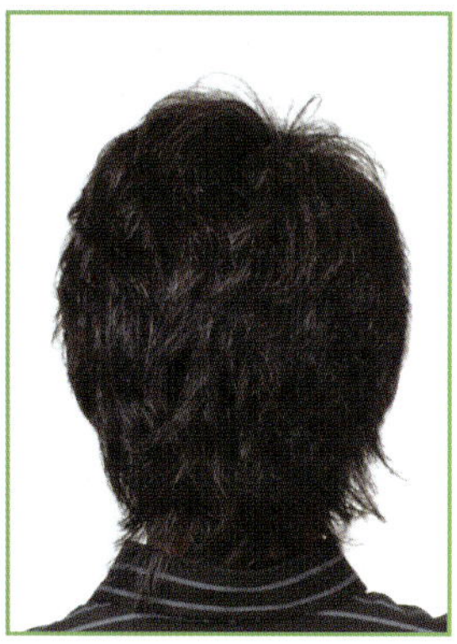
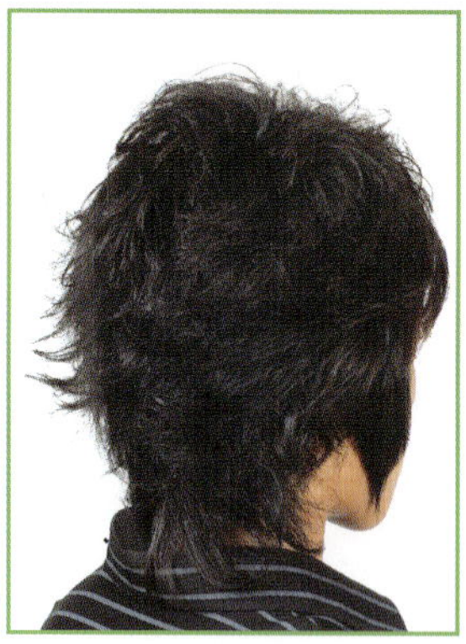
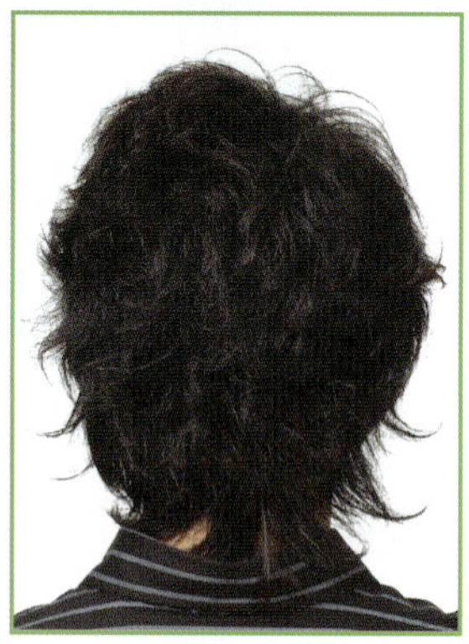

1) 특 징

모량이 많고 느슨하게 웨이브가 쳐져 있는 스타일을 길이의 축소가 없고 질감만 주어서 샤기 스타일로 연출하고 손질하고자 하는 목적에 따라 모량을 제거함으로 원하는 스타일을 얻을 수 있다.

2) 시술방법

① 후하부에서 길이 가이드를 성정하면서 U라인을 시술한다.
② 전두부에 모발을 인크리스레이어로 잡고 틴닝으로 한 판넬을 3번에 나누어서 3번을 시술해준다.
③ 후상부 부분은 모근부에 길이를 짧게 질감처리해준다.
④ 후중부 부분에도 인크리스레리어로 잡고 틴닝으로 한 판넬을 3번에 나누어서 3번을 시술해준다.
⑤ 후하부도 인크리스레이어 틴닝을 넣는다.
⑥ 모류보정을 하고 마무리한다.

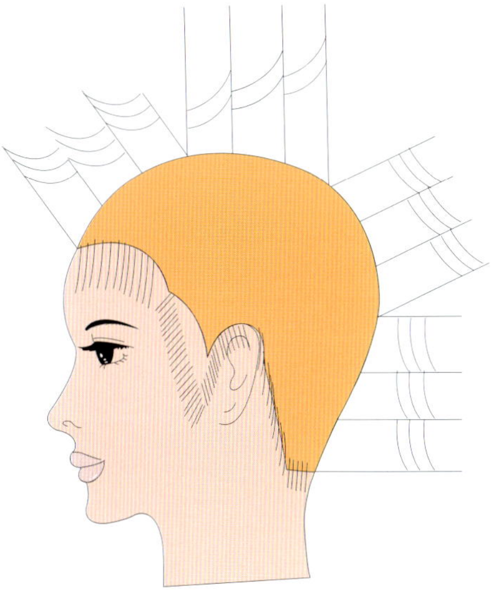

시술전

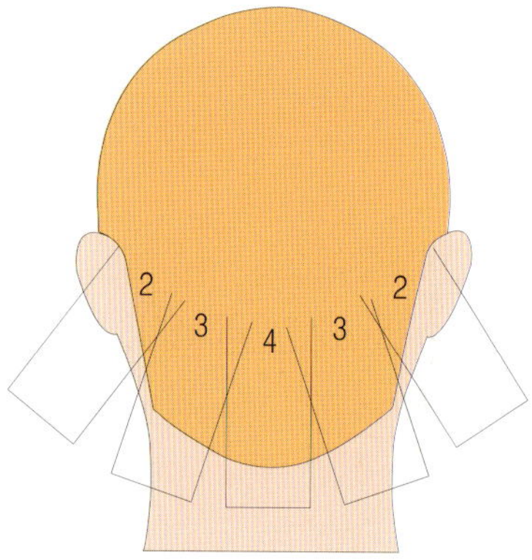

U라인 시술할때는 C.L선에서 고객이 원하는 길이가이드를 설정한 후 두피에 빗을 밀착하여 빗질하고 세로존영역 4, 3, 2번 순서대로 시술하면 된다.

1~4. 길이 가이드를 설정하면서 U라인을 시술한다.

5, 6. 전두부의 모발을 인크리스레이어로 판넬을 잡고 틴닝가위로 C컬을 그리면서 3번에 나누어 시술한다.

7. 두상이 제일 튀어나온 곳을 설정한다.

8, 9. 제일 튀어나온 곳의 모발을 가로,세로 2cm씩 뜬다.

10. 모발을 트위스트하여 틴닝을 앞에서 뒤로 사선으로 잡고 3cm 정도에서 시술 해준다.

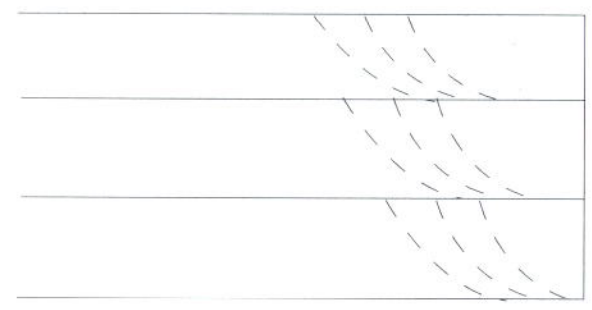

11. 또 다른곳도 2cm씩 모발을 떠서 동일한 방법으로 시술한다.
12. 끝 모발이 뭉치는 곳이 찾아서 그래쥬에이션 틴닝을 넣는다.
13~15. 후중부에 중심부 판넬을 떠서 인크리스레이어 상태로 모발을 잡고 틴닝도 동일한 방법으로 넣어 1판넬을 3번으로 나누어서 3번을 시술하면 된다.
16~20. 두상이 들어간 영역은 사선으로 모발의 판넬을 잡고 위와 아래가 길어지게 틴닝으로 시술한다.

틴닝가위를 사서으로 잡고 C커브를 그리면서 3번에 나누어서 시술한다.

21~24. 이곳도 위와 동일하게 시술한다.

25. 모류가 한쪽으로 뭉치면서 흐르고 있다.

26, 27. 모류가 강하게 흐르는 모발을 0.5cm만 뜬다.

28. 모발을 반대쪽으로 끌어당겨서 두피에 밀착하면서 틴닝을 시술한다.

29. 첫번째 모발은 보정이 된 상태이고 그 다음의 모류를 찾는다.

30. 다음도 위와 동일한 방법으로 시술한다.

모류를 모정하기 위해 모류가 흐르는 반대방향으로 모발을 당겨서 시술한다.

17. 모던 11(Moderm)

보는것 만으로도 개성이 돋보이고 멋지게 표현되어있다. 젊음을 과감하게 어필할 수 있는 독창적인 스타일을 연출한 스타일이다.

동일한 도해도와 길이를 설정한다 하더라도 두상, 모질, 얼굴형의 이미지에 따라 헤어스타일이 다르게 표현된다.

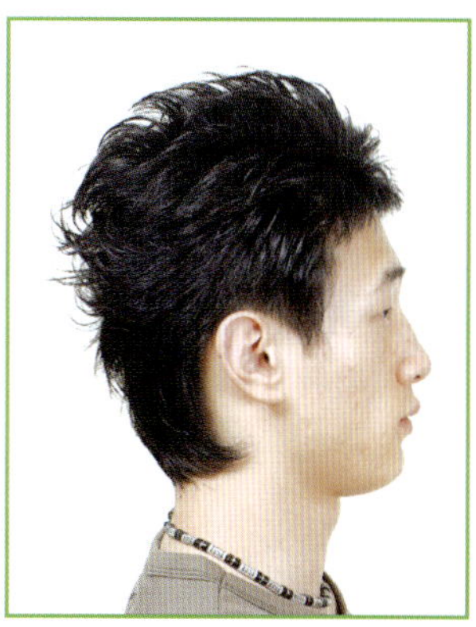
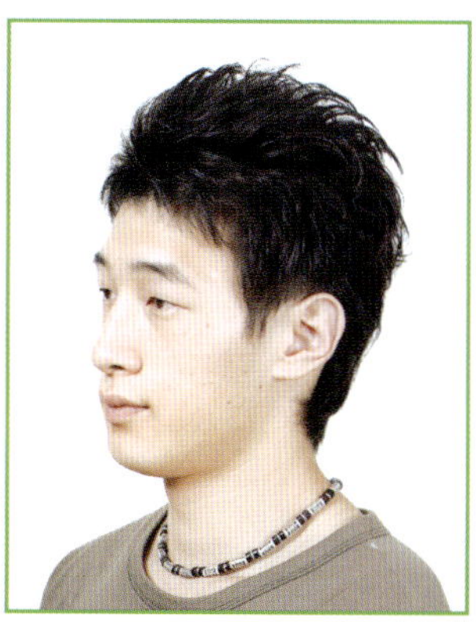

1) 특 징

앞머리가 짧게 하여 이미지를 연출하고 얼굴선이 드러나게 표현한다. 옆선의 모습은 귀를 드러나게 하여 틴닝으로 샤프하게 시술한다.

2) 시술방법

① 모류파악을 하고 길이 가이드를 설정한다.
② 앞머리를 짧게 설정하고 그 가이드로 얼굴선의 모발을 연결한다.
③ 귀를 파기위해 옆선을 시술한다.
④ 후하부 양면을 질감처리한다.
⑤ 후중부와 후하부를 빗과 틴닝가위로 리듬을 타면서 질감처리한다.
⑥ 선을 확인하고 마무리한다.

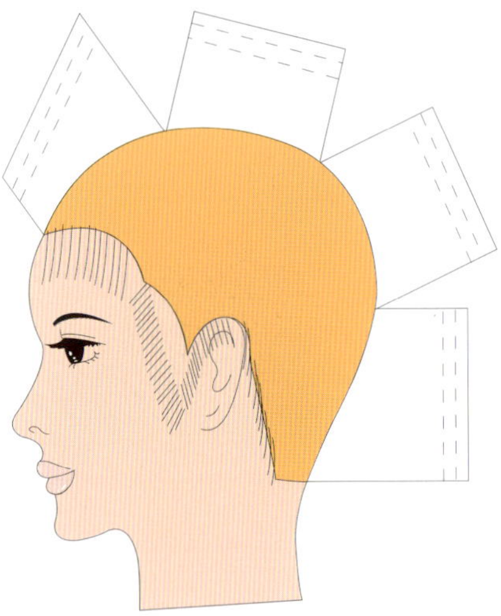

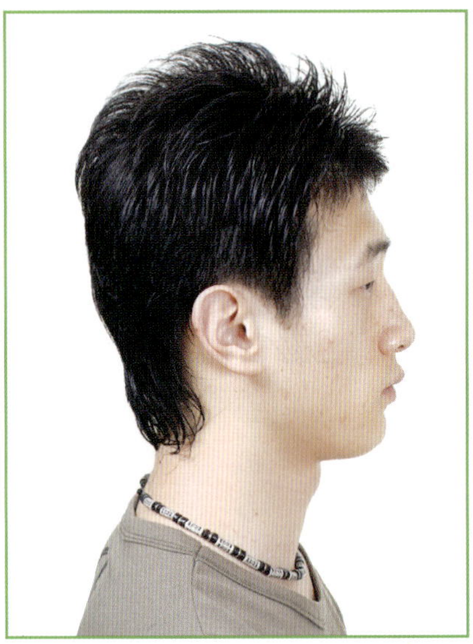

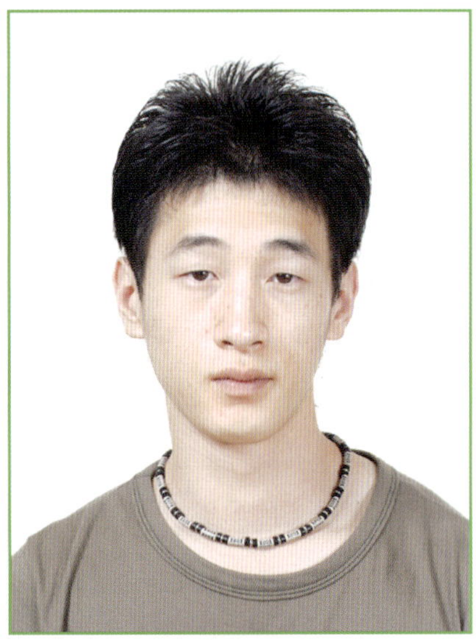

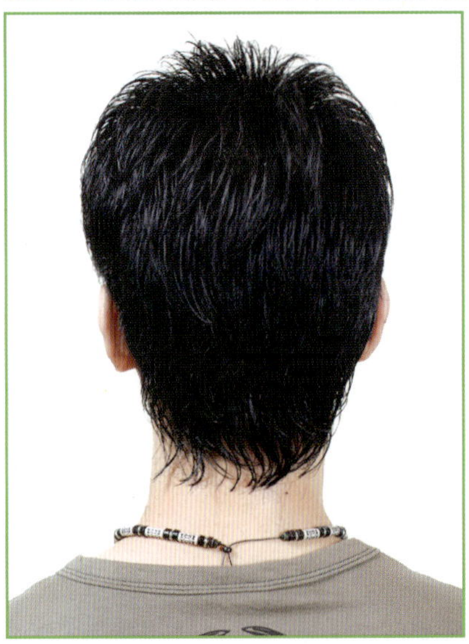

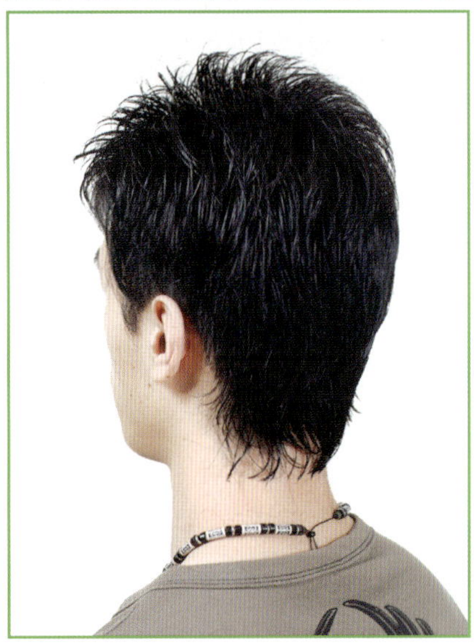

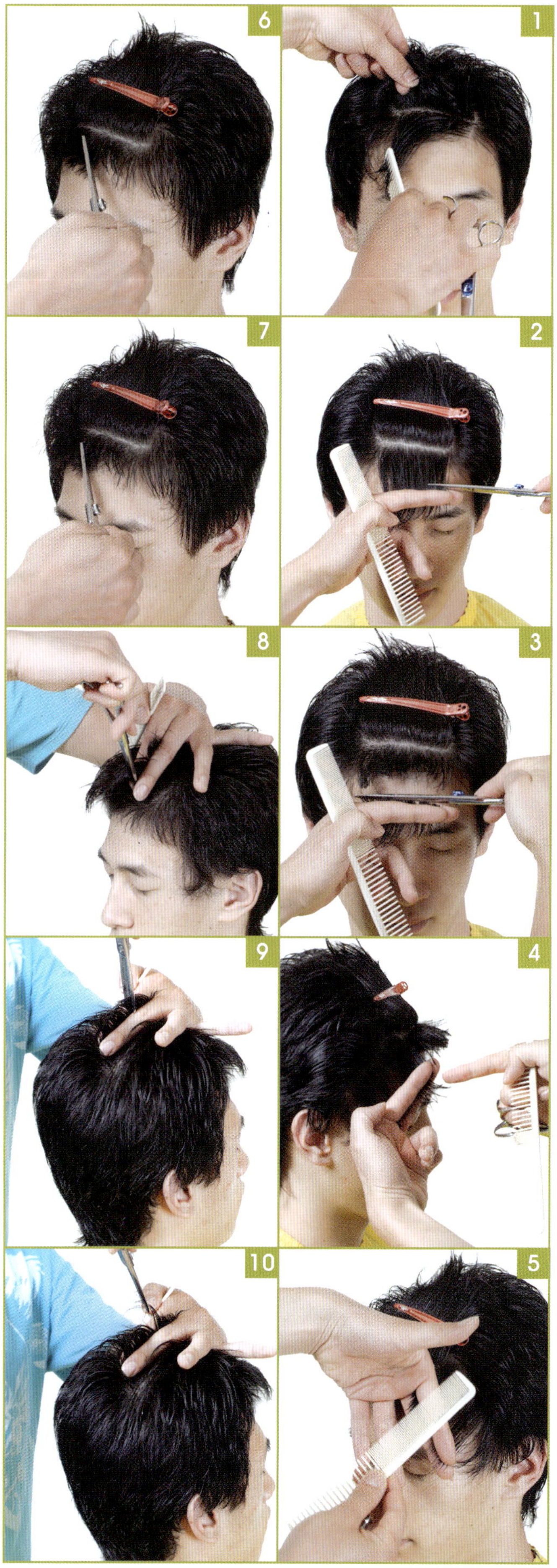

1. 전두부의 이미지를 위해 앞모발을 뜬다.
2, 3. 자연시술각 0°를 빗질하여 길이 가이드를 설정한다.
4, 5. 앞머리 길이 가이드레 맞추어서 얼굴선의 길이를 연결한다.
6. 들뜬 모발을 보정하기 위해 틴닝을 사선으로 넣어서 모량을 제거한다.
8~10. 앞머리와 T.P 모발을 연결하면서 질감처리한다.

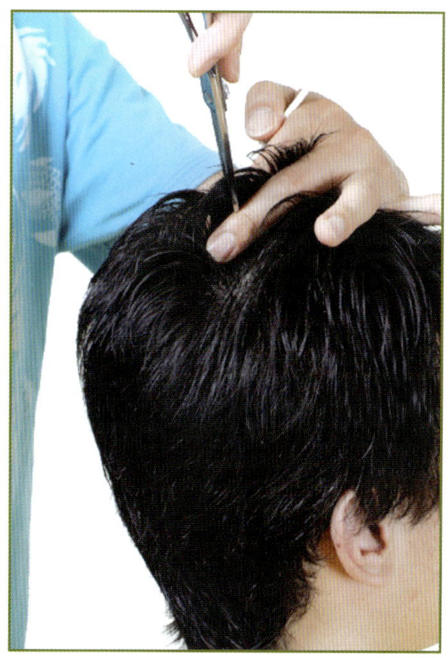

그래쥬에이션 형태로 틴닝가위를 넣고 시술하여 볼륨을 연출한다.

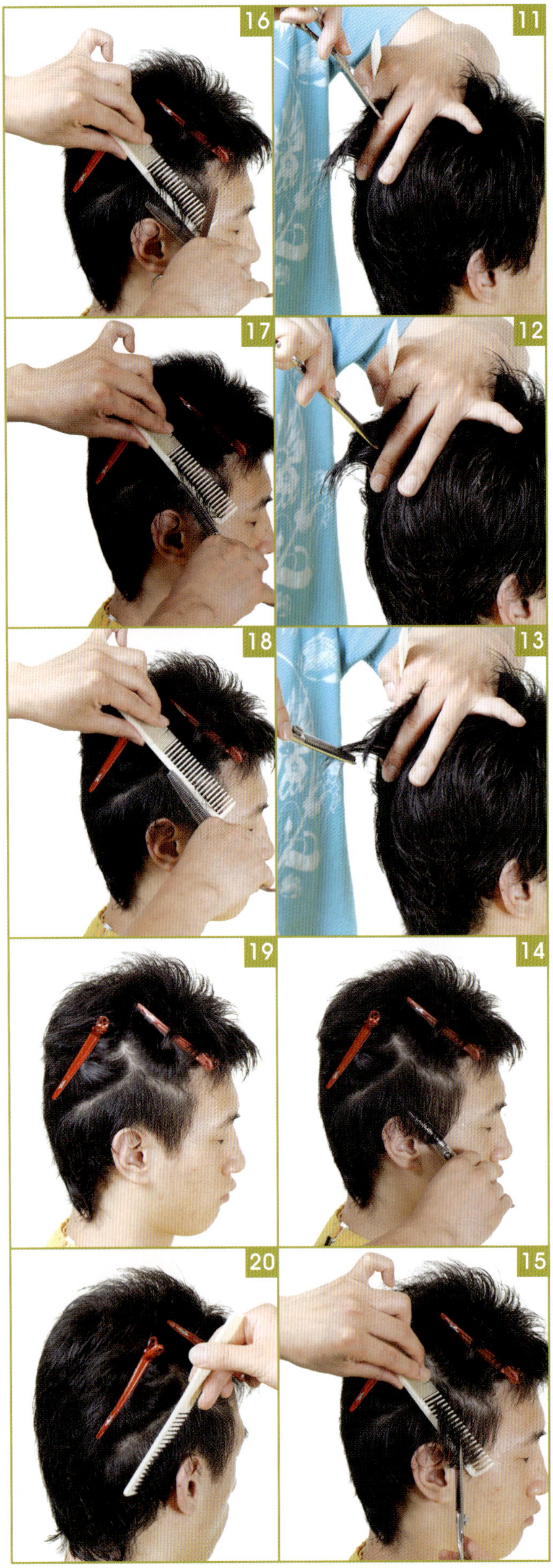

11~13. 후중부에 모발은 모발끝에서 판넬을 나누어 3번에 시술한다.

14~18. 귀를 들어내는 옆선을 시술하기 위해 빗을 전대각으로 대고 낫칭으로 E.P를 짧게 자르고 모발의 길이를 섞는다.

19. 시술해 놓은 상태이다.

20. 모발을 앞쪽으로 당겨서 빗질한다.

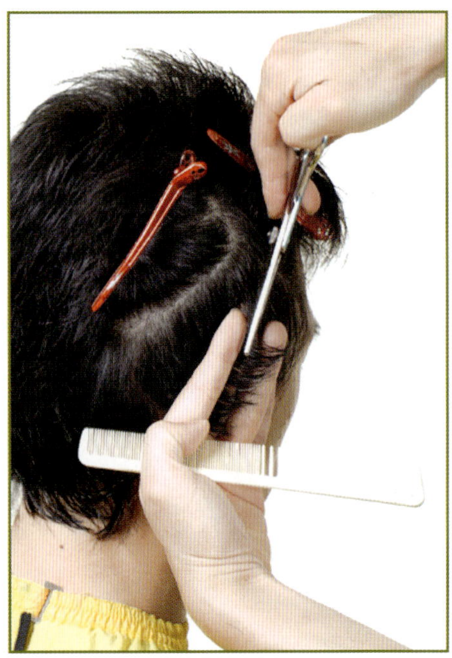

옆선을 시술하기 위해 모발을 앞쪽으로 당겨서 시술한다.

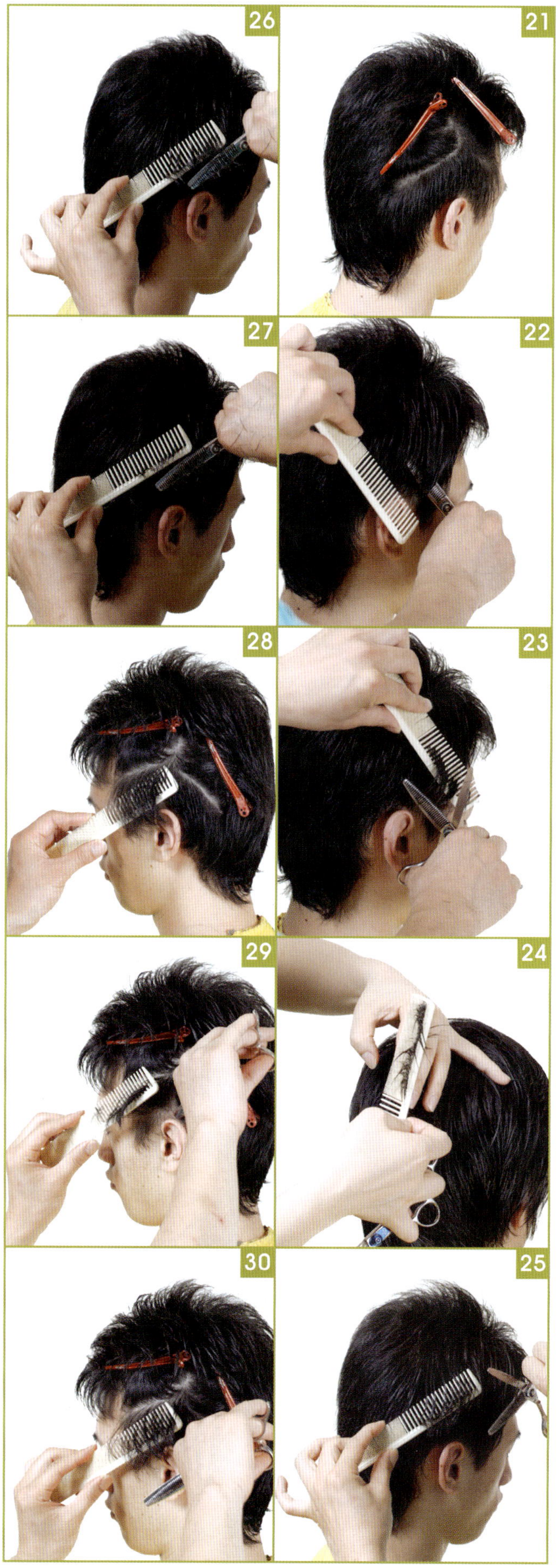

21. 시술해 놓은 상태이다.
22, 23. 뒷 모발도 선에 마주어 밑모발부터 윗모발을 향해 질감처리한다.
24. 무거운 부분은 다시한번 시술한다.
25~27. 뒷부분의 모발은 사선으로 빗을 대고 밑모발부터 윗 모발을 향해 시술한다.
28~30. 반대편도 동일한 방법으로 시술한다.

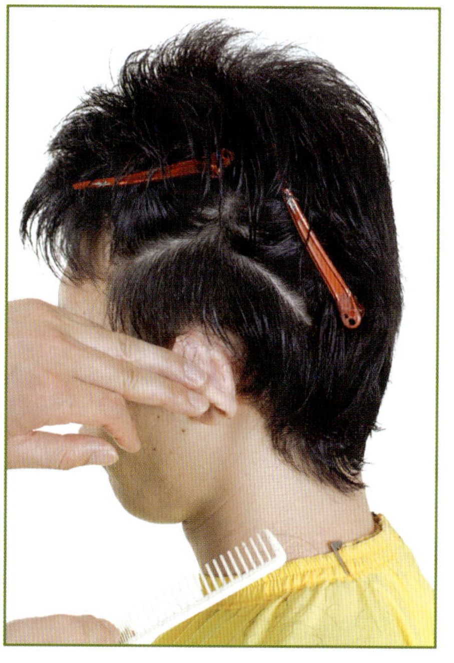

옆선을 시술하기 위해 모발을 나누어 놓은 상태이다.

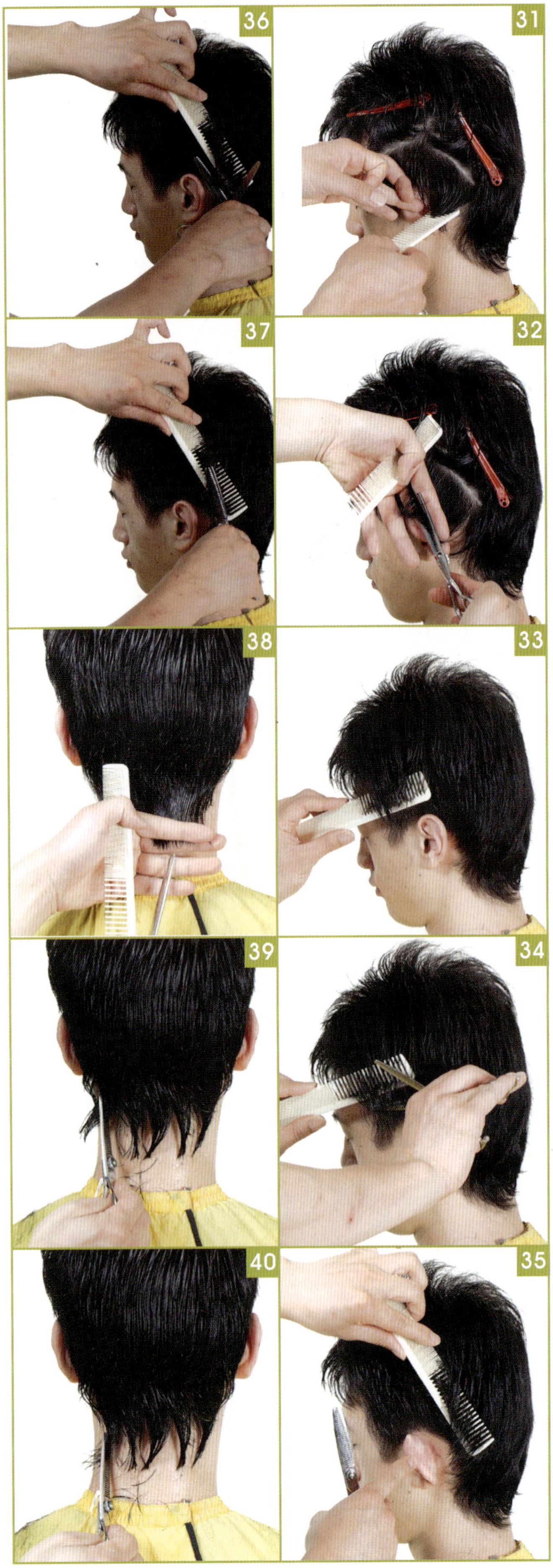

31, 32. E.P~E.B.P를 연결하여 뒷선을 시술한다.

33, 34. 빗을 전대각으로 대고 틴닝으로 시술한다.

35~37. 빗을 후대각으로 대고 밑모발부터 윗 모발을 향해 틴닝으로 시술한다.

38~40. 선을 확인하고 무거운 부분은 사선으로 틴닝을 잡고 시술한다.

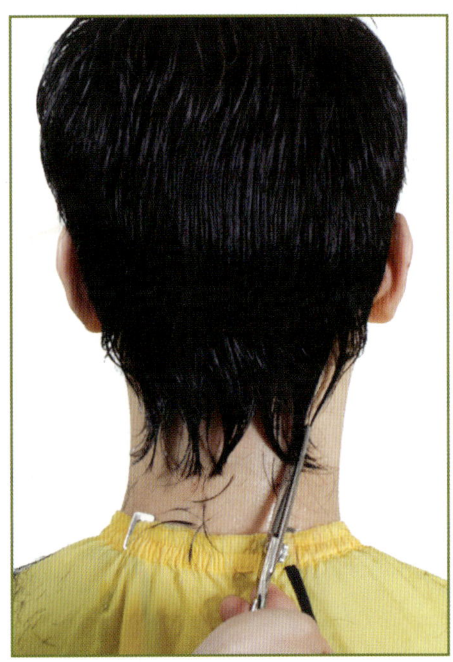

모발을 뭉치지 않게 하기 위해 틴닝가위를 사선으로 대고 시술한다.

18. 모던 12(Moderm)

개성이 샤프한 이미지를 표현한 스타일.

1) 특 징

길이가 짧아서 길이를 줄이지 않고 디스커넥션 형태로 시술하여 머리끝의 경쾌함을 연출하여 샤프한 스타일을 만들어보았다.

2) 시술방법

① 길이 축소를 하지 않고 모발이 잘 섞일 수 있는 영역을 설정한다.
② 그 곳에 모발을 나누어서 파팅을 탄다.
③ 파팅한 모발을 두고 인크리스레이어를 낫칭커트한다.
④ 다시 조마한 파팅을 탄다.
⑤ 본래의 길이에 인크리스레이어를 낫칭커트한다.
⑥ 남은 모발은 한 판넬을 인크리스레이어, 또 한 판넬은 그래쥬에이션으로 섞어가면서 시술한다.
⑦ 옆선을 연출한다.
⑧ 뒷선을 시술한다.

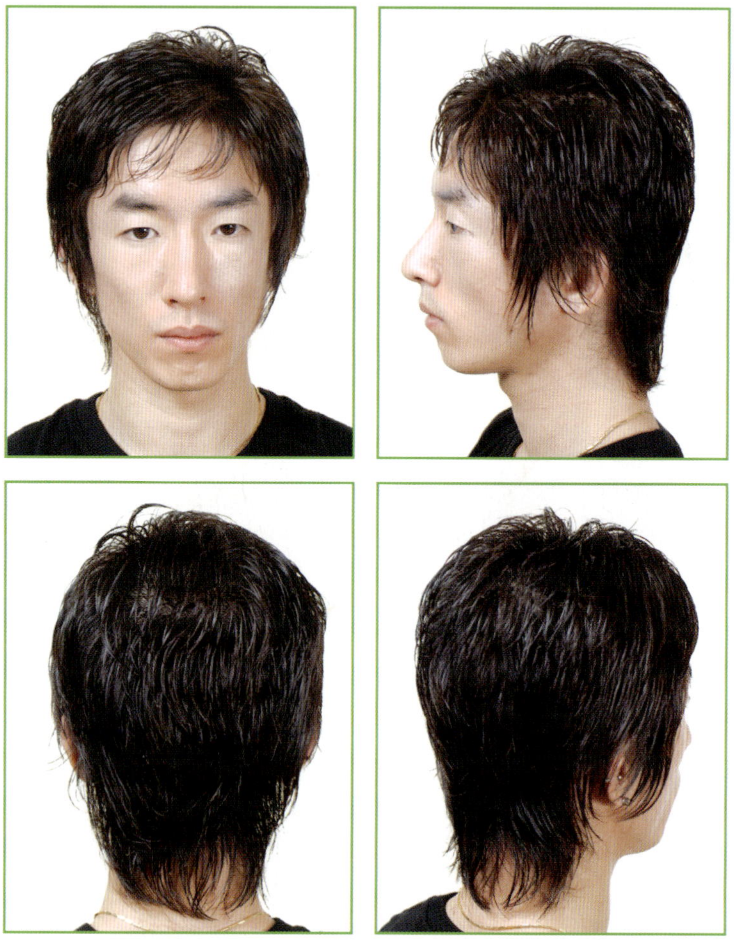

1. T존 부위 모발을 나눈다.
2. T존 부위를 인크리스레이어로 낫칭 테크닉을 시술한다.
3~10. T존 부위를 중심으로 펼쳐준 것처럼 베이스를 떠서 인크리스레이어로 낫칭커트로 시술한다.

디스커넥션으로 시술하기 위해 인크리스레이어로 시술한다.

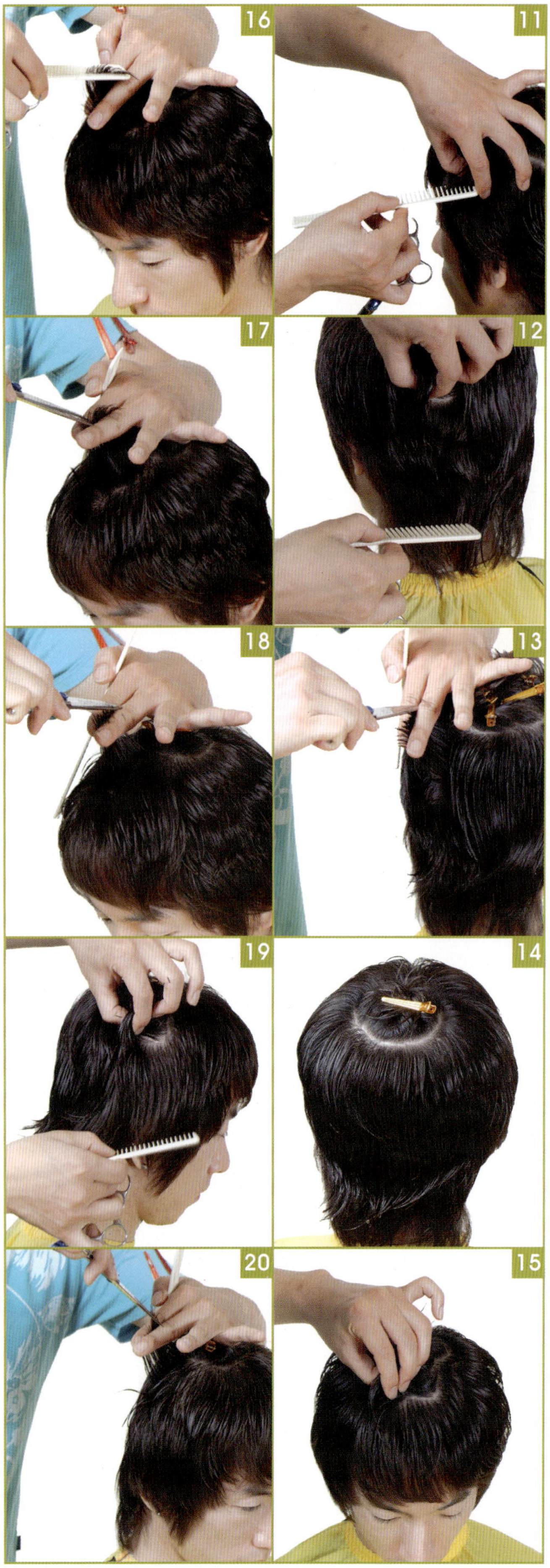

11~13. 반대편도 동일한 방법으로 인크리스레이어로 시술한다.

14. T존 부위 중심의 원 모양에 적은 모발을 남긴다.

15~20. 가이드는 자르지 않고 다시 인크리스레이어로 낫칭커트로 시술한다.

길이를 섞기 위해 낫칭커트로 시술한다.

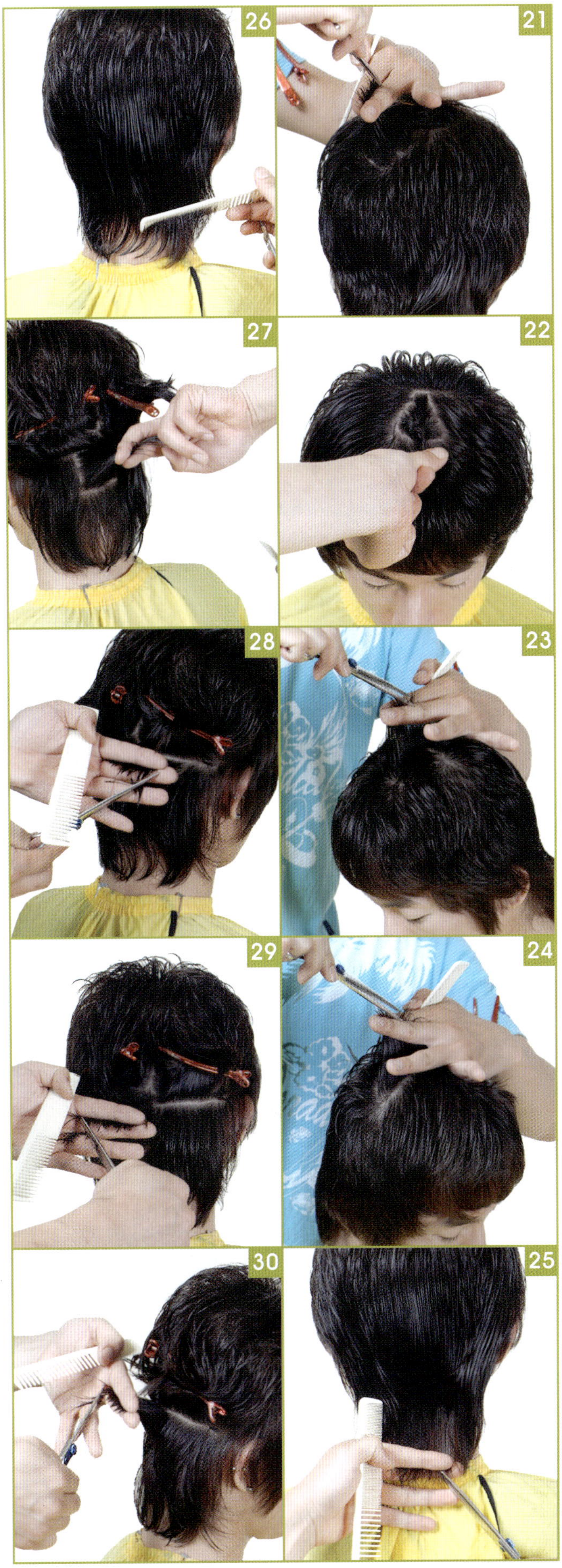

21. 인크리스레이어로 낫칭커트로 시술한다.
22. 삼각형 판넬을 뜬다.
23. 한 판넬은 그래쥬에이션으로 시술한다.
24. 또 다른 한 판넬은 인크리스로 시술한다. 삼각형 판넬은 서로 모발의 길고 짧음이 자연스럽게 표현된다.
25, 26. 길이를 결정하면서 선을 다시 한번 확인한다.
27~30. E.B.P~E.B.P 파팅을 나눈 후 중심부에서 스퀘어로 잡고 시술하고 다음은 동일한 방법으로 시술한다.

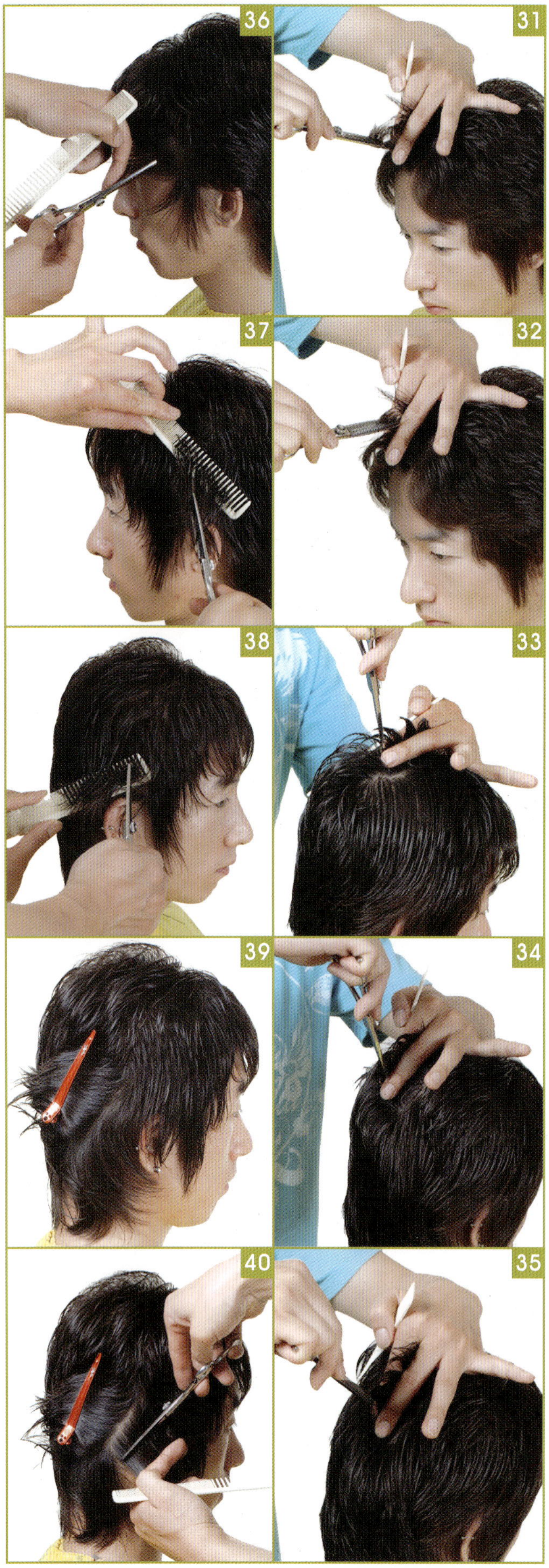

31, 32. 앞모발은 인크리스레이어로 틴닝을 넣으면서 가벼움을 연출한다.

33~35. 후상부영역에서 틴닝가위를 사선으로 넣고 길이를 섞어 주면서 질감처리된다.

36. 모발을 앞쪽으로 끌어당겨 밑에서 위로 틴닝처리한다.

37. 선이 무거운 부분을 빗을 들어 모발을 낫칭으로 틴닝처리한다.

38. 뒷선에 무거운 부분도 빗으로 모발을 발치고 틴닝처리한다.

39, 40. 모류보정, 골격보정, 모량제거를 위해 모발을 앞쪽을 당겨서 틴닝처리한다.

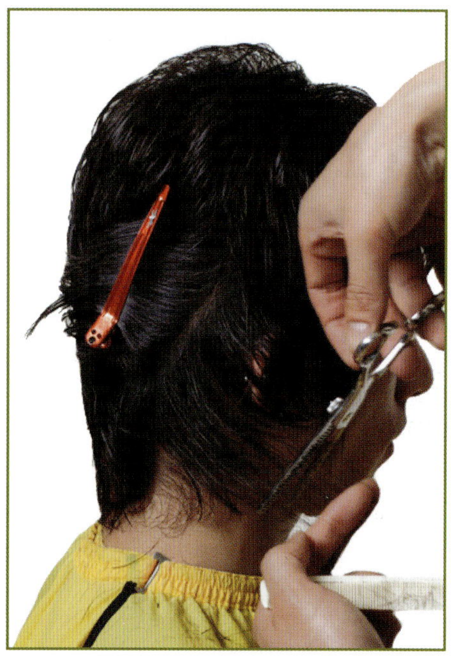

모발을 안쪽으로 당겨서 틴닝으로 처리한다.

찾아보기

INDEX

참고문헌

미용기초기술, 보성사

스트록컷을 마스터한다, 유타니준 메이여성모드사

이바최신이미용기술용어사전, 도서출판이바

zome and section, 정상화영, 신미용출판사

PUBLICATION, OSAMU FURUSATO

√5(ルートファイブ), 植村隆博, 女性 モード社

http://blog.naver.com/leetw12/1000/7883463

http://blog.naver.com/beatrngheart

http://imagebingo.naver.com/album/image-view?uid=durf119&bno=22835&nid=7359